北京2022年冬奥会和冬残奥会
气象保障服务成果
团队工作卷

中国气象局

气象出版社
China Meteorological Press

内 容 简 介

本书主要记录了北京2022年冬奥会和冬残奥会气象保障服务团队的工作情况和工作感想。系统介绍了在北京冬奥会和冬残奥会不同阶段，直接围绕冬奥赛事提供气象保障的气象服务团队的工作机制及服务效果。全书分上下两篇，上篇主要介绍团队组成及具体工作情况，下篇收录了百余篇团队成员工作感想。本书为冬奥气象保障服务团队工作全程纪实，对于积累气象史料、弘扬气象精神、发扬北京冬奥精神、凝聚推动气象高质量发展力量具有积极意义，可供气象工作者及其他领域保障服务团队阅读参考。

图书在版编目（CIP）数据

北京2022年冬奥会和冬残奥会气象保障服务成果. 团队工作卷 / 中国气象局编著. -- 北京 : 气象出版社, 2022.9

ISBN 978-7-5029-7784-9

Ⅰ. ①北… Ⅱ. ①中… Ⅲ. ①冬季奥运会－气象服务－研究成果－汇编－北京－2022②世界残疾人运动会－奥运会－气象服务－研究成果－汇编－北京－2022 Ⅳ. ①P451

中国版本图书馆CIP数据核字(2022)第151399号

北京2022年冬奥会和冬残奥会气象保障服务成果·团队工作卷

Beijing 2022 Nian Dong'aohui he Dongcan'aohui Qixiang Baozhang Fuwu Chengguo · Tuandui Gongzuo Juan

中国气象局　编著

出版发行：气象出版社

地　　址：北京市海淀区中关村南大街46号　　邮　　编：100081

电　　话：010-68407112（总编室）　010-68408042（发行部）

网　　址：http://www.qxcbs.com　　E-mail：　qxcbs@cma.gov.cn

责任编辑：杨　辉　冷家昭　高菁蕾　　终　　审：吴晓鹏

责任校对：张硕杰　　责任技编：赵相宁

封面设计：楠竹文化

印　　刷：中煤（北京）印务有限公司

开　　本：787 mm × 1092 mm　1/16　　印　　张：22.5

字　　数：540千字

版　　次：2022年9月第1版　　印　　次：2022年9月第1次印刷

定　　价：145.00元

《北京 2022 年冬奥会和冬残奥会气象保障服务成果》

总　编　委　会

主　　编：余　勇　黎　健

成　　员：张祖强　张　晶　王志华　曾　琮　王亚伟　张志刚　裴　翀
张跃堂　郭雪飞　林吉东　李照荣　曲晓波　梁　丰　刘　强
郭树军　方　翔　张恒德　肖　潺　唐世浩　罗　兵　陆其峰
邵　楠　赵志强　朱小祥　郭彩丽　彭莹辉　王晓江　蔡　军

本卷编写组

组　　长：曲晓波　郭树军　王亚伟

成　　员：（按姓氏笔画排序）
丁治豪　于长文　于　波　于　超　卫晓莉　马小会　幺伦韬
王凤杰　王文峰　王宗敏　王海龙　王维国　王媛媛　王燕娜
王　冀　古　月　吕梦瑶　乔　林　伍永学　刘亚楠　刘　刚
刘旭林　刘轻扬　刘　博　刘蓉娜　孙　丹　阳揣环　杜　佳
李佳英　李宗涛　李梓铭　李　琛　李　辉　李　崴　杨晓亮
时少英　吴宏议　吴瑞霞　何　娜　闵晶晶　张子曰　张　伊
张芳华　张治国　张　曼　陈金阳　武欣蕊　苗志成　周宁芳
周　希　郑　巍　孟　磊　赵文芳　赵志泉　赵　玮　荆　浩
胡争光　施洪波　姚　勇　秦庆昌　聂东莲　桂海林　郭　锐
唐　健　姬雪帅　黄明明　董　颜　韩　锦　虞海燕　窦以文
翟　亮　薛禄宇　穆启占

总　序

时光荏苒，白驹过隙。转眼间，北京 2022 年冬奥会和冬残奥会胜利落下帷幕已近半年。在习近平总书记亲自谋划、亲自部署、亲自推动下，这场自北京申办冬奥成功后，历经 7 年艰辛努力成功举办的奥运盛会，全国人民团结一心，众志成城，向世界奉献了一届简约、安全、精彩的冬奥盛会和冬残奥盛会，全面兑现了对国际社会的庄严承诺，为促进世界奥林匹克运动发展、增进世界人民团结友谊作出了重要贡献，北京成为全球首个“双奥之城”。北京冬奥会和冬残奥会在大陆性冬季风气候条件下举办，举办期间更容易受到低温、大风等天气影响，不同于夏奥会，气象保障服务工作少有经验可借鉴。且冬奥会冰雪项目多集中在室外山地进行，地形复杂、局地小气候特征明显，在申办冬奥之前，我国冬奥气象服务几乎算得上“从零开始”——“赛区观测零基础、山地预报零积累、冬奥服务零经验、冬奥人才零储备”，这使得做到监测精密、预报精准、服务精细面临前所未有的困难和挑战。

道阻且长，行则将至。在党中央的坚强领导下，在北京冬奥组委、北京市委市政府、河北省委省政府以及相关部门的大力支持下，全国气象部门深入贯彻习近平总书记关于北京 2022 年冬奥会和冬残奥会系列重要指示和对气象工作重要指示精神，认真落实党中央、国务院决策部署，举全部门之力，集气象行业之智，心怀“国之大者”，牢牢把握“简约、安全、精彩”办赛要求，坚持“三个赛区、一个标准”，尽职尽责、凝心聚力，圆满完成了各项气象保障服务任务，赢得国际国内广泛赞誉。

成功的气象保障服务离不开组织管理的统筹协调。2016 年 7 月，北京冬奥会气象服务领导小组成立，拉开北京冬奥气象服务筹备的大幕。2017 年 6 月，中国气象局举全部门之力成立冬奥气象中心，滚动跟踪了解气象服务需求。2020 年 10 月，首次由第 24 届冬奥会工作领导小组设立了北京冬奥会气象服务协调小组，凝聚各方面力量，统筹协调北京冬奥会跨区域、跨部门、跨军地的气象保障服务各项任务，研究解决北京冬奥会气象设施建设、气象科研、气象预报和气象服务保障等重大事项和重大问题。不断健全的组织保障机制，以及北京冬奥会、冬残奥会从申办、筹备到实施全过程中逐步修订完善的各类工作方案、实施方案、应急预案等，撑起了冬奥气象保障服务工作的“四梁八柱”，为圆满完成各项任务奠定了坚实基础。

成功的气象保障服务离不开业务技术的不断完善。气象部门始终以监测精密、预报精准、服务精细为目标，建成了相较历届冬奥会更为完善精密的气象观测系统——“多要素、三维、秒级”立体气象监测网络，首次建成“百米级、分钟级”冬奥气象预报服务系统，实施“智慧冬奥 2022 天气预报示范计划”为精细化气象预报服务提供有力支撑，建成智慧化、数字化冬奥气象服务网站和手机客户端，全面融入北京冬奥会和冬残奥会服务体系。北京冬奥会和冬残奥会气象保障服务的成功，彰显了中国气象科学技术的现代化能力和水平。

成功的气象保障服务离不开气象科技的不断创新。作为“科技冬奥”领导小组成员单位，中国气象局积极参与“科技冬奥（2022）行动计划”

和国家重点研发计划“科技冬奥”重点专项的组织实施，通过组建创新团队勇闯“无人区”，联合国内外高水平科学家开展冬奥气象服务保障关键技术攻关，攻克了一批关键技术，多项技术成果在北京冬奥会和冬残奥会落地应用，充分发挥冬奥气象的科技创新支撑作用。

成功的气象保障服务离不开各个团队的无私奉献。聚焦气象保障服务各个环节组成的组织管理、预报预测、探测运维、信息网络、科研攻关、城市服务、人工影响天气等一系列工作团队，团结协作、恪尽职守、奋发有为，以高度的责任感、使命感、荣誉感，全力以赴，不断攻坚克难。在北京冬奥会和冬残奥会气象保障服务全过程中，全体气象工作者践行初心使命，在一次又一次的挑战中迎难而上，凝练出团结一心、紧密协作的大局意识，敢打硬仗、能打胜仗的工作作风，善于钻研、精益求精的工匠精神，充分展现了气象人爱岗敬业的良好形象，彰显了气象人无私奉献的精神品质，弘扬了气象人严谨科学、开拓创新、担当作为的优秀品格，向世界展示了中国气象工作者的良好风貌。

成功的气象保障服务离不开新闻媒体的关注支持。气象宣传科普工作者上下联动、内外联合，充分利用各类宣传平台，全方位展示冬奥气象科技成效，多视角报道精彩气象保障服务，立体化呈现气象工作者胸怀大局、自信开放、迎难而上、追求卓越的精神面貌。中央以及北京和河北地方主流媒体持续深度宣传报道气象保障服务各项工作，为圆满完成冬奥气象服务保障各项任务营造了良好舆论氛围。

为了总结凝练好北京冬奥会和冬残奥会气象保障服务的宝贵经验，管理好、运用好北京冬奥气象服务遗产，中国气象局组织编写了《北京2022年冬奥会和冬残奥会气象保障服务成果》丛书，分为组织管理卷、业务服务卷、科技支撑卷、团队工作卷和宣传科普卷，分别从5个方面全面总结了从北京申奥到办奥的经验成果。这些经验成果“生”于奥运，却不止于奥运。

站在新的历史起点上，气象部门将以更加昂扬的姿态，持续深入贯彻习近平总书记关于气象工作的重要指示精神，传承“胸怀大局、自信开放、迎难而上、追求卓越、共创未来”的北京冬奥精神，对标《气象高质量发展纲要（2022—2035 年）》目标要求，大力加强北京冬奥会和冬残奥会气象保障服务成果的推广应用，奋进新征程、建功新时代，为推动我国气象高质量发展，为实现中华民族伟大复兴作出新的更大贡献。

中国气象局党组书记、局长 庄国泰

2022 年 8 月

前　言

冬奥气象保障的成功，离不开气象工作者的辛勤付出和智慧汗水。在2022年北京冬奥会和冬残奥会申办、筹办、举办的过程中，中国气象局举全部门之力，精心组织、尽锐出战，从2014年起相继组建了组织管理、探测运维、竞赛服务、保赛服务和宣传后勤等方面的团队。气象人秉承“准确、及时、创新、奉献”的气象精神，克服了复杂山区地形下气象监测空白、预报技术积累少、气象服务经验严重缺乏的技术难题和高标准、多层次的管理难题，锐意进取、无私奉献，高质量圆满地完成了冬奥气象保障任务，以实际行动践行了习近平总书记提出的“胸怀大局、自信开放、迎难而上、追求卓越、共创未来”的北京冬奥精神。

为便于读者全面了解北京冬奥会和冬残奥会气象保障服务团队建设和工作情况，同时供气象行业内外单位在今后的重大活动气象保障服务中借鉴和参考，我们组织编制《北京2022年冬奥会和冬残奥会气象保障服务成果·团队工作卷》，作为全套丛书五卷之一出版发行。本卷分上、下两篇，共十一章。

上篇为团队建设，共六章。第一章简要介绍了团队领导机构（冬奥气象中心），使读者能够有一个概括性的了解。第二章介绍了气候评估分析预测、探测系统建设和现场预报团队，使读者能够清晰地了解气候评估先行、探测系统先建、预报经验先摸的气象行业工作特点。第三章介绍了筹办期现场预报团队、探测系统保障团队连续多年来的业务培训和驻训等情况，也介绍了在赛事测试活动气象保障中取得的服务效果，使读者能了解团队的成长经历，为今后团队建设提供成功案例。第四章至第六章全面介绍了举办期直接对“外”提供服务产品的探测运维、火炬传递服务、开（闭）幕式服务、竞赛服务、保赛服务、公众媒体服务等团队相应的岗位特点、工作任务、业务流程及用户评价等，使读者能深度了解团队的工作情况，为冬奥举办期气象保障服务提供全程纪实。

下篇为冬奥服务个人感想，共五章。收集整理了来自 7 个国家级业务单位、6 个省（自治区、直辖市）气象局、3 个企业参与人员提供的 146 篇亲身感想体会文章。所有参与冬奥会气象保障服务的气象人，用实际行动践行了习近平总书记的谆谆教导：“刀要在石上磨、人要在事上练，不经风雨、不见世面是难以成大器的。”“气象梦”交织“冬奥梦”！气象工作者，尤其是年轻的一代，经受住了冬奥会气象保障服务的严峻考验，留下了无数精彩的瞬间和美好的回忆，精神上得到了升华。

“聚是一团火，散是满天星”。气象护航冬奥盛会走过了不平凡、充满挑战的道路，一路上，我们攻坚克难、收获满满。团队成员来自五湖四海，只要参与了，不论时间长短、岗位差异、年龄大小，都对冬奥会作出了各自的贡献，可以说青春无悔、老骥无憾。现在，团队成员已经回归各自岗位，满怀信心地迎接新的考验。7 年磨一剑，砥砺再出发，气象工作者将为续写重大活动气象保障服务新篇章、开启推动气象高质量发展的新序章发挥更大作用。

目　录

下篇　冬奥服务个人感想

上篇

团队建设

第一章　团队领导机构及组织机构

北京 2022 年冬奥会和冬残奥会气象保障服务面临的挑战和主要难点，一是预报要求高、难度大。地形地貌对天气系统演变有着明显的影响，山地天气非常局地化，这意味着满足场馆高时空分辨率定点、定时、定量精准气象预报核心需求的难度巨大。二是核心赛区气象观测资料缺乏。北京冬奥会比赛场地许多是新建场地，又地处山区，是气象观测的空白区，赛场气候背景“不清”。三是缺乏技术积累。冬季山地气象预报完全不同于日常的预报业务，复杂山地的精细化预报经验严重不足。四是整体的保障能力不足。按照“三个赛区、一个标准”要求，指挥运行保障、探测运维保障、信息网络安全保障、直升机救援保障、现场人员外语交流能力等超常规需求，对各专业服务团队的高要求，凸显保障能力不足。针对各类需求，建立有力、高效的领导机构及相应的专项服务团队是十分必要的。

一、冬奥气象中心领导机构

从满足冬奥北京赛区、延庆赛区和张家口赛区等的赛事气象服务需求，依托北京市气象局和河北省气象局，举全国之力，中国气象局有序组织、协调推进三个赛区的气象服务团队的建设。为统筹协调筹办期间三个赛区的气象保障服务工作，2017 年 6 月，中国气象局冬奥气象中心成立，在中国气象局、北京冬奥组委统一领导下，派出骨干力量参加冬奥组委筹办工作，调动国家、地方力量全力开展气象保障工作。为加强举办期气象保障服务工作的总体协调，落实《北京 2022 年冬奥会和冬残奥会赛时运行指挥实施方案》要求，2021 年 9 月，中国气象局、北京冬奥组委、北京市政府、河北省政府、国家体育总局、中央军委联合参谋部联合组建的气象服务协调小组运行指挥层（冬奥气象中心）成立，统筹协调气象资源力量，实现赛时气象保障服务统一指挥、有序运行。

（一）中国气象局冬奥气象中心（2017 年 6 月—2021 年 9 月）

主　　任：姚学祥　北京市气象局局长（2020 年 1 月，张祖强接任）
副 主 任：宋善允　河北省气象局局长（2018 年 3 月，张晶接任）
　　　　　毕宝贵　国家气象中心主任（2018 年 4 月，王建捷接任）
　　　　　王志华　中国气象局应急减灾与公共服务司副司长
执行副主任：刘燕辉　北京市气象局一级巡视员（2021 年 4 月，曲晓波接任）

（二）气象服务协调小组冬奥气象中心（2021 年 10 月—2022 年 4 月）

主　任：余　勇　中国气象局副局长
副主任：佟立新　北京冬奥组委体育部部长
　　　　王志华　中国气象局应急减灾与公共服务司司长
　　　　张祖强　北京市气象局局长
　　　　张　晶　河北省气象局局长
　　　　军委联参战场环境保障局、军委联参作战局领导
成　员：毕宝贵　中国气象局预报网络司司长
　　　　曹晓钟　中国气象局综合观测司司长
　　　　王建捷　国家气象中心主任
　　　　于玉斌　中国气象局气象宣传与科普中心主任
　　　　李集明　中国气象科学研究院副院长、中国气象局人工影响天气中心主任

二、中国气象局冬奥气象中心组织机构（2017 年 6 月—2021 年 9 月）

中国气象局冬奥气象中心下设综合协调办公室、北京赛区气象服务中心、河北赛区气象服务中心、综合探测部、预报技术研发部、集成应用研发部、人工影响天气工作部，主要在 2017 年 6 月—2021 年 9 月协调冬奥会筹办阶段相应技术开发准备工作。同时，通过冬奥组委气象服务保障工作办公室协调对接冬奥组委相关部门，完成相应任务。此外，还设有专家指导委员会（图 1.1）。

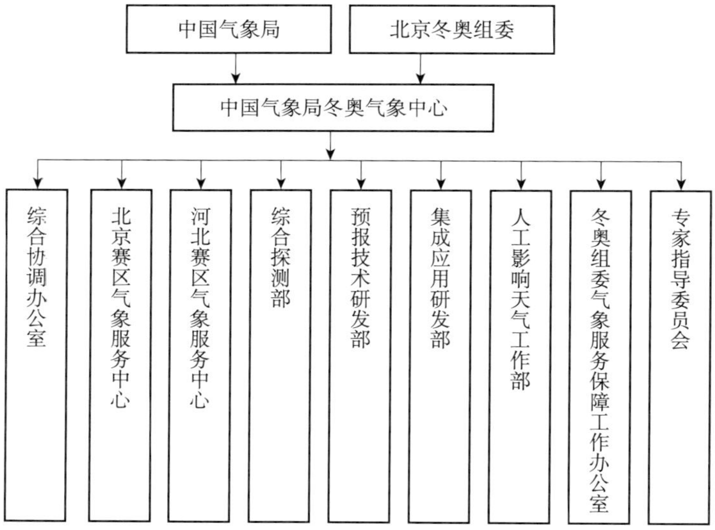

图 1.1　北京 2022 年冬奥会和冬残奥会中国气象局冬奥气象中心总体架构

（一）综合协调办公室

负责冬奥会和冬残奥会气象服务工作计划、方案的编制起草，与北京冬奥组委有关部门的对口联络，冬奥筹备及运行期气象科普、新闻宣传工作，以及中心日常事务性工作协调管理。

主任兼首席气象联络官：刘燕辉　北京市气象局一级巡视员（2021 年 4 月，曲晓波接任）

专职副主任：马晓青　北京市气象局（2019 年 12 月，韩超接任）

专职人员：北京市气象台时少英、丁治豪，河北省气象局李宗涛（王慧敏、秦宝国、范增禄分别于 2017 年 12 月、2018 年 4 月、2020 年 1 月接任）

专职人员办公地点设在北京市气象局。

（二）北京赛区气象服务中心

负责组织实施北京地区冬奥会和冬残奥会气象筹备期间及赛时服务工作。同时，北京赛区气象服务中心作为气象服务的牵头部门面向北京冬奥组委，负责冬奥会和冬残奥会筹备期间及赛时天气气候服务的统一出口。

部　长：梁　丰　北京市气象局副局长

副部长：宋巧云　北京市气象局观测与预报处副处长（主持工作）

季崇萍　北京市气象台台长

闫　巍　北京市延庆区气象局局长

宗志平　国家气象中心天气预报室主任（2018 年 8 月，张恒德接任）

（三）河北赛区气象服务中心

负责组织实施河北地区冬奥会和冬残奥会气象筹备期间及赛时服务工作。

部　长：郭树军　河北省气象局副局长（2018 年 5 月，王世恩接任）

副部长：连志鸾　河北省气象台台长

王建平　河北省张家口市气象局局长（2019 年 3 月，卢建立接任）

（四）综合探测部

负责冬奥会和冬残奥会气象综合探测和信息网络总体规划、技术支持，向冬奥气象中心提供综合探测业务技术支持。

部　长：赵黎明　河北省气象局副局长（2018 年 11 月，王欣璞接任）

副部长：关彦华　河北省气象局气象技术装备中心主任

刘旭林　北京市气象局气象探测中心（观象台）主任

邵　楠　中国气象局气象探测中心装备保障室主任

张雪芬　中国气象局气象探测中心基地室主任

（五）预报技术研发部

面向冬奥会和冬残奥会赛事预报服务需求，负责提供精细化数值预报模式等先进技术支持。

部　长：王迎春　北京市气象局副局长

副部长：刘伟东　北京市气象局科技发展处处长（2020 年 1 月，刘建忠接任）

苗世光　中国气象局北京城市气象研究所所长

王宗敏　河北省气象台副台长

梁旭东　中国气象科学研究院灾害天气国家重点实验室主任

代　刊　国家气象中心天气预报室副主任

佟　华　国家气象中心数值系统业务室科长

（六）集成应用研发部

面向冬奥会和冬残奥会赛事预报服务需求，负责做好数值预报解释应用，负责综合业务服务平台和系统建设，负责信息网络系统建设和运行保障，向冬奥气象中心提供预报预测业务系统和智慧服务业务系统支持。

部　长：郭　虎　北京市气象局副局长

副部长：林润生　北京市气象局气象信息中心主任

魏俊国　河北省气象局气象信息中心主任（2019 年 3 月，杨海龙接任）

唐　卫　中国气象局公共气象服务中心系统开放实验室副主任（主持工作）

陈永涛　国家气象信息中心运控室副主任

（七）人工影响天气工作部

负责提供人工增雪技术支持工作，以及组织开展赛前人工增雪试验工作。

部　长：曲晓波　北京市气象局副局长（2019 年 6 月，二级巡视员刘强接任）

副部长：丁德平　北京市气象局人工影响天气办公室主任

李宝东　河北省气象局人工影响天气办公室主任

周毓荃　中国气象局人工影响天气中心作业指挥与运行中心副主任

（八）冬奥组委气象服务保障工作办公室

为架设北京冬奥组委和气象部门之间的冬奥气象服务保障联络协调，应北京冬奥组委要求，中国气象局派驻了冬奥气象服务保障首席气象联络官（刘燕辉、曲晓波）和联络员（刘博）。北京市气象局、河北省气象局应属地政府要求，派驻相关人员参与冬奥组织工作。

2016 年 7 月，北京市气象局刘博同志赴冬奥组委气象服务保障工作办公室开展工作。该办公室最初由冬奥组委规划建设与可持续发展部负责，加挂在可持续发展处；2017 年 7 月，调整至冬奥组委体育部竞赛处。赛时，该办公室跟随竞赛指挥组组长杨树安进入北京冬奥村闭环工作，承担赛时相关应急处突工作职能。

筹办期间，办公室与国际奥委会、国际残奥委会和相关国际冬季单项体育联合会保持联络沟通，确定不同比赛项目对于冬奥气象服务的需求，明确主要服务任务、重点建设内容、工作职责和时间节点，在与国际奥委会协商一致的基础上，结合北京冬奥会筹办工作特点，协调制定并实施冬奥气象服务协议和冬奥气象服务政策。落实北京冬奥组委、中国气象局工作要求，加强部门内外合作与联动，定期或不定期与北京市气象局、河北省气象局、北京冬奥组委相关部门等单位召开座谈会、研讨会、工作推进会等，通报工作进展，研究商讨有关问题，推动筹办任务落实。

为确保气象服务保障满足冬奥会竞赛组织需求，多次组织召开国际奥委会气象研讨会，邀请国际奥委会技术专家开展培训讲座，邀请中央和地方气象部门、冬奥组委各部（中心）、地方政府、场馆业主、设计团队等多方参与，争取各单位对气象服务机构的理解和支持。

为做好观测站网布局，多次组织开展国际滑雪联合会（以下简称“国际雪联”）场地考察活动，经过中外方反复研究确定，协调气象部门和场馆业主建设 52 个赛道气象站、迁建 25 个赛道气象站，并推动将气象设施纳入赛区场馆及设施规划设计方案、气象网络通信纳入赛区总体通信规划方案，解决赛道气象站供电和通信问题。为解决赛区分钟级气象数据开放使用问题，多次组织召开工作协调会，提出相关工作建议，有关建议得到市领导采纳，最终问题予以解决。

按照国际奥委会里程碑任务要求，连续 5 年组织编制气象报告和风分析报告，不定期组织编制冬奥气候风险、气象对竞赛日程影响等分析报告，并协调配合开展场馆及赛道、缆车、防风网、造雪制冰系统等设计。

为确保气象信息从北京冬奥组委官方信息渠道出口，协调北京冬奥组委技术部在“冬奥通”APP 接入冬奥气象数据，供各国运动员和技术官员、工作人员等相关客户群使用，相关产品得到了国际奥委会体育部的高度评价。

为确保赛时气象数据安全稳定传输，协调北京冬奥组委技术部开通各室外竞赛场馆、冬奥组委调度中心、北京冬奥村竞赛指挥组前方指挥部等多条气象专线，为赛时领导指挥决策和场馆运行调度建立信息渠道。

气象团队是竞赛核心团队的重要组成部分，在造雪计划、防风设计、赛事保障等方面作出了巨大贡献，为竞赛核心团队提供了坚实的气象保障。筹办期间，气象服务保障工作办公室充分发挥集中力量办大事的体制优势，与中国气象局、北京市气象局、河北省气象局及其他有关单位保持密切合作，根据工作需要陆续选调了百余名经历丰富、能力出众的气象人员，并通过校园招聘等方式吸纳若干气象志愿者，进一步丰富了气象团队人员构成。选派 8 名预报员观摩国际高水平赛事，学习先进办赛经验；组织气象预报员参加 40 余项“相约北京”系列冬季体育赛事（以下简称“相约北京”赛事）竞赛组织工作，通过奥运水平的实战检验，赛事服务能力得到显著提升，均高质量完成竞赛组织气象保障任务。

2016 年 6 月，北京市延庆区气象局杨光焰同志被派驻北京冬奥组委延庆运行中心，任场馆技术经理，负责场馆通信、成绩处理、信息、音视频、有线电视、网络安全等工作，为竞赛、转播、新闻媒体等关键客户群及 30 余个业务领域提供服务。

2019 年 3 月，河北省气象局王凤杰同志被派驻河北省冬奥组委气象服务保障工作办公室督查处。2021 年 9 月，河北省冬奥办进驻崇礼一线，成立省冬奥运行保障指挥部，王凤杰随省冬奥办整体下沉一线参加综合办公室督查检查组相关工作，负责河北省冬奥会筹办各类重点工作任务和相关事项分解与督办工作，同时做好综合办公室与气象部门的日常工作对接，为综合办公室领导和河北省气象局领导相关决策提供支撑。

2020 年 4 月，河北省张家口市气象局姬雪帅同志被派驻北京冬奥组委张家口赛区“6+1”赛会服务保障融合推进中心，担任气象业务领域的联络员，负责“相约北京”赛事张家口赛区测试活动指挥部气象服务组综合协调事宜，制作日运行计划，参加测试赛演练，负责向分指挥部提供气象服务信息。2021 年 12 月，姬雪帅作为张家口赛区云顶场馆群闭环外指挥室气象秘书，负责向指挥室主任层提供气象信息咨询和气象服务材料报送。

（九）专家指导委员会

2017 年 8 月，冬奥气象中心组建了北京 2022 年冬奥会和冬残奥会气象中心专家指导委员会，负责对冬奥筹备及运行期间的计划、方案等提出建议，对冬奥气象服务筹备及运行期间的科学管理、流程设计、系统建设以及技术攻关等关键问题进行具体指导。专家名单（组建时职务、职称）如下：

王建捷　国家气象中心副主任、正研级高级工程师
陈　峪　国家气候中心研究员
唐世浩　国家卫星气象中心正研级高级工程师
罗　兵　国家气象信息中心总工、正研级高级工程师
李　柏　中国气象局气象探测中心副主任、正研级高级工程师
潘进军　中国气象局公共气象服务中心副主任、正研级高级工程师
周广胜　中国气象科学研究院副院长、研究员
陈云峰　中国气象局气象宣传与科普中心副主任、正研级高级工程师
胡　非　中国科学院大气气温研究所研究员
效存德　北京师范大学研究员
刘哲剑　河北体育学院党委常委、组织部部长
董林模　亚布力滑雪场场主
美国、奥地利等国气象科学家

三、气象服务协调小组冬奥气象中心组织机构（2021 年 10 月—2022 年 4 月）

气象服务协调小组冬奥气象中心下设综合协调办公室、冬奥北京气象中心、冬奥河北气象中心、火炬传递气象服务专项工作组、预报与网络保障专项工作组、综合观测保障专项工作组、人工影响天气军地联合指挥专项工作组、新闻宣传科普专项工作组，主要在 2021 年 10 月后的赛事期间，协调冬奥会举办阶段气象保障服务工作。同时，继续通过冬奥组委气象服务保障工作办公室协调对接冬奥组委相关部门，完成相应任务（图 1.2）。

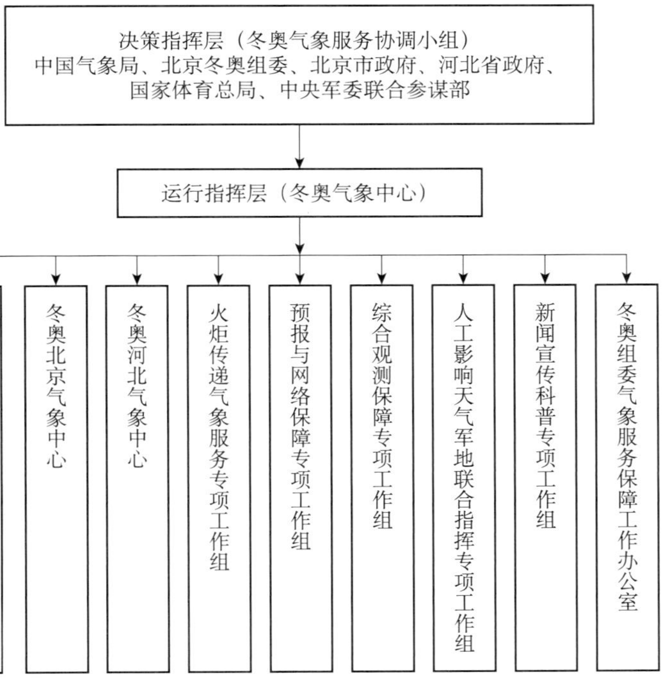

图 1.2　北京 2022 年冬奥会和冬残奥会气象服务协调小组冬奥气象中心总体架构

（一）综合协调办公室

承担气象协调小组与其他各协调小组、北京冬奥会运行指挥部各工作机构、中央军委联合参谋部等各领域运行指挥机制的联络与沟通工作。

主　　任：王志华　中国气象局应急减灾与公共服务司司长
　　　　　佟立新　北京冬奥组委体育部部长
常务副主任：王亚伟　中国气象局应急减灾与公共服务司副司长
首席气象官：曲晓波　北京市气象局副局长
副 主 任：郭　虎　北京市气象局副局长
　　　　　王世恩　河北省气象局副局长（2021 年 12 月，郭树军接任）
　　　　　赵会强　中国气象局办公室副主任
　　　　　金荣花　中国气象局预报与网络司副司长
　　　　　裴　翀　中国气象局综合观测司副司长
　　　　　军委联参战场环境保障局 1 位处级领导
专职副主任：范增禄　河北省气象局
专 职 人 员：北京市气象局甘璐、中国气象局应急减灾与公共服务司吴瑞霞
专职人员办公地点设在中国气象局。

（二）冬奥北京气象中心

全面负责协调北京市区域的冬奥气象服务工作。为了做好北京冬奥会气象保障服务，

2021 年 12 月 10 日，北京市气象局组成立了冬奥北京气象中心预报预测专家组，负责做好北京冬奥会和冬残奥会开（闭）幕式和赛事保障气象会商、预报预测技术研讨及相关工作讨论等。

1. 预测专家组

高　辉　中国气象局国家气候中心
李　想　中国气象局国家气候中心
王　新　中国气象局国家卫星气象中心
任素玲　中国气象局国家卫星气象中心
曹治强　中国气象局国家卫星气象中心
任宏利　中国气象科学研究院
刘伯奇　中国气象科学研究院
郝立生　天津市气候中心
韩　雪　国家海洋环境预报中心
谭　晶　国家海洋环境预报中心
郑　飞　中科院大气物理研究所
宋振亚　自然资源部第一海洋研究所
宋亚娟　自然资源部第一海洋研究所
余运河　中国人民解放军 31010 部队
李荔珊　中国人民解放军 31010 部队
高永辉　中国人民解放军 66199 部队
葛耀明　中国人民解放军 66199 部队
余　帆　中国人民解放军 91001 部队
钟建平　中国人民解放军 93110 部队
朱玉先　中国人民解放军 93166 部队
王雨歌　中国人民解放军 96941 部队
鞠永茂　中国人民解放军 61741 部队
霍　苗　中国人民解放军民航华北空管

2. 预报专家组

张芳华　中国气象局国家气象中心
周宁芳　中国气象局国家气象中心
孙继松　中国气象科学研究院
易笑园　天津市气象台
金晓青　河北省气象台
余运河　中国人民解放军 31010 部队
李荔珊　中国人民解放军 31010 部队
高永辉　中国人民解放军 66199 部队

葛耀明　中国人民解放军66199部队
李向军　中国人民解放军91001部队
吴　限　中国人民解放军91001部队
谷　娟　中国人民解放军93110部队
杨力强　中国人民解放军93166部队
孙　勇　中国人民解放军95968部队
宋凯敏　中国人民解放军95968部队
余杰青　中国人民解放军96941部队
关　皓　中国人民解放军61741部队
路凯程　中国人民解放军61741部队
张　宇　中国人民解放军61267部队
吴玲芳　民航华北空管局气象中心

（三）其他中心及工作组

按照各自职责，中国气象局内设机构、直属单位，有关省（自治区、直辖市）气象局负责开展相关工作。这里不再赘述。

第二章　首批冬奥气象服务团队

冬奥气象保障服务是一项庞大、复杂的系统性工程。从申办阶段开始，需要提供赛区气候背景分析报告，科学回答北京“无雪”的传言，让世界了解、国际相信海陀山“空白区”有雪，而且能够满足举办要求；紧接着探测先行，立即着手在延庆赛区核心区的海陀山“空白区”和张家口赛区（崇礼）建设完善梯度观测站，以宝贵的第一手气象资料验证气候背景推演的准确性，并为后期研究复杂山地条件下的气象问题提供依据；尽早组建预报核心团队，摸清山地天气变化规律，弥补科学认知的短板。气候团队、探测团队、预报团队成为必须首批组建的冬奥气象服务团队，并贯穿申办、筹办和举办期间气象服务全过程。

一、冬奥气候评估分析预测团队

冬奥气候评估分析预测团队是指从事服务于北京冬奥会和冬残奥会申办期间、筹办期间和举办期间北京赛区、延庆赛区和张家口赛区气象条件分析、气象风险评估和气候预测的人员。按照服务任务需求的时段，将服务工作分为申办期、筹办期、举办期。

（一）团队组成

团队主要由北京市气候中心、河北省气候中心，国家气候中心、中国气象科学研究院等单位相关人员组成。

（二）团队主要任务

1. 申办期

在申办期，冬奥气候评估分析预测团队的主要任务是为北京 2022 年冬季奥林匹克运动会申办委员会（以下简称“北京冬奥申委”）提供三个赛区气候背景分析、气象风险分析报告，主要由北京市气候中心和河北省气候中心承担，国家气候中心、中国气象科学研究院等单位专家参加。团队先后开展了延庆赛区、张家口赛区气温条件、积雪深度和风力分析等工作。在此期间，团队完成了《2022 年冬奥会期间延庆赛区气象条件分析报告》（图 2.1），上报中国气象局和北京冬奥申委，成为时任北京市市长、北京冬奥申委主席王安顺在国际奥协大会高水平陈述北京申办优势的重要参考，还协助北京冬奥申委完成了 2022 年冬奥会《申办报告》中气象专题的撰写。团队成员作为支撑专家多次参加国际奥委会的评估团考察和北京冬奥申委组织的国际雪联官员考察，圆满地回答了国际奥委会评估团专家的提问，有力地支撑了冬奥会的成功申办。

图 2.1　2014 年 10 月 29 日，冬奥气候评估分析预测团队组织研讨冬奥会赛场气象条件分析报告

2. 筹办期

在筹办期，冬奥气候评估分析预测团队的保障工作主要分为气候评估和气候预测两方面。

气候评估任务主要是为北京冬奥组委了解各赛区气候特点，开展赛期制订、赛场运维、开（闭）幕式活动策划等工作，提供冬奥赛区不同场地气象条件和气象风险分析、雪质气象分析、国家体育场等场馆精细大风分析服务。主要撰写内容包括持续 5 年的《北京 2022 年冬奥会和冬残奥会赛区气象条件及气象风险分析报告》《2018 年冬奥赛事日程气象风险分析报告》《冬奥和冬残奥赛期推迟风险分析报告》《单板自由式滑雪场地气象条件分析（英文版）》《北京 2022 年冬奥会开（闭）幕式气候风险评估报告》《北京 2022 年冬残奥会开（闭）幕式气候风险评估报告》《首钢滑雪大跳台赛场精细化风场模拟报告》《北京 2022 年冬奥会开幕式国家体育场风场模拟与评估分析报告》《极端天气事件对冬奥开（闭）幕式影响风险分析》等（图 2.2），此外还开展了火炬接力沿线高影响天气风险评估。

气候预测任务主要是提前 4 年开始滚动开展赛区的气候预测服务，北京市气候中心、河北省气候中心、国家气候中心、中国气象科学研究院等单位联合开展气候预测会商，锻炼队伍，递进式滚动为冬奥测试赛提供季节气候趋势、月气候趋势、11～30 天延伸期重要过程气候预测产品，还提供雪务专项预测产品（图 2.3）。

图 2.2　2021 年 4 月 8 日，冬奥气候评估分析预测团队在北京研讨北京冬奥会和冬残奥会天气分析报告

图 2.3　2021 年 10 月 19 日，冬奥气候评估分析预测团队在河北崇礼召开北京 2022 年冬奥会和冬残奥会气候预测专题会商

3. 举办期

在举办期，冬奥气候评估分析预测团队主要任务是气候预测服务，也进行气候评估工作。气候预测任务主要是为各决策部门提供北京冬奥会、冬残奥会赛事期间和开（闭）幕式气候预测服务，递进式滚动提供涵盖 2 月和 3 月气候趋势、11～30 天延伸期重要过程的北京冬奥会气候预测服务专报和北京冬残奥会气候预测服务专报。气候评估任务主要是为决策部门了解各赛区冬奥会、冬残奥会赛期历史和当前气象条件，提供各赛区历史气候特征和极端

天气分析、各赛区冬奥会赛期高影响天气分析等报告。

二、冬奥气象探测建设团队

北京 2022 年冬季奥运会是我国首次举办的冬奥会，气象部门对冬季奥运会气象探测服务保障的基础和经验都近乎为零。同时，作为大陆性冬季风主导的气候条件下举办的冬奥会，大风、低温、过温融雪、降水、低能见度等高影响天气对赛事能否顺利举办有着决定性的影响，精密的气象探测系统建设非常重要。面对北京赛区单板和自由式滑雪大跳台赛场、延庆赛区海陀山高山滑雪赛场以及张家口赛区单板和自由式滑雪、冬季两项、跳台滑雪、越野滑雪、北欧两项等各雪上项目赛事场地地形复杂、局地小气候多变等棘手问题，赛场核心区气象探测近乎为空白，对局地气象要素特征知晓也几近为零。如何做好不同赛区及场馆的气象探测服务保障工作，实现对高影响天气的实时、精密监测，为预报服务提供数据支撑，气象探测服务保障面临前所未有的挑战。探测系统难在建设，重在保障，质在稳准。

为做好北京 2022 年冬奥会申办、筹办阶段气象探测服务保障工作，气象部门组织气象探测建设团队，克服各赛区供水、供电、交通、通信等领域的困难，克服各类恶劣自然条件对气象观测站网布局、建设（迁建）、运维和数据传输带来的不利影响，于 2014 年起，陆续在北京、延庆和张家口三个赛区相关赛事场区（馆）建成了三维、秒级、多要素气象探测站网，获得赛场第一手宝贵气象资料，得到国际雪联的肯定（图 2.4、图 2.5 和图 2.6）。随着国际雪联专家考察以及自身预报应用需求不断深入，围绕预报服务需求，贴合业务特点，深化观测与预报、服务的互动，在站网布局科学设计、精密观测系统建设、数据产品研发、运行保障、军民企合作机制等方面开展了大量工作，各观测系统性能得到了最大的改进提升。同时，最大程度整合利用北京、张家口地区原有业务运行综合气象探测系统资源，形成了满足冬奥会举办期间各赛事场区（馆）气象探测保障服务的综合气象探测系统。

图 2.4　2018 年 9 月，延庆赛区探测团队开展高山滑雪赛道自动气象站迁建

图 2.5　2018 年 11 月，延庆赛区探测团队开展高山滑雪赛道自动气象站建设

图 2.6　2018 年 10 月，张家口赛区探测团队安装云顶滑雪公园自动气象站

三、冬奥现场预报服务团队

冬奥现场预报服务团队是指直接服务于冬奥赛事运行的北京赛区、延庆赛区和张家口赛区的预报服务人员，为赛事提供“一场一策”“一项一策”的气象预报服务。

（一）团队组成

2018 年 9 月 18 日，中国气象局印发冬奥气象服务团队组建方案，由来自国家气象中心、中国气象局公共气象服务中心、北京市气象局、河北省气象局、山西省气象局、内蒙古自治区气象局、黑龙江省气象局、吉林省气象局等 8 家单位的 52 名骨干预报员，组成老中青相结合的冬奥现场预报气象服务团队，专门为场馆赛事提供精细气象保障，冬奥现场预报服务团队正式成立。因赛事预报服务经验积累需要时间和实践，团队队伍尽可能稳定。从 2018 年团队组建到 2022 年冬奥会赛时服务，团队队员中仅个别队员因需要进行了适当调整。

2022 年冬奥会“带疫”办会，举办期间，团队原预期的工作岗位和职责随之调整，最终 53 名预报员投入北京冬奥会和冬残奥会赛时气象服务，出色助力所有赛事避开高影响天气，所有赛事全部有序完赛，圆满完成了赛事气象保障任务。

（二）团队分工

按照冬奥组委竞赛服务结构，冬奥现场预报服务团队服务类型包括服务于北京 2022 年冬奥会和冬残奥会运行指挥部主运行中心（Main Operation Centre，MOC）、主运行中心调度中心（MOC Coordination Centre，MCC）及前方工作组、中国代表团赛事服务中心；赛事场馆预报中心（Weather Forecasting Centre，WFC）和赛事场馆服务中心（Weather Information Centre，WIC）。其中，前方工作组位于冬奥村，MCC 位于北京冬奥首钢园区（等同于 MOC）。北京赛区、延庆赛区和张家口赛区的 WFC 分别位于北京市气象台、延庆区气象局和崇礼区气象局。WIC 共 7 个，分别位于北京赛区的首钢滑雪大跳台，延庆赛区的国家雪车雪橇中心、国家高山滑雪中心，张家口赛区的云顶滑雪公园、国家跳台滑雪中心、国家冬季两项中心、国家越野滑雪中心（图 2.7）。

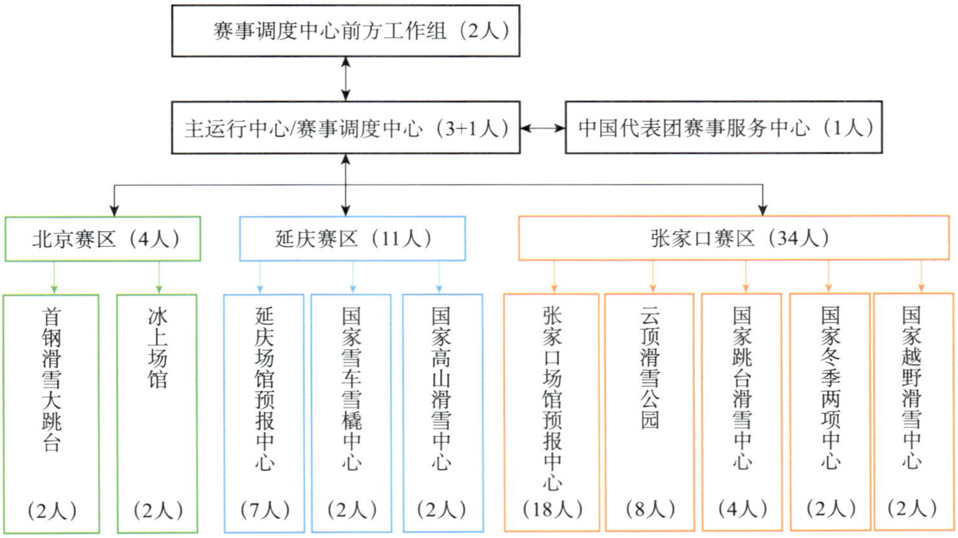

图 2.7　冬奥现场气象预报服务团队架构及人员布局

（三）团队主要任务

冬奥现场预报服务团队主要任务是为北京冬奥会和冬残奥会北京赛区、延庆赛区和张家口赛区在北京冬奥会筹备期间，北京冬奥会赛前、赛时和赛后提供保障赛事运行的现场预报服务（表 2.1）。

表 2.1　冬奥预报服务类型及服务内容列表

服务类型	服务内容
前方工作组	为冬奥组委领导和竞赛指挥组的相关负责人提供贴身气象服务，为竞赛指挥调度提供科学的气象支持
MOC/MCC	与冬奥会有关的天气综合咨询服务； 为重要部门，如国际奥委会、国际雪联等提供天气服务
中国代表团赛事服务中心	为中国体育代表团各室外项目提供精细临近预报服务
WFC	每天 24 小时值班。实时天气监测，制作并发布场馆 0～10 天天气预报和预警； 接受新闻媒体采访，提供咨询服务； 提供场馆天气预报的官方咨询服务
WIC	赛道实时天气监测； 赛事天气服务，包括天气咨询、天气报告等； 为竞赛日程变更委员、场馆竞赛仲裁委员会及领队会等提供现场天气咨询

第三章　筹办期冬奥团队培训及驻训

自 2014 年为申办冬奥会建设自动气象站开始至 2021 年冬季，冬奥现场预报服务团队、冬奥气象探测保障团队相继开展了集中与自学相结合、建设与培训同步、驻训与保障相结合的多种培训，积累赛区天气预报经验和赛事服务经验，不断提升场馆精细预报准确率，持续提高赛事综合业务服务能力和快速维修应急响应能力。具体包括业务培训、赛场冬训、赛事短期见习、英语培训、心理辅导等。

一、冬奥业务培训

历届冬奥会组织与服务都有着很好的经验传承。借鉴温哥华和平昌冬奥会的气象保障经验，预报员经验的快速积累和能力的提升很大程度受益于美国业务气象、教育和培训合作项目（Cooperative Program for Operational Meteorology，Education and Training，COMET）提供的冬奥山地天气预报技术培训。冬奥气象中心全力沟通和协调，在中国气象局组织下，55 名预报服务人员赴美国现场或远程参加了北京冬奥天气预报技术培训。

（一）冬奥现场预报服务团队业务培训

1. 总体情况

冬奥赛事受天气影响大，精准预报服务要求高。面对山地天气预报，国内技术储备明显不足，预报员经验少，尤其是冬季山地预报服务业务基本是空白。借鉴温哥华和平昌冬奥会的气象保障经验，预报员经验的快速积累和能力的提升很大程度受益于 COMET 项目提供的冬奥山地天气预报技术培训。COMET 项目组织设计课程，着重于如何将当前关于冬季天气和山地气象学的理论和概念应用于日常业务预报。课程包括气象理论知识讲座和野外实习，为预报员提供应用实践。从 2010 年温哥华冬奥会到 2022 年北京冬奥会，冬季天气和山地气象学培训用于冬奥会预报员训练十分有用。教学领域侧重于地形对天气的影响、观测技术、在复杂地形中的雷达应用、高分辨率和集合数值预报系统、降水微物理和降水相态预报等。课程让天气预报员能够快速理解山区冬季天气预报的现代理论和实践概念。教学方法上，包括传统的理论讲座和基于案例的、以应用为导向的实验练习。这些课程由对美国和加拿大天气预报经验丰富的预报员、大学教授以及 COMET 项目专职职员等来负责。COMET 项目教学设计人员与授课老师一起工作，审查授课讲义，全程跟进课堂教学和野外实践以及预报训练等。

在全面了解情况后，冬奥气象中心考虑把预报员送出去学习很是必要。但预报员人数多，同期出国接受培训，有一定难度，涉及出国培训政策、资金等问题。经过中国气象局国际合作司、北京市气象局和河北省气象局等领导的努力沟通和协调，在国家外专局、北京市政府领导和中国气象局气象干部培训学院（以下简称“干部学院”）等支持下，2018 年、2019 年和 2021 年，冬奥现场预报服务团队的预报服务人员分三个批次分别参加了 COMET 项目北京冬奥天气预报培训课程。其中，第三批原计划安排在 2020 年上半年赴美国学习，但受全球新冠肺炎疫情（以下简称“疫情”）影响，出国计划一延再延，最后协商调整为 2021 年 4 月底至 5 月初在国内通过远程视频会议形式上课。在培训设施和资源上，赴美国学习时，COMET 提供相关设施、讲师、演示和实验室讲义文件以及实验室计算机，以满足学员培训需求，培训住宿与授课在科罗拉多州博尔德市。2021 年通过 zoom 视频会议进行远程培训，国内方面，由干部学院提供教学环境，如教室、计算机以及网络环境等。所有的课程材料都以英语形式提供。

2018 年 11 月 25 日—12 月 9 日，中国气象局冬奥现场预报服务团队一行 15 人赴美国博尔德执行 COMET 冬奥山地天气预报技术培训任务（图 3.1）。

图 3.1　2018 年 12 月 8 日，第一批次 15 名学员与授课老师合影留念

2019 年 9 月 22 日—10 月 6 日，中国气象局冬奥现场气象服务团队一行 20 人赴美国博尔德执行 COMET 项目冬奥山地天气预报技术培训任务（图 3.2）。

图 3.2　2019 年 10 月 4 日，第二批次 20 名学员学习期间参观美国国家大气研究中心时合影留念

2021 年 4 月 25 日—5 月 8 日，中国气象局冬奥现场预报团队 20 人在干部学院参加线上培训，执行 COMET 项目第三期北京冬奥天气预报技术培训任务（图 3.3）。考虑到中美两地时差，授课方式以上午直播连线上课、下午到晚上学习录播视频相结合的方式进行。学员提前 2～3 天预习录播视频课程内容，收集的问题提前发给老师，直播课上集中解答（图 3.4）。

图 3.3　2021 年 4 月 28 日，第三批次 20 名学员在干部学院教学楼前合影留念

图 3.4　2021 年 5 月 7 日上午，第三批次 20 名学员在干部学院远程视频学习中心上课

2. 培训内容

三个批次的培训计划总体是一致的，但因培训时间和培训方式不同，参与的授课老师略有不同，培训内容略有调整。结合北京冬奥会场馆预报中可能会遇到的天气预报服务问题，培训学习内容包括：课前预习材料、复杂地形下热力驱动风环流系统、动力驱动风环流系统、复杂地形下数值模式产品的应用、边界层分析、双偏振多普勒雷达资料分析与应用、地形降水、降水相态、野外观测、温哥华冬奥会气象服务人员经验分享、预报实践和天气简报训练、课程结束后评估测试、总结等（表 3.1）。

表 3.1　2019 年北京冬奥天气预报技术培训课程安排表

Date	Sunday September 22	Monday September 23	Tuesday September 24	Wednesday September 25	Thursday September 26	Friday September 27	Saturday September 28
Morning		Thermally or Dynamically driven wind Systems	Field Trip	Forecasting Lab and Briefing	Mesa Lab Visit	Boundary Layer Analysis	
Afternoon	Arrive in US	Thermally or Dynamically driven wind Systems	Thermally or Dynamically driven wind Systems	Briefing Examples	NWP in Complex Terrain	Boundary Layer Analysis	

续表

Date	Sunday September 29	Monday September 30	Tuesday October 1	Wednesday October 2	Thursday October 3	Friday October 4	Saturday October 5
Morning		Radar Analysis	Orographic Precipitation	Olympic Forecasting	Forecasting Lab and Briefing	Summary and Evaluation	
Afternoon		Radar Analysis	Precip Transition	Olympic Forecasting	Forecasting Lab and Briefing		Depart for China

（1）复杂地形下热力驱动和动力驱动风环流系统

热力驱动的风环流系统包括山地—平原风、谷风、坡风、横谷风等理论和观测特征等。地形对大气环流强迫的表现很复杂。地形特征不同，强迫风的强弱和特点也不尽相同。学员们学习了气流越山需要考虑的因素，了解了背风波、下坡大风、焚风、山隘急流等特点，以及两部激光测风雷达对火山口的风观测试验结果分析等相关内容。山地风环流系统是山地气象的重点和难点之一，这部分内容使预报员思考和分析北京冬奥赛区的风变化特征，也对北京冬奥会赛区如何做好三维风场观测布局有启示意义。

（2）复杂地形下数值模式产品的应用

学员们重点学习了模式产品误差来源，山地天气特点，数值模式在复杂地形下应用存在的问题以及如何更好地应用精细数值预报模式产品，近年来数值模式在山地地区研究应用的案例和同化技术等。应用数值模式进行山地天气预报时，要把它当作一个“不完美的工具”。首先要了解不同模式的性能，预报员要知道如何对预报结果进行释用；其次要充分应用观测资料，利用实况外推与数值模式相结合，来提升 6 小时内的预报准确率。

（3）边界层分析

地表的特征对大气边界层的特征是非常重要的。北京 2022 年冬奥会比赛期间延庆赛区和张家口赛区地表以雪、岩石、土壤、植被等覆盖的下垫面为主，每一类下垫面都会对地表的能量收支起到重要影响，进而影响近地面层的温度、风等的变化。赛场的地表复杂性对于滑雪赛事气象保障服务具有巨大挑战。

从地球能量收支平衡引入地表能量平衡方程中可以了解到净辐射量主要由感热通量、潜热通量、地表辐射通量、光合作用加热、净加热几个因素组成。从问题出发，让大家思考不同地表地貌情况下净辐射量、感热通量、潜热通量、地表辐射通量等多个日变化曲线的通量对比情况。

结合山地复杂地貌来讲解边界层的特征变化。从边界层的概念模型出发，基于理想情况下充分混合的行星边界层来展开讲解湿、干不同地表的边界层变化特征。运用激光雷达的探测，来确定边界层高度。山区地形复杂，导致行星边界层的特征也更为复杂。

（4）双偏振多普勒雷达资料分析与应用

双偏振多普勒雷达与传统的多普勒雷达相比有以下优点：更容易识别出非降水回波，更容易区分出冰雹、雨、雪或雨夹雪等降水相态，更容易识别出强降雨所在区域。双偏振多普勒雷达的主要产品除了反射率外，还有 ZDR（Differential Reflectivity）、CC（Correlation Coefficient）和 SDP（Specific Differential Phase）等。降水相态不同，ZDR、CC、SDP 的特征值阈值也不同。结合 9 个冬季降水天气个例，授课老师讲解了如何应用双偏振多普勒雷达的观测理论及指标判别阈值，双偏振多普勒雷达产品分析着眼点与基本分析流程，可以加强预报员对冬季降雨、降雪及雨雪转化等的预报判断。

（5）地形降水

山区冬季降水预报在比赛期间非常重要。由于山区的特殊性，地形因素对降水及降水相态产生的影响一直以来是预报的难点，也是预报员在冬奥天气预报工作中的重点之一。John M. Brown 教授通过介绍动力作用下的经典地形降水概念模型和典型地形降水实例（发生在加利福尼亚州、华盛顿），讲解了山地影响过山气流和降水的两个决定性因素，以及气流过山三种方式（翻山、绕流、被阻滞）对降水预报的可能影响。

（6）降水相态

根据温哥华冬奥会降雪物理研究经验，授课老师讲解了降雪相态的分类、相态转化的基本原理、影响降雪相态转变的因素，并以温哥华冬奥会降雪过程观测资料为例详细介绍了相态转换的研究。云物理方面，讲解了冬季山区地形云微物理特征、模式检验及应用、云模式最新进展等，详细介绍了目前云微物理方面面临的挑战、水成物的参数化特征、理论模型检验、个例研究检验等，重点介绍了降雪相态转换过程中潜热的作用应用、云中贝吉龙过程对雪相态的影响以及积冰的数值模拟等。

温哥华冬奥会的一次降水过程分析表明，降水的相态变化造成的环境层结变化，可以造成中尺度环流结构和融化层高度的改变，从而影响地面降水分布和相态的变化。这让我们学员更深入思考冬奥赛区冬季降水预报中地形特征和物理过程对降水相态和降水量的可能影响。在小尺度精细化预报的要求下，对上述因素的充分考虑有助于更好地把握大尺度背景下局地降水的形态和变化，有助于学员理解冬季降水的物理概念模型。

（7）野外观测

实地野外观测，既可以对前一日的热力驱动风环流知识进行巩固，又可以承接当日课程的动力驱动的风环流知识，有利于加深学员对地形影响下的热力强迫风环流知识的理解和认识。

在实地山地气象观测中，以手持的简易气象要素探测设备为基础，分别对山底、山腰、山顶不同海拔高度、不同下垫面、地形条件下 10 个不同点位的气象要素观测为主线，完成实地观测。在观测中，结合预判，认真分析每一个观测点所在地的地形、不同坡面、不同下垫面、太阳辐射等的差异对观测点风的影响。

（8）温哥华冬奥会气象服务人员经验分享

曾经服务加拿大温哥华冬奥会的首席预报员和场馆预报员分享了服务经验。他们重点介绍了预报训练中的主要工作：选择天气个例与预报训练以及预报员的挑选，工作中要明确首席预报员及预报员的职责；充分认识天气预报与服务的必要性、预报员在场馆预报中的经验与挑战、山地气象或者复杂地形下的预报注意事项以及做好场馆预报的关键点，并且要注意到赛场一些不可控制因素对赛事预报服务的影响。他们从预报员的角度给予的意见和建议，对冬奥现场预报服务团队后续的冬训工作非常有帮助。预报员要进一步加强场馆预报训练、高影响天气预报分析，提升口语表达、听力理解，同时深入了解赛场局地天气气候，抓紧测试赛机会，与赛事组委会竞赛经理进行沟通熟悉，建立良好合作和信任。

（9）气象对滑雪运动的影响

Wendy Wagner 曾经是一名冬奥会滑雪项目运动员，后转为气象学家。她以运动员和气象学家双重身份讲解气象对滑雪运动的影响。Wendy 分享了冬奥会越野滑雪参赛经历，她 2007—2009 年后转为滑雪教练，之后在犹他大学研究雪面温度预报。她在简单介绍了滑雪比赛项目后，重点讲解越野滑雪经典技巧和自由式技巧，指出很少运动队伍配有气象学家，北京 2022 年冬奥会和冬残奥会的气象服务对于运动员是非常重要的。她介绍了不同雪面环境对滑雪赛事的影响、雪面温度的变化原理以及比赛中运动员、教练员的关注重点。

（10）天气简报训练

培训期间，团队根据人数分成 3～4 个组，进行 4 次天气简报模拟练习。针对延庆赛区、张家口赛区、美国博尔德等地点进行未来 1 天、未来 3 天的天气简报练习，队员使用英语介绍天气实况以及未来天气，根据不同项目、不同地形、不同需求进行针对性预报，特别是对高影响天气进行重点关注，以通俗、简洁、准确的语言描述使赛事各代表队领队、教练、裁判都能看懂和听懂天气预报结论。

在模拟练习中，COMET 项目教师和来自加拿大的两位经验丰富的预报员给出了非常有益的建议，并且模拟赛时实战情况，对各组汇报人员进行提问，训练团队成员的听力、理解力、应变能力以及语句组织能力。

3. 收获与体会

在三个批次培训中，COMET 项目结合北京冬奥会赛事气象服务需求，进行了合理设计，圆满完成天气预报技术培训任务。培训内容形式多样，采取互动式教学，针对性强。课程辅导员安排的授课老师注重课堂教学效果，授课过程中以问题为引导，阶段性总结、有问题随堂随时提问，老师一一耐心解答。理论与观测相互结合，实践性强。讲课过程中基础理论知识与实例讲授相结合，达到了释疑解惑、强化理解和应用的效果（如复杂地形下局地环流形成机理、云微物理过程及雷达应用等相关问题），对学员们深入认识延庆海陀山和张家口崇礼地区的山地天气特点有很多启发，同时使学员们进一步了解了冬奥会服务相关经验，冬奥预报服务能力显著提高。

（二）气象探测保障团队

探测保障团队初建于 2014 年，将技能培训贯穿于冬奥工程建设、技术攻关、集中授课、测试赛保障和模拟演练等方面，确保队员具备面向不同赛区的技术能力和应急处置能力，以及赛时保障的体能要求，为赛时保障奠定扎实基础。

1. 北京赛区

（1）设备保障技能培训（2020 年 10 月 12—15 日）

北京市气象局在完成北京赛区气象观测系统建设的基础上，为进一步提升 2022 年冬奥会赛事气象服务保障团队人员技术水平，增强各型观测设备故障应急抢修能力，于 2020 年 10 月 12—15 日联合相关设备厂家，对所有保障团队人员开展冬奥会气象观测系统保障技术培训工作（图 3.5）。

图 3.5　2020 年 10 月，气象探测运维保障团队参加冬奥会气象探测设备保障培训班

（2）现场应急处置流程实战演练（2020 年 1—2 月和 2021 年 1—2 月）

北京市气象局冬奥探测系统保障团队制订赛区探测系统运行风险评估和应急措施，组织气象探测保障团队开展应急处置技能培训，并利用 2020 年第十四届全国冬季运动会（以下简称“十四冬”）高山滑雪速度类延庆站赛事和 2021 年“相约北京”赛事，开展气象探测保障实战演练，检验应急处置流程的合理性。其中，运行监控小组负责设备状态和数据的监控及信息报告，技术支持小组负责故障技术分析、中心站数据核实、故障原因报告，现场保障团队负责现场维护维修、站点巡查和信息报送。

（3）设备日常运维技能培训（2020 年 11 月—2022 年 2 月）

气象探测保障团队按照设备业务运行考核标准，连续两年对北京赛区的单板跳台、鸟巢（即国家体育场）、竞赛场馆及赛区周边的气象观测系统开展日常性现场巡检维护、故障抢修业务技能操练。

2. 延庆赛区

延庆赛区探测保障团队通过日常规范操作、集中授课、测试赛保障和模拟演练进行人员技能培训，包括四个阶段。

（1）规范和操作培训（2014—2021 年）

团队全程参与站网规划选址、技术攻关、建设实施、运行维护，熟练掌握操作规范、维护要求、维修流程；熟练掌握站点沿革、站址位置、到达路线；熟练掌握冬奥会定制自动气象站的程序算法、线路连接、常见故障处理以及供电、通信系统工作原理；熟悉掌握天气雷达的故障诊断、处理等技术；不断提升体能素质，具备赛时保障要求。

团队学习高山滑雪场馆的运行管理手册、疫情防控手册，做到全员熟悉高山滑雪场馆的维修流线、工作点位以及疫情防控要求。

（2）专家集中授课培训（2020 年 10 月 12—15 日）

聘请探测技术专家分别对 SPA 积雪观测系统、涡动相关系统、天气雷达、激光测风雷达、微波辐射计、DZZ4 自动气象站和 DZZ5 自动气象站系统进行详细讲解，对设备组成原理、日常维护和故障判断等进行实操培训，通过系统性地培训，全面提升了团队成员在系统原理掌握、故障分析研判、故障排除方法等方面的综合探测技术能力。

（3）测试赛保障（2020 年 1 月 15—20 日、2021 年 2 月 15—26 日）

通过完成高山滑雪速度类延庆站赛事和 2021 年“相约北京”赛事的现场探测保障任务，培训队员更加牢固地掌握了赛时保障机制流程、站点位置路线、故障诊断排除、维修方法技能、维护标准以及突发事件处置能力。

（4）模拟演练（2021 年 11 月 4—10 日）

借助 2021 年 11 月 5—9 日的寒潮、降温、雨雪等高影响天气，团队全体成员按照冬奥北京气象中心“两案一表”和《北京 2022 冬奥会和冬残奥会延庆赛区观测保障工作方案》，对核心赛区的 23 个自动气象站和天气雷达进行监控指挥、天气过程前、天气过程后加密维护及应急抢修开展模拟演练。强化培训团队成员赛时维护维修机制、指挥调度机制、技术会商机制、运行监控能力、故障诊断能力、备品备件运输能力、故障排除方法技能以及巡检维护标准操作（图 3.6）。

图 3.6　2021 年 2 月 17 日，延庆赛区探测设备运维保障团队往高山滑雪中心场馆山顶站点运送备件

3. 张家口赛区

河北省气象局探测保障团队通过参加 2021 年“相约北京”赛事张家口赛区测试活动的现场探测保障，初步建立了赛区装备维护检修工作流程和规范。在测试活动间歇期间开展集中培训，核心队员均具有实战经验，且综合技术水平高，都具备独当一面的能力。2021 年下半年培训工作重点为赛区纪律、操作规范和现场环境适应性等。

（1）测试活动保障（2021 年 2 月 15—26 日）

通过 2021 年“相约北京”赛事张家口赛区测试活动现场探测保障任务实战模拟，团队初步摸索总结赛时保障机制、流程、路线，检验了故障诊断、备件维修更换、突发事件处置等综合能力，为后期持续改进完善，进而高质量完成冬奥会正赛保障任务打下了坚实的基础（图 3.7）。

图 3.7　2021 年 2 月 15—26 日，张家口赛区装备保障团队抢修维护赛场站点
（左图为抢挖修复被积雪掩埋的云顶 13 号气象站，右图为维护抢修越野 2 号气象站）

（2）规范与操作培训（2021 年 11 月 25—30 日）

学习《北京 2022 年冬奥会和冬残奥会场馆运行团队工作人员行为准则》，从政治坚定、担当作为、文明礼貌、遵规守纪、严格保密、确保安全等几个方面进行解读，熟悉掌握场馆工作纪律、工作规范以及相关程序和要求等行为准则。

分组自编自学核心区赛道气象站装备保障“一站一策”方案，对每个站点的信息采集、到达路线、维护措施、保障要求、安全措施等逐一解读，对野外作业携带工具与装备的安装、使用进行培训。

（3）赛时维护维修模拟（2022 年 1 月 12—15 日）

在前期测试赛实战经验的基础上，随机模拟指定某个站点设备出现故障，对应的场馆负责保障人员立即模拟开展维护维修工作。确定维护维修措施、携带物品备件、协调交通工作、现场维护维修方法等，由场馆保障人员一一给出。模拟保障结束后，全体成员对各个模拟环节集中讨论，研究问题并明确改进方案。

二、冬奥现场预报服务团队赛场驻训及测试赛

自 2017 年开始每个冬季，北京、延庆和张家口三个赛区的冬奥现场预报服务团队队员均深入首钢滑雪大跳台、延庆场馆群、云顶滑雪公园场馆群和古杨树场馆群等赛事现场开始冬季天气预报训练，将山地气象理论知识应用到场馆天气分析和预报中，并在 2019 年、2020 年和 2021 年参加了“相约北京”赛事和系列场馆重大活动的气象保障，在现场开展天气预报工作，检验并提升服务能力，积累赛事服务经验。

（一）赛场驻训

自 2017 年开始，冬奥气象中心每年发布《冬季冬奥赛事现场预报服务团队工作及培训计划》，明确工作目标和工作任务，且三个赛区分别结合赛区工作情况进行预报训练安排。目的就是提升预报员理论知识水平，逐步了解冬奥会气象服务需求，全面理解和掌握赛区复杂地形条件下冬季天气特征，不断积累赛道预报经验，赛区预报准确率逐年提升。

1. 初探摸索阶段（2017—2018 年冬季）

2017 年 6 月，北京市气象局和河北省气象局率先成立了核心预报服务团队，探索到赛区场馆开展预报训练这一前所未有的工作。到赛区进行预报训练，除要克服团队众多成员的住宿、吃饭、交通、工作地点等困难外，对预报员到赛区去进行预报训练的必要性存在不同认识。为此，2017 年 11 月至 2018 年 3 月是摸索经验的一个冬季。北京市气象局派出 5 名预报员到延庆赛区，河北省气象局派出 18 名预报员到张家口赛区，分别开始第一个冬季的经验探索。

在此期间，团队成员主要通过自学冬季山地天气理论知识、登山熟悉赛区地形地貌、赛道所在山坡的坡向和陡度等增加知识和现场感受（图 3.8）。每日观测与天气预报实战训练，沿赛道体验并检验天气预报，初步摸索总结赛区预报经验；进行高影响天气个例分析，分析赛区已建站观测资料，逐步了解赛道气象要素特征；承接驻训期间赛区赛事预报服务工作，熟悉赛事服务流程；学习赛事规则，进行滑雪训练，强化体育气象专业英语水平；搜集整理冬奥所有项目与气象条件的关系。此期间正好是平昌冬奥会举办期，团队模拟分析了此期间北京冬奥会三个赛区同步进行冬奥比赛，气象条件对赛程的可能影响。

这个冬季的驻地训练成果，充分说明到赛区进行实战训练是有必要的，且实战训练模式是可行的。为此，根据平昌冬奥会的预报员规模，初步预估了北京冬奥会预报员规模，为提出北京冬奥会现场预报团队组成建议、固化冬训模式达成一致意见。实践证明，现场训练有助于保证冬训工作效率，强化学习和快速提升预报经验，推进冬奥预报制作平台的开发和科技成果业务化的落地，促进预报服务团队的快速成长。

2. 积累提升阶段（2018—2019 年冬季）

随着中国气象局于 2018 年 9 月正式组建了冬奥现场预报服务团队，2018 年至 2019 年冬

图 3.8　2017 年 11 月 23 日，延庆赛区冬奥现场预报服务团队队员
沿计划赛道登山顶，现场体验赛区降雪

季是团队第一次全员冬训。

延庆赛区团队预报员 11 名，由已经参加过上一年冬季驻训的北京市气象局 5 名预报员和新增的来自国家气象中心、中国气象局公共气象服务中心，山西省、内蒙古自治区等地气象局的 6 名预报员组成。以老带新，安排每天工作计划，开展天气会商、8 个场馆站点预报训练及英文简报训练等；为了尽快熟悉场馆天气特点，挑选大风、降雪、雾霾、静稳等不同类型的天气，到场馆了解沿着赛道气象要素变化特征（图 3.9）。设置首席岗位和赛道预报岗，模拟场馆预报中心岗位职能，完成制作冬奥会期间气象预报服务产品列表中各场馆预报点预报；模拟场馆现场服务岗位职能，根据赛事高影响天气和任务情景设定，每日进行天气报告（Weather Briefing）（中英文）训练；选择典型性个例案例或情景进行视频录制并请专家点评。同期，参与冬奥业务系统平台研发工作，对冬奥预报制作平台和冬奥现场服务系统的功能模块改进提出建议和意见。巩固山地天气理论，参加 COMET 项目培训的队员分享并带领大家进行山地冬季天气预报技术的理论知识学习，同时结合驻训期间天气开展学习和讨论，把理论知识应用于实践并改进赛道气象要素预报方法，明显提升了场馆预报准确率。

张家口赛区团队预报员 36 名，新增了来自国家气象中心和内蒙古自治区、黑龙江省、吉林省和河北省气象局的 21 名预报员。团队首先在干部学院保定分院进行驻训前培训，内容包括驻训前动员，对前期工作与培训内容进行复习、回顾，强化知识和相关技能，并进行了 COMET 项目培训成果交流。全体队员每 12 人一组，轮换进驻河北省气象台、张家口市气象局和崇礼区气象局开展相关工作。驻省气象台（石家庄）团队主要任务包括总结赛区预报经验，改进要素预报方法，完善冬奥业务系统；驻张家口市气象局团队主要任务包括模拟场馆预报中心工作职责，承担驻训期间赛区举办的各类赛事天气预报产品制作与发布；驻崇礼区气象局团队主要任务包括每日定期赴赛场实地观察主要气象要素变化特征，结合当日驻张家口市气象局团队制作的相关预报，总结分析预报与实况误差，承担“科技冬奥”张家口赛区雪季观测试验相关任务（图 3.10），模拟场馆现场服务，为驻训期间赛区举办的各类赛事提供现场服务保障。

图 3.9　2019 年 2 月 18 日，延庆赛区冬奥现场预报服务团队队员在高山滑雪中心体验降雪和低能见度天气

北京赛区团队预报员 5 名，由北京市气象局和国家气象中心预报员组成。与延庆赛区和张家口赛区的复杂地形特征相比，北京赛区位于城区，除了首钢滑雪大跳台海拔高度 25 米和 48 米的平均风和阵风预报外，其他工作与日常业务接近。为此，北京赛区的 5 名预报员在冬季驻训工作期间，通常是在开展日常业务值班的情况下，每月轮流安排 1 名场馆预报员专门负责首钢滑雪大跳台 4 个点位的预报，分析北京赛区各场馆（现有对应自动站点）天空状况、盛行风风向风速、能见度、高低温情况，进行总结评估，并参加场馆实地考察和测试赛服务等。其他预报员在正常业务值班的同时，每月至少完成 15 天预报入库，来强化场馆预报训练。

经过这个冬训，三个赛区从观测和气象要素的客观预报方法等方面提出了建议和意见，进一步加密观测或调整观测，强化冬奥精细客观技术支撑。

图 3.10　2019 年 1 月，张家口赛区冬奥现场预报服务团队队员在进行系留汽艇观测试验

3. 成熟精进阶段（2019—2020 年冬季）

经过上一个冬季，三个赛区所有队员熟悉了各自赛区所在的地形地貌特征，了解了赛区场馆地形特点，分析了不同天气类型下沿赛道气象要素变化的特征，并结合山地气象理论知识，进一步归纳了场馆典型天气特点。

2019—2020 年冬季的驻训目标是提升场馆预报准确率，并结合测试赛的实战服务来积累赛事服务经验。为此，三个赛区统筹考虑工作量和人员安排，12 月份安排了 6 天全天气候情景模拟，以便查漏补缺，为迎战 2020 年 2—3 月各项国际赛事做好准备。但遗憾的是，因全球新冠肺炎疫情暴发，2—3 月测试赛全部取消。庆幸的是，2019 年 12 月—2020 年 1 月，三个赛区分别进行了一场赛事。团队队员们抓住难得的、检验自己能力的机会，严阵以待、初试锋芒，取得了很好的预报服务效果，既树立了自信，也赢得了北京冬奥组委领导和国际雪联专家对中国冬奥气象服务的认可和信任。

本阶段驻训，三个赛区的团队任务主要包括总结赛区预报经验，改进要素预报方法，完善冬奥业务系统，强化英语综合能力；参照冬奥会标准模拟制作各场馆预报点预报；承担驻训期间赛区举办的各类赛事天气预报产品制作工作，为驻训期间赛区举办的各类赛事提供现场服务保障；开展分赛事的气象风险评估研究，细化赛事阈值研究；每日实地观察主要气象要素变化特征，总结分析预报与实况误差（图 3.11）；前、后方联动推进“科技冬奥”各项目研究与成果试用工作；开展新型气象探测设备的应用，加强数据分析使用能力；定期开展月预报技术交流研讨、山地天气预报技术培训交流研讨、冬奥科技成果介绍、赛事境外培训和冬训工作总结暨预报技术交流。

与前两个雪季驻训相比，本阶段由于加入了科技部“科技冬奥”攻关项目的支持，因此

“科技冬奥”项目研发、应用、改进成为贯穿后面各阶段的一条工作主线，一线驻训预报员与后方科研人员逐步建立积极交流和反馈机制，有效推进了冬奥科技成果的改进和应用。

图 3.11 2019 年 12 月 24 日，延庆赛区冬奥现场预报服务团队队员在海陀山顶体验大风情况

4. 就绪测试阶段（2020—2021 年冬季）

52 名团队队员信心满满进入第四个冬季训练阶段。常态化疫情防控和冬奥气象保障工作共同推进，在努力克服疫情带来的不利影响的同时，扎实做好就绪阶段冬奥气象工作，认真落实北京冬奥组委、中国气象局、北京市委市政府、河北省委省政府等任务，凝心聚力，开拓创新，积累经验，为北京冬奥会和冬残奥会的正式服务奠定基础。在就绪阶段，2021 年 2 月雪上项目测试赛和 4 月冰上项目测试赛达 27 项。三个赛区冬奥现场预报服务团队根据冬奥组委体育业务领域人员初步安排，开展场馆专项预报服务训练。在日常预报训练的基础上，以“相约北京”赛事为主线，以赛促训，以服务效果来检验冬奥综合观测、信息系统、科技支撑到预报服务的全流程就绪情况。

本次驻训任务，以圆满完成 2021 年测试赛气象服务保障任务为核心目标，强化基础技能培训，强化冬奥业务服务系统磨合应用，强化“科技冬奥”技术成果实战应用，强化实战工作能力提升，主要任务是完成英语、滑雪等专项技能培训；开展赛区山地气象探测试验，提升赛场预报服务能力；熟悉应用冬奥气象服务相关业务系统，配合做好系统功能改进与升级工作，确定人员岗位分工；开展日常冬奥气象预报服务模拟工作；完成 2021 年度测试赛各项保障任务，磨合赛事运行保障机制流程；做好 2020—2021 年驻训工作与技术总结。

与前三个雪季驻训相比，本阶段加入了测试活动气象保障任务，实战任务代替实训任务首次成为驻训主角，三个赛区圆满完成了“相约北京”赛事气象服务任务，进一步提升了对赛区局地小气候特征的认识掌握水平，优化改善了预报技术方法，提升了赛场赛道核心气象要素预报准确率，熟悉和了解了现场服务机制和流程，熟练应用冬奥业务服务系统，推进“科技冬奥”技术成果实战应用；在全面总结测试赛运行经验的基础上，进一步改善工作流程，优化岗位设置，全面提升了冬奥现场服务能力（图 3.12）。

图 3.12　2020 年 2 月 19 日，延庆赛区冬奥现场预报服务团队队员在商讨天气

5. 赛前冲刺阶段（2021—2022 年冬季）

这是从测试赛转换到冬奥会正式气象服务的最后一个冬季，是决战决胜阶段。北京、延庆和张家口三个赛区的冬奥现场预报服务团队于 9 月陆续开始测试赛相关气象服务，无缝隙地过渡到北京冬奥会和冬残奥会气象服务。通过 10 项国际赛事、3 项国际训练周和 2 项国内测试活动的气象服务，进一步磨合各项工作方案、指挥机制、支撑体系、业务系统、服务流程和队伍状态，团队以饱满的热情、周密的举措，投入到北京冬奥会和冬残奥会的成功举办中。

与前四个雪季驻训相比，本阶段特点是驻训与正赛保障紧密相连，主要特征是“前期测试赛”+“后期三赛”的全程赛事安排，驻训工作也呈现以赛代练特征，三个赛区预报团队通过密集的赛事实战模拟，有效磨合了机制、调整了心态，调动了状态（图 3.13）。北京冬奥会和冬残奥会气象服务期间，经历了寒潮、大风、暴雪、异常升温、沙尘和复杂降水相态等复杂天气。但精准的预报和精细的服务，助力赛事方抓住了各项赛事的比赛窗口期，29 个场次比赛日程进行了调整，所有项目全部完赛，得到了竞赛组织方和各级领导的充分肯定和表扬。通过正赛保障情况可以看出，本阶段驻训前期的高强度驻场磨合起到了很好的效果。

宝剑锋从磨砺出，梅花香自苦寒来。不负五年的持续努力和奋斗，冬奥现场预报服务团队从预报技术、工作流程、系统应用、服务经验等各方面为冬奥会正式服务做好了全面准备。

图 3.13　2021 年 11 月 19 日，张家口赛区冬奥现场预报服务团队队员在进行设备维护和现场观测

（二）测试赛实战服务

团队以冬奥会标准完成了 2019 年 12 月—2021 年 12 月“十四冬”和“相约北京”赛事 22 大项比赛气象保障服务（表 3.2），期间，大风、强降温、升温融雪、沙尘等高影响天气“全经历”、天气预报“零漏报”、保障服务“零差错”。通过测试赛气象服务，不断磨合各项工作流程和方案、指挥机制、支撑体系、业务系统、服务流程和队伍状态，查漏补缺，不断完善，为圆满完成冬奥会气象保障积累了宝贵经验，进一步坚定了团队必胜的信心。

2019 沸雪赛事实战，既检验了系统和流程，也锻炼了队伍，更为后续的优化完善提供了宝贵经验。面对面了解需求，基本确定 6 级阵风警戒线。经与赛事运行团队、教练员和运动员多方沟通，考虑 4 级以内的风（≤7.9 米 / 秒）对比赛和训练（男子和女子）基本无影响；持续 5 级风（8.0～10.7 米 / 秒）对女子运动员的比赛影响较大，通常会停止比赛和训练，但对男子运动员的影响有限，一般仍会进行训练和比赛；持续 6 级以上大风，男女运动员都会暂停比赛。从赛事实际运行来看，短暂瞬时风力达到 6 级，运动员会在阵风较大时做短暂等待，通过观测赛场内的风旗或自身感受，在风力相对减弱的短暂间歇进行滑跳，整个动作过程在 10～20 秒完成。

2020 年 1 月 18—20 日，“十四冬”高山滑雪竞速类项目在延庆赛区高山滑雪中心进行。因准确的预报，原计划 18 日和 19 日的赛事提前至 16 日至 17 日进行，避开 18 日和 19 日的大风天气，使得比赛圆满完成。这次服务具有重要意义，这次比赛是刚刚建立的高山滑雪场馆第一次进行正式比赛，虽然是国内赛事，但国际雪联专家全程跟进评估。这次精彩的服务效果，赢得了国际雪联专家和北京冬奥组委体育部对冬奥现场预报服务团队的信任和认可，为后续开展系列测试赛增添了信心，奠定良好的沟通和合作基础。

2019 年至 2020 年冬季，冬奥现场预报服务团队先后为国际雪联单板滑雪平行项目世界杯、自由式 / 单板滑雪 U 型场地世界杯等十余项赛事提供气象服务保障。从比赛队伍报到前一天开始，冬奥现场预报服务团队就悉心制作了中英双语的交通气象简报，为各国运动队提供出行建议。赛事期间每天两次制作赛道未来 24 小时的逐小时以及 48～72 小时的逐 3 小时预报，现场服务队员每天参加领队会，并全程用英语讲解。提前 3 天准确预报了 2019 年 12 月 21 日夜间的降雪天气，组委会根据天气预报调整了比赛日程，确保顺利完赛。

2021 年 2 月 16—26 日，“相约北京”赛事雪上及滑行项目国内测试活动（以下简称“测试活动”）在延庆和张家口赛区成功举办，共有 20 项国内冬奥、冬残奥比赛项目参加。期间，先后经历了大风、强降温、快速升温、沙尘等天气，基本涵盖了所有影响赛事运行的不利天气类型，经受了超过 9 级的阵风、接近 −30 ℃的低温、接近 15 ℃的过暖融雪以及沙尘天气的考验。测试活动指挥部根据场馆气象预报，对自由式滑雪空中技巧、自由式滑雪雪上技巧、单板滑雪 U 型场地技巧、跳台滑雪、冬季两项、北欧两项、高山滑雪等项目进行了 12 次赛事与官方训练改期、5 次官方训练取消的调整，相关赛程调整科学准确，各项比赛均按计划顺利完成。此次雪上测试活动是冬奥气象中心成立以来，第一次全方位为冰雪项目开展气象保障，是对冬奥会气象筹备工作的实战“初考”和深度“体检”。三个赛区第一次开展全流程、全项目赛事运行模拟，虽然是国内赛事，但全部按照冬奥会和冬残奥会赛事运行标准，国际单项体育联合会相关官员全程参加。精准的预报和优质的服务，得到了北京市副市长、北京冬奥组委执行副主席张建东和北京冬奥组委副主席杨树安等有关领导以及赛事运行团队的高度肯定，为下半年国际测试赛和冬奥会、冬残奥会正赛气象服务保障的高水平开展打下了良好的基础。

2021 年 4 月 1—10 日，“相约北京”赛事冰上项目测试活动在北京赛区顺利举办。在中国气象局的领导下，在北京冬奥组委测试活动指挥部 MOC/MCC 的指挥下，在其他气象部门协助下，发挥气象部门整体优势，北京市气象局为冰上测试活动的圆满举行提供了全方位的气象保障。针对发现的问题，积极对接北京冬奥组委协调解决；继续强化科技创新，提升预报预测的精准性；研究建立赛时运行体制机制。

2021 年 10—11 月，国际雪车与钢架雪车联合会组织的冬奥积分赛及国际雪橇联合会组织的雪橇世界杯在国家雪车雪橇中心进行，本次比赛为场馆在冬奥会正赛前举办的第一次也是最后一次举办国际性赛事。同时受疫情的影响，本次比赛也是所有北京冬奥会赛区里第一个在闭环管理条件下组织开展赛事的场馆，为后续其他场馆比赛及冬奥会正赛起到重要的示范作用。在此期间，国家雪车雪橇中心场馆现场服务团队两位现场预报员严格遵守闭环管理相关规定，历经降雨、暴雪、大风、沙尘等高影响天气，为场馆的正常运行和赛事的顺利组织提供了优质的现场气象服务，获场馆相关领导的肯定和表扬。此外，经长时间地与竞赛、交通、清废等各领域的磨合，与对方建立了良好的沟通关系，同时了解了新服务需求并及时完善，为后期冬奥会正赛期间现场气象服务的开展奠定了良好的基础。

2021 年 11—12 月，国际跳台滑雪等 4 项国际赛事和训练周在张家口赛区举行。期间，11 月 22 日和 29 日、12 月 2 日，赛区先后出现 3 次大风降温天气过程，由于正值赛事运动员抵离日，整体未对赛事正常举办造成显著影响，未出现低能见度、降雪等影响赛事安排和运行的不利天气，期间仅 12 月 5 日出现一次因天气原因导致的赛程调整，考虑原定比赛时间风力将逐渐加大的影响，女子标准台决赛由 19 时 30 分提前至 17 时 45 分举行。受疫情影响，此次 3 项测试赛，是张家口赛区冬奥会正赛开始前最后一次也是唯一一次有国外运动员、技术官员参加的测试活动，是全面检验赛区各领域运行就绪情况的一次阶段性考验，较年初举行的测试活动，面临的问题更复杂、面临的考验更全面，赛区现场预报服务团队充分利用这次服务保障机遇，对岗位设置、工作流程、会商机制、人员安排、业务系统等运行情况进行了全面测试优化，根据测试情况，进行了最终调整。

表 3.2　2019—2021 年“相约北京”系列冬季体育赛事

赛事类别	序号	日期	赛事名称	赛区
国际赛事	1	2019 年 12 月 12—14 日	2019 年沸雪北京国际雪联单板及自由式滑雪大跳台世界杯	北京
	2	2019 年 12 月 19—22 日	2019—2020 国际雪联自由式滑雪及单板滑雪 U 型场地世界杯	张家口
国内赛事	1	2020 年 1 月 18—20 日	第十四届全国冬季运动会高山滑雪竞速类项目延庆站	延庆
国内赛事（2 月雪上及滑行项目）	1	2021 年 2 月 18—23 日	2020—2021 赛季全国高速滑雪邀请赛	延庆
	2	2021 年 2 月 23—25 日	2020—2021 赛季全国残奥高山滑雪比赛	
	3	2021 年 2 月 17—26 日	全国雪车邀请赛	
	4	2021 年 2 月 18—23 日	全国钢架雪车邀请赛	
	5	2021 年 2 月 16—21 日	全国雪橇邀请赛	
	6	2021 年 2 月 22—26 日	全国自由式滑雪坡面障碍技巧邀请赛	张家口
	7	2021 年 2 月 18—22 日	全国单板滑雪坡面障碍技巧邀请赛	
	8	2021 年 2 月 16—19 日	全国单板滑雪 U 型场地邀请赛	
	9	2021 年 2 月 19—22 日	全国自由式滑雪 U 型场地邀请赛	
	10	2021 年 2 月 18—22 日	全国单板滑雪障碍追逐邀请赛	
	11	2021 年 2 月 17—21 日	全国自由式滑雪障碍追逐邀请赛	
	12	2021 年 2 月 16—20 日	全国单板滑雪平行大回转邀请赛	
	13	2021 年 2 月 16—21 日	全国自由式滑雪空中技巧邀请赛	
	14	2021 年 2 月 16 日	全国自由式滑雪雪上技巧邀请赛	
	15	2021 年 2 月 21—26 日	全国残奥单板滑雪邀请赛	
	16	2021 年 2 月 16—24 日	全国跳台滑雪邀请赛	
	17	2021 年 2 月 20—26 日	全国越野滑雪邀请赛	
	18	2021 年 2 月 18—26 日	全国北欧两项邀请赛	
	19	2021 年 2 月 16—23 日	全国冬季两项邀请赛	
	20	2021 年 2 月 22—26 日	全国残奥冬季两项和残奥越野滑雪邀请赛	

续表

赛事类别	序号	日期	赛事名称	赛区
国内赛事（4 月冰上项目）	1	2021 年 4 月 2—10 日	全国短道速滑比赛、花样滑冰比赛	北京
	2	2021 年 4 月 1—5 日	全国冰球比赛	
	3	2021 年 4 月 1—5 日	全国冰球比赛	
	4	2021 年 4 月 8—10 日	残奥冰球比赛	
	5	2021 年 4 月 1—6 日	全国冰壶比赛	
	6	2021 年 4 月 9—10 日	全国轮椅冰壶比赛	
	7	2021 年 4 月 4—10 日	全国速度滑冰比赛	
国际赛事	1	2021 年 10 月 8—10 日	速度滑冰中国公开赛	北京
	2	2021 年 10 月 13—17 日	2021 亚洲花样滑冰公开赛	
	3	2021 年 10 月 21—24 日	2021—2022 国际滑联短道速滑世界杯	
	4	2021 年 10 月 23—30 日	2021 年世界轮椅冰壶锦标赛	
	5	2021 年 10 月 25—26 日	2021—2022 国际雪车联合会雪车计时赛	延庆
	6	2021 年 10 月 25—26 日	2021—2022 国际雪车联合会钢架雪车计时赛	
	7	2021 年 11 月 19—21 日	2021—2022 国际雪橇联合会雪橇世界杯	
	8	2021 年 11 月 27—28 日	2021—2022 国际雪联单板滑雪和自由式滑雪障碍追逐世界杯	
	9	2021 年 12 月 4—5 日	2021—2022 国际雪联跳台滑雪（男子 / 女子）洲际杯	张家口
	10	2021 年 12 月 4—5 日	2021—2022 国际雪联北欧两项洲际杯	
国际训练周	1	2021 年 10 月 5—27 日	雪车和钢架雪车国际训练周	延庆
	2	2021 年 11 月 4—18 日	雪橇国际训练周	
	3	2021 年 12 月 28—31 日	冬季两项国际训练周	张家口
国内测试活动	1	2021 年 10 月 16—17 日	冰壶国内测试活动	北京
	2	2021 年 11 月 8—14 日	冰球国内测试活动	

三、冬奥现场预报服务团队赛事短期见习

现场气象服务是冬奥会对气象部门提出的要求，预报员在场馆现场为竞赛日程变更、仲

裁委员会和领队会等赛事组织方提供现场天气咨询，但冬奥现场预报服务团队没有冬奥赛事气象服务经验。为了全面了解和理解奥运会组委会、国际奥林匹克委员会、北京冬奥组委以及体育项目竞赛主任等各方对气象的需求，特别是雪上项目竞赛组织过程中气象是如何参与全流程服务的，冬奥气象中心选拔预报员参加北京冬奥组委体育部组织的境外短期见习培训项目，观摩实习积累赛事服务经验。

（一）总体情况

2018 年 11 月—2019 年 5 月，北京冬奥组委体育部组织实施了 9 个境外培训项目。冬奥现场预报服务团队队员作为竞赛团队的核心成员之一，参加竞赛核心团队短期见习项目。

冬奥气象中心有针对性地选拔了参加出国培训的队员，现场预报服务团队先后参加了全部 9 个境外竞赛项目的观摩培训。这大大帮助了气象服务团队与竞赛核心团队的充分对接，使得气象服务团队全面并充分了解竞赛组织流程及竞赛组织中的气象服务流程、服务关键环节、关键要素等，进而提高了冬奥气象服务团队对冬奥赛事工作的认识、进而修改和完善冬奥气象预报服务方案等，为更好地开展北京冬奥会气象预报服务积累了宝贵经验。

2018 年 11 月 17—27 日，李琛跟随北京冬奥组委体育部，赴加拿大参加了国际雪联高山滑雪世界杯加拿大路易斯湖站短期见习（图 3.14）。

图 3.14　2019 年，李琛（右）在国际雪联高山滑雪世界杯加拿大路易斯湖站见习时与预报员交流

2018 年 11 月 30—12 月 12 日，段宇辉跟随北京冬奥组委体育部，参加了国际雪联北欧两项世界杯挪威利勒哈默尔站竞赛核心团队短期见习（图 3.15）。

2018 年 12 月 8—19 日，李江波跟随北京冬奥组委体育部，参加了国际雪联越野滑雪世界杯瑞士达沃斯站竞赛核心团队短期见习（图 3.16）。

2018 年 12 月 10—17 日，李宗涛跟随北京冬奥组委体育部，参加了国际雪联单板滑雪平行大回转世界杯卡利萨和科尔蒂纳丹佩站竞赛核心团队短期见习（图 3.17）。

图 3.15　2018 年，段宇辉（右二）在国际雪联北欧两项世界杯挪威利勒哈默尔站期见习合影

图 3.16　2018 年，李江波（右二）在国际雪联越野滑雪世界杯瑞士达沃斯站短期见习合影

图 3.17　2018 年，李宗涛（左）在国际雪联单板滑雪平行大回转世界杯卡利萨和科尔蒂纳丹佩站与外国专家交流

2018 年 12 月 17—24 日，朱刚跟随北京冬奥组委体育部，参加了冬季两项世界杯捷克诺瓦梅斯托站竞赛核心团队短期见习（图 3.18）。

图 3.18　2018 年，朱刚在冬季两项世界杯捷克诺瓦梅斯托站短期见习

2018 年 12 月 18—31 日，时少英跟随北京冬奥组委体育部，参加了国际雪联高山滑雪世界杯博尔米奥站短期见习（图 3.19）。

图 3.19　2018 年，时少英在国际雪联高山滑雪世界杯博尔米奥站体验赛道

2019 年 1 月 8—15 日，荆浩跟随北京冬奥组委体育部，参加了国际雪联高山滑雪世界杯阿德尔博登站短期见习（图 3.20）。

图 3.20　2019 年，荆浩（左）在国际雪联高山滑雪世界杯阿德尔博登站见习期间与现场预报员交流

2019 年 1 月 31 日—2 月 19 日，荆浩跟随北京冬奥组委体育部，赴瑞典奥勒滑雪场参加了 2019 年国际雪联高山滑雪世界锦标赛短期见习（图 3.21）。

图 3.21　2019 年，荆浩（左三）在国际雪联高山滑雪世界锦标赛短期见习期间在雪场与竞赛经理交流气象信息

2019 年 3 月 5 至 14 日，陈子健跟随北京冬奥组委体育部，参加了跳台滑雪和北欧两项挪威奥斯陆和利勒哈默尔站巡回赛短期见习（图 3.22）。

图 3.22　2019 年，陈子健在跳台滑雪和北欧两项挪威奥斯陆和利勒哈默尔站巡回赛短期见习

（二）收获与体会

通过培训见习，气象服务团队加强了与竞赛核心团队的相互了解，增强了实战体验，全

面并充分了解了竞赛组织流程及竞赛组织中的气象服务流程、针对性服务关键环节、关键要素等，特别是体会到现场服务对现场预报员包括预报水平、快速反应和沟通能力等综合素质要求很高，需十分了解当地小气候、地形地貌和典型天气。这对预报服务团队培养提出了很高的要求。综上，通过参加见习及培训交流，冬奥现场预报服务团队成员不断深入了解赛事需求，对于完善冬奥会气象服务流程、开展产品研发以及培养预报员都有很好的借鉴作用。

四、冬奥英语培训

良好的英语表达和沟通能力是现场预报服务人员必须具备的素质。预报服务团队成员的英语水平从基本都不能达到服务要求到完全胜任赛场服务任务，得益于干部学院 3 年有计划的培训和预报员自觉持续坚持日常自学。

（一）集中脱产培训

冬奥气象服务英语培训是 2022 年北京冬奥气象服务保障非常重要的一环，被列入中国气象局重点培训项目。针对同一批人、开展 3 年冬奥气象服务英语培训，史无前例，极具挑战性（表 3.3）。2018 年开始，干部学院英语组王春竹、刘华、马小梅、张伊等教师立足冬奥需求展开定制培训，注重培训的可持续性和新意，收集大量素材备课，连续 3 年紧密围绕冬奥气象服务和预报开发新课程，紧贴课程要求编写冬奥服务专用教材，获得学院教材项目支持，编制出的教材第一时间应用到冬奥英语培训课堂中，构建了覆盖面广、难度进阶的冬奥英语教学体系，推进了气象英语学科建设。

表 3.3　2018—2020 年冬奥现场预报服务团队队员培训情况

年度	培训时间	培训人数（人）
2018 年度（两批次）	远程预培训：10 月 8—19 日 脱产集中培训：10 月 19 日—11 月 9 日	26
	远程预培训：10 月 29 日—11 月 9 日 脱产集中培训：11 月 9—30 日	25
2019 年度（三批次）	2019 年 6 月 17 日—7 月 5 日	17
	2019 年 10 月 28 日—11 月 15 日	18
	2019 年 11 月 18 日—12 月 6 日	18
2020 年度	远程预培训：2020 年 7 月 20 日—9 月 4 日 远程直播：2020 年 10 月 12—30 日	56

1. 培训情况

干部学院英语组教师为带动学员开口，一遍遍示范发音，授课孜孜不倦，直到学员学懂弄通，批改千份作业，累计授课 770 学时。运用微信公众号、英语配音 APP、微课程等创新信息技术手段和“破冰”等体验式教学方式，充分激发学员学习兴趣。通过冬奥气象综合英语、高级视听说、基础听力、中外教口语等课程全方位、多角度地对学员进行听说技能强化训练，鼓励学员大胆表达，使学员突破“不敢说”的瓶颈，进入“敢说、想说”的状态。

2020 年，新冠肺炎疫情突然来临，英语组教师快速响应，转变培训方法，创新“一对一”7 周预培训 + 线上直播培训方式，是干部学院最早实践远程培训的班型。远程教学模式下，老中青教师密切配合，打好冬奥气象英语培训“保卫战、攻坚战”。培训备课阶段进行冬奥气象素材搜集、筛选和整理，根据原始音视频材料进行逐字逐句听写，在此基础上编写出适合冬奥气象服务团队学习的教学材料，包括冬季天气预报、天气会商、冬奥天气服务专报口译、雨雪天气过程案例介绍等。因与实时天气预报结合，所讲授内容均为赛场天气简报、天气会商等学员赛场服务最需要的内容，得到学员的充分肯定。疫情形势好转的空档期，刘华、王春竹、张伊三位老师辗转北京赛区、延庆赛区、张家口赛区三地为学员进行一对一口语测试，考试成绩为学员未来服务岗位的确定提供了重要的参考信息（图 3.23）。

冬奥会赛前阶段，刘华老师利用腾讯会议给三个赛区预报员辅导，多次帮助预报员修改预报稿和预报用语；赛时阶段，张伊老师多次给冬奥一线预报员修改天气汇报 PPT 和用语。

图 3.23 冬奥气象服务英语培训
（左上、右上、左下、右下分别为王春竹老师上英语听说课、张伊老师上英语口语课、刘华老师上英语写作课、口语考试）

2. 培训效果

在北京市气象局冬奥气象服务全流程演练中，各赛区预报员流利的英语天气预报汇报得到中国气象局副局长余勇的肯定和表扬。在北京冬奥会和冬残奥会气象服务期间，三个赛区室外场馆现场预报服务团队队员用熟练的英语与外国竞赛管理者、技术专家进行沟通和交流，在气象联动会商、领队会等各个会议上用英语做天气简报，准确及时完成英文天气文字综述，表述清晰、简洁、自信，圆满完成了气象服务任务。

（二）队员日常自学

冬奥气象服务英语培训每次集中培训时间一般三个星期，但语言的练习需要持续并不断强化。为此，团队队员在业余时间利用例如友邻优课英语教育学习 APP、英语学习公众号芝士英语等各种可利用的英语资源，自觉进行练习，每天坚持打卡，相互鼓励。在驻训期间，团队也组织进行天气简报的练习，并整理经常用到的天气用语和服务用语，形成英语素材库，英语天气简报逐步娴熟和规范。

五、冬奥心理服务

（一）缘起

丁零零……

“喂，您好！我是河北省气象局李红艳。韩老师，我们冬奥现场预报服务团队已经进入赛时运行状态，队员们心理压力很大，想请您通过网络给他们做个辅导，不知您有时间吗？”

电话里提到的韩老师，是干部学院的韩锦老师，曾受邀为河北省气象局进行心理健康科普讲座并为预报员等专业技术人员提供一对一专业心理服务，受到广泛好评。2021 年 10 月，冬奥气象服务团队正式进入场馆开启相关气象服务工作不久，张家口赛区冬奥现场预报服务团队队员普遍反映心理压力较大。2021 年 11 月 23 日，“相约北京”赛事张家口赛区测试活动开始之际，中国气象局召开会议，听取冬奥河北气象中心测试活动保障工作情况汇报，指导部署下一步工作安排，要求多渠道多方式为一线气象服务保障人员全心投入工作创造更好条件。张家口赛区冬奥现场预报服务团队请河北省气象局再次联系干部学院，提出心理健康服务的强烈需求。韩锦欣然应允。

（二）心理服务的必要性

1. 在线调查

为了有针对性地设计心理服务内容和方式，韩锦通过在线测评的方式为张家口赛区冬奥现场预报服务团队发放《心理健康知识技能培训需求调查》，问卷中包含 90 项症状清单（SCL-90）测评问卷。该问卷是世界上最著名的心理健康测试量表之一，是当前使用最为广泛的精神障碍和心理疾病门诊检查量表，从感觉、情感、思维、意识、行为直至生活习惯、人际关系、饮食睡眠等方面来了解成人的心理健康程度。该问卷共收集 30 份，参评率

85.7%。

2. 数据分析

测评数据分析结果表明问题还是存在的，团队队员心理健康风险较高，心理亚健康症状普遍存在。尽管团队与全国常模比较有显著性差异提示心理健康风险，但整体症状并不严重、不频繁，也未影响该团队冬奥气象服务保障工作的正常进行。团队经历了精心设计的专项业务培训和气象服务语言培训，气象专业服务保障能力得到大幅提升，但是合并疫情防控带来的特殊因素，相对于优秀的气象服务保障能力，其心理健康的状况可能成为影响其圆满完成冬奥赛时气象服务保障工作的风险因素之一。特别是未来正式开赛时团队在高强度下长时间高效开展工作，叠加疫情防控下特殊的生活工作要求，推测出现职业倦怠等心理健康的风险较高，对该群体的整体工作效能特别是高风险个体的发展不利，需要采取相应措施进行干预，多渠道多方式为一线气象服务保障人员全心投入工作创造更好条件。

（三）结果和反馈

基于以上的数据分析和带队领导的反馈，韩锦精心设计了团队辅导的内容，于 2021 年 12 月 8 日为张家口赛区现场预报服务团队提供远程心理辅导，团队 32 人次通过各种方式在线进行了互动交流。

结合数据分析情况和团体辅导互动中成员的情绪状态分析和关注问题的梳理，韩锦撰写了专业技术报告《冬奥气象服务团队心理测评分析报告》，并提出冬奥和冬残奥气象服务团队心理健康风险筛查全覆盖、制订以人为本的心理服务整体方案、加大心理健康服务供给力度三条建议，在干部学院相关领导的指导下提交到冬奥气象中心综合协调办公室。

冬奥综合协调办公室吸纳报告建议，于 2022 年 1 月 21 日，在赛前关键时刻，邀请韩锦为北京、延庆、张家口三个赛区气象服务保障人员提供远程心理辅导。韩锦先后为 60 余人次提供了专业心理健康评估及多人次一对一报告解读服务，为一线气象保障服务人员“减压增力”，后方的“健心房”服务得到冬奥气象服务保障人员的肯定。

时少英队长在团队互动时提到，目前的预报和观测技术不可能消除不确定性，但是韩老师的分享让我们知道了如何与“不确定性”共舞，哪怕压力太大自己脾气太冲甚至到了崩溃边缘时，也能从积极的角度思考，想到这次气象服务保障过程中团队和自己都得到了锻炼，那确实可以算得上一次把危机变为“机遇”的经历。正如韩老师说的：“乌云也有银边，我们选择‘看见’银边，就能让乌云镶嵌的银边绽放光芒，每个同事都能在自己的岗位上绽放出光芒！”

第四章　冬奥火炬传递保障服务团队

火炬传递是奥运会的重要文化活动，火炬就像奥运精神的使者，将象征和平友爱的奥林匹克精神传递到每一个角落。北京2022年冬奥会和冬残奥会火炬传递分别于2月2—4日、3月2—4日在北京、延庆、张家口三个赛区进行，分为火种采集、火种汇集和火炬传递三个部分。

火炬传递气象服务任务急、时间紧，又与开（闭）幕式服务任务叠加，由国家气象中心牵头，北京市气象局和河北省气象局共同参与保障火炬传递服务期间的气象服务。国家气象中心、北京市气象局和河北省气象局分别组成团队，共同护航火炬传递。

一、国家气象中心保障服务团队

在中国气象局冬奥气象服务领导小组的指导下，国家气象中心作为火炬传递气象服务专项工作组牵头单位认真总结分析了2008年夏季奥运会火炬传递相关工作经验和不足，加强与各省（直辖市）气象局的沟通交流，充分征求意见，经过多次修改，2021年9月形成了任务明确、流程清晰的《"北京2022年冬奥会和冬残奥会火炬接力"气象保障服务实施方案》。国家气象中心成立火炬传递气象保障服务工作专班，组建领导组、专家组、技术产品保障组，形成了决策指挥—服务运行—技术支撑三个层面的完整保障组织。

（一）团队组成

国家气象中心火炬传递气象保障服务专家组共有15名预报员，组长为张芳华，成员包括周宁芳、马杰、杨舒楠、孟庆涛、黄威、桂海林、花丛、王维国、李佳英、郑卫江、李伟、刘盼、唐健、宫宇。

（二）主要职责

国家气象中心火炬传递气象保障服务专家组的主要职责为保障境外（希腊）和境内（北京）分别举行的取火仪式和火种交接仪式，保障北京、延庆、张家口等地的火炬传递活动，并及时向冬奥组委等相关部门提供决策气象服务。牵头组织或参加重点时段天气会商，提供预报技术支持，负责提供国家级决策气象服务工作（图4.1）。

图 4.1　2022 年 1 月 26 日，火炬传递气象保障服务专家组内部会商（左）和材料制作（右）

（三）岗位分工

专班预报首席，由张芳华、周宁芳、杨舒楠组成。负责制作并把关中短期预报结论，主持内部会商，代表中央气象台主持火炬传递专题视频会商，并不定时与北京市气候中心、北京市气象台和河北省气象台等单位电话会商；为国家级决策气象服务提供预报结论。专家组组长全面负责把关中央气象台中短期预报结论及对外会商联系，负责组织完成预报技术复盘总结。

专班预报副首席，由马杰、孟庆涛、黄威、桂海林、花丛组成。主要负责答询红机天气咨询；参加中央气象台内部专题会商，制作会商 PPT 并发言；代表中央气象台参加火炬传递专题会商并发言；收集和汇总三个火炬传递地区气象台制作的有关火炬传递专题的预报服务前端产品到指定位置并存放；协助预报首席开展相关工作。

专班决策服务首席王维国主要负责跟踪预报意见，把关决策服务材料。

专班决策服务副首席李佳英主要负责制作并发布决策服务产品，汇总中央气象台制作的相关决策服务产品到指定位置；协助专班决策服务首席开展相关工作。

专班产品运维岗，由郑卫江、李伟、刘盼、唐健、宫宇组成。主要负责信息网络安全、产品发布的运维保障；负责中央气象台网页专栏制作和维护。

服务期间，主要制作发布境外和境内两大类专项材料。

火炬传递气象服务专报（境外）方面，冬奥会境外取火仪式于当地时间 2021 年 10 月 18 日在希腊奥林匹亚举行，火种交接仪式于当地时间 2021 年 10 月 19 日在希腊雅典举行，北京时间 10 月 20 日火种到达中国境内。针对境外取火仪式及火种交接仪式，提前 10 天开始会商研判并报送《火炬传递气象服务专报（境外）》，内容包括希腊奥林匹亚及雅典的天气趋势预报、取火仪式和火种交接仪式阶段的分时段要素预报及关注与建议。自 2021 年 10 月 9 日、13 日至 18 日，每日 18 时报送减灾司，累计 7 期。

火炬传递气象服务专报（境内）方面，完成火炬传递举办城市的天气趋势及交通气象预报、火炬传递相关点位的分时段多要素预报和会商。负责在活动开始前 10 天向减灾司报送冬奥会和冬残奥会火炬传递气象服务专报。

（四）团队发挥重要作用

（1）上下联动配合，确保服务口径一致

主动对接减灾司、上下游单位，精心设计火炬传递决策气象服务材料模板，根据活动安排，及时组织北京、河北等省（市）气象局及公共服务中心就火炬接力沿线地区的重大天气过程和高影响天气细化服务内容，调整服务模板，从逐日预报到逐小时间隔，从北京城区、郊区到河北张家口，决策服务有序推进。

（2）精准细致服务，为火炬传递保驾护航

火炬传递气象服务专项工作组与中国气象局冬奥办加强联系，针对火炬传递各个阶段需求，组织北京市气象台、河北省气象台、中国气象科学研究院、在京部队等 9 家单位开展火炬传递专题会商 18 次，向中国共产党中央委员会办公厅、中华人民共和国国务院办公厅及时报送境外气象服务专报 7 期、境内气象服务专报 10 期，共同为奥运火炬传递活动顺利进行保驾护航。

针对 2022 年 2 月 4 日下午通州大运河森林公园水上传递活动，火炬传递气象服务专项工作组紧盯保障需求加强会商，提前三天即开始针对活动时段的逐小时精细化预报，并针对性地提出活动时段平均风力 4 级左右、阵风 6 级左右，为指挥部提前准备完善应急方案提供了重要指导作用。2 月 2 日、3 日、4 日连续 3 天紧盯通州大运河地区风力情况，始终维持“活动时段平均风力 4 级左右、阵风 6 级左右”的预报判断。国家气象中心在 2 月 3 日的《火炬接力气象服务专报》中提醒：“大运河森林公园水面风力较大，需关注阵风对火炬传递的不利影响。”主办方根据预报建议调整了火炬传递方案，由水上传递改为陆上传递。最终实况平均风力 4 级、阵风 6 级，与预报情况一致。坚定的预报判断为指挥部果断调整火炬传递方案、确保活动安全提供了准确科学的决策依据。

二、北京市气象保障服务团队

对于北京地区来说，冬奥会火炬传递点位包括北京冬奥公园、延庆八达岭长城、世界葡萄博览园、颐和园、奥林匹克森林公园和大运河森林公园；冬残奥会火炬传递点位包括北京市盲人学校、望京街道温馨家园、中国盲文图书馆、大运河漕运码头、八达岭古长城、天坛公园、北京世园公园、奥林匹克森林公园、北京市残疾人文化体育指导中心、中国残疾人体育运动管理中心和北京冬奥组委驻地等；点位涉及延庆、通州、朝阳、海淀、大兴、顺义和石景山等区。

（一）北京市气象台预报服务团队

为做好冬奥会北京地区火炬传递气象服务保障工作，北京市气象台成立火炬传递专项气象保障团队，成员包括北京市气象台翟亮、秦庆昌、刘卓、周璇、戴翼、邢楠，京津冀环境气象中心邱雨露，北京市气象台预报服务科王媛媛、李晓艳、尹晓惠、李浚河、丁青兰、刘瑞鑫等，选派昌平区气象局焦子奇驻北京市火炬传递指挥部开展驻场服务。同时，各区气象局成立保障团队，无缝衔接做好属地保障工作。

北京市气象台团队负责与北京市火炬传递指挥部联系，沟通了解气象服务需求，细化工作措施，制订了火炬传递专项气象服务方案。同时，针对火炬传递路线气象服务需求，科学合理选取传递点位的代表气象观测站，作为各点位气象实况和预报的参考站点；精心设计气象服务产品，研发设计服务产品制作系统，实现了任意时段、任意点位、任意时间分辨率、任意气象要素组合的预报产品自动化生成与智能化组合发布。

期间，自 2021 年 1 月 26 日开始，滚动跟进火炬传递气象服务专报，预报时间间隔逐步精细，预报发布时次逐步加密，为火炬传递活动的成功举办提供了全方位的气象服务，呼应了“迎接冰雪之约 奔向美好未来”的主题，圆满完成了北京地区火炬传递的各项气象服务，奥运圣火再一次顺利在“双奥之城”——北京进行传递（图 4.2）。

图 4.2　2022 年 1 月 31 日 11 时 16 分，预报员正在制作火炬气象服务专报
（从左至右：翟亮、郭锐、王媛媛、刘卓）

（二）延庆区气象局预报服务团队

为做好延庆赛区火炬传递气象保障工作，延庆区气象局成立了预报服务团队，共有 18 名服务保障人员（图 4.3），闫巍同志任组长，负责冬奥会和冬残奥会火炬传递气象服务保障的整体协调指挥；伍永学、张曼、聂东莲同志任副组长，分别负责火炬传递需求对接、现场保障气象观测设施协调、气象保障任务组织实施。设置预报和现场服务岗、观测服务岗，其中，预报和现场服务岗人员 9 名，包括李迅（首席）、王燕娜（副队长）、张杰、张瑶珠、程婷婷、王猛、杜志俊、张文荟、卢海涛；观测服务岗人员 5 名，包括李存新、贾怀录、童明、韩文锦、闫满仓。按照火炬传递时间，分别安排 2 人参加冬奥会火炬传递现场服务保障，2 人参加开幕式火炬台点燃仪式现场服务保障；4 人参加冬残奥会火炬传递现场服务保障。

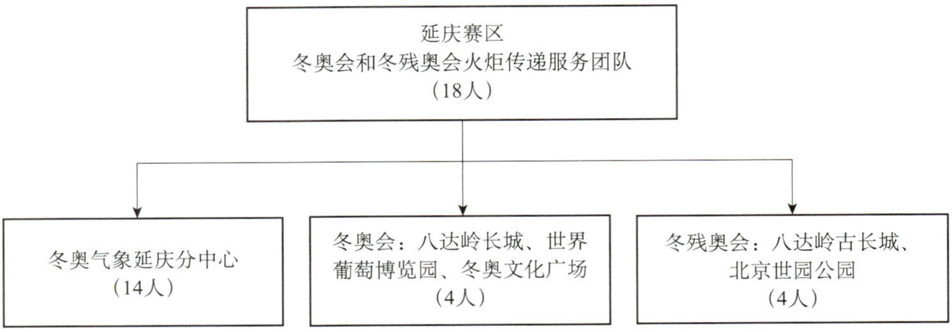

图 4.3　延庆赛区火炬传递服务团队

延庆赛区冬奥会火炬传递时间为 2022 年 2 月 3 日上午和下午，传递点位分别为八达岭长城和世界葡萄博览园，开幕式火炬台点燃仪式在冬奥文化广场。冬残奥会火炬传递时间为 3 月 2 日上午和 3 月 3 日下午，点位分别为八达岭古长城和北京世园公园。

预报和现场服务岗负责做好与市气象台专班预报服务口径一致，其中，李迅和王燕娜负责预报服务结论把关、审核，与延庆区体育局联系人保持密切沟通。其他人员轮值，按服务流程发布预报产品，演练和活动当日逐小时更新发布活动场地预报，根据天气变化，不定时提前发布气象灾害预警与服务提示，并参与现场服务保障（图 4.4）。观测服务岗人员轮值，负责在活动场地架设便携自动气象站，对自动气象站数据监视、质控，对故障设备开展维护维修。北京 2022 年冬奥会和冬残奥会延庆赛区火炬传递服务工作流程见表 4.1 和表 4.2。

图 4.4　2022 年 1 月 31 日 05 时 30 分，延庆赛区预报员在分析研判未来天气趋势

冬奥会火炬传递期间，闫巍、伍永学分别前往世界葡萄博览园和八达岭长城开展现场服务保障，延庆区气象局职工韩文兴作为火炬手在世界葡萄博览园参加传递。冬奥会开幕当

日，王燕娜、杜志俊前往延庆冬奥文化广场参加冬奥火炬台点燃仪式现场服务保障。冬残奥会火炬传递期间，提前在八达岭古长城架设便携式自动气象站 1 个，王燕娜和王猛在八达岭古长城开展现场服务保障，张杰和张思晴在北京世园公园开展现场服务保障。

冬奥会冬残奥会火炬传递圆满成功后，延庆区委常委、组织部部长李志遂充分肯定气象信息准确、及时、全面，内容和服务提示信息很详细！延庆赛区运行保障指挥部城市运行及环境保障组副组长焦文平表示："感谢各部门的有力保障，尤其是区残联、景观和气象，临时增加无障碍设施、气象站和景观布置，做得非常到位，领导给予充分肯定。"

表 4.1　冬奥会延庆赛区火炬传递服务工作流程

事项（时段）	服务内容
演练前（1 月 24—25 日）	每日 18 时前以短信、微信形式，滚动提供当天至 1 月 29 日 06—12 时的预报
1 月 26—28 日	以短信、微信形式，滚动提供 1 月 29 日 06—12 时全要素演练预报
全要素演练（1 月 29 日）	06—12 时，以短信、微信形式逐小时滚动发布八达岭长城、世界葡萄博览园天气实况和逐小时预报
传递准备期（1 月 29 日—2 月 2 日）	每日 18 时前以短信、微信形式，滚动提供 2 月 3 日 06—12 时逐 3 小时预报
传递期间（2 月 3 日）	以短信、微信形式逐小时滚动发布 06—12 时八达岭古长城、世界葡萄博览园天气实况和逐小时预报
不定时	有高影响天气或预报有变化，及时与体育局联系人对接跟进做好服务

表 4.2　冬残奥会延庆赛区火炬传递服务工作流程

事项（时段）	服务内容
演练前（2 月 26—27 日）	每日 18 时以短信形式，发布 2 月 28 日上午八达岭古长城 6—11 时、北京世园公园 11—18 时逐小时精细化预报
全要素演练（2 月 28 日）	06—11 时，以短信、微信形式逐小时滚动发布当天上午八达岭古长城实况和预报；11—18 时，逐小时滚动发布北京世园公园实况和预报
传递准备期（2 月 28 日—3 月 1 日）	每日 18 时，以短信形式发布八达岭古长城 3 月 2 日 06—11 时、北京世园公园 3 月 3 日 11—18 时逐 3 小时预报
传递期间（3 月 2 日 6—11 时）	以短信、微信形式，逐小时滚动发布八达岭古长城天气实况和预报；3 月 2 日 18 时发布北京世园公园 3 月 3 日 11—18 时逐小时预报专报
传递期间（3 月 3 日 11—18 时）	以短信、微信形式，逐小时滚动发布北京世园公园天气实况和预报
不定时	有高影响天气或预报有变化，及时与体育局联系人对接跟进做好服务

（三）通州区气象局预报服务团队

2 月 4 日北京冬奥会火炬传递活动在通州大运河森林公园传递，原计划水上传递，全程 10 千米，途中穿越 6 个桥洞。如果当天风力较大，桥洞下涡管效应会导致风力加大，直接关系船只安全。为做好通州区火炬传递气象保障工作，通州区气象局成立通州预报服务团队。

队　长：李文华　通州区气象局局长

副队长：董鹏捷　通州区气象局副局长

　　　　温　煦　通州区气象局副局长

　　　　张永楠　通州区气象台台长

队　员：黄福应、韩启蒙、赵岩、王雅琪、康婧、邓梓均、柳洁、陈雪松、赵俊峰

火炬传递开始前至传递期间，通州预报服务团队，主动会商北京市气象台，并会同中央气象台，对运河河面天气进行滚动跟进关注。自 1 月 29 日起，团队准确预报出 2 月 4 日 5～6 级阵风天气，负责跟进，第一时间向通州区政府办、区体育局、区公安分局等有关领导和相关部门汇报精细预报并提出启动备份方案建议；负责制作发布火炬传递气象服务专报，并做好沟通和服务工作。

火炬传递期间，黄福应、韩启蒙、陈雪松、赵俊峰 4 名同志负责在北运河沿线实地体验严寒程度和河面风力情况，并在上店段运河边搭建移动气象观测站，确保风向、风速、气温、湿度、气压等气象要素的稳定运行，为火炬传递指挥部科学决策提供了第一手气象资料（图 4.5）。

图 4.5　2022 年 2 月 4 日，通州区气象局业务人员黄福应和韩启蒙在大运河森林公园河畔监测天气

2 月 4 日，通州大运河森林公园水上传递点位水面风力预报精准，支撑冬奥会大运河森林公园火炬水上传递调整为陆上，有效规避了大风对船只安全航行造成的风险。火炬传递保障指挥部领导认为气象预报精准、精益求精，有力保障了火炬传递活动。3 月，北京 2022 年

冬奥会和冬残奥会组织委员会火炬传递专项团队向通州区气象局发来感谢信，对通州区气象局在北京2022年冬奥会和冬残奥会火炬接力通州大运河赛段中气象服务保障工作表示感谢。

（四）朝阳区气象局预报服务团队

为做好2月2日和3月2日冬奥会火炬传递和冬残奥会火种采集和传递活动，朝阳区气象局统筹组成火炬传递预报服务团队。

团队负责与朝阳区体育局做好沟通，负责火炬传递开始前三天起滚动跟进传递点位的实况监测信息和逐小时天气预报信息（图4.6）。2月2日和3月2日，冬奥会火炬传递和冬残奥会火种采集的活动时段，戴健副台长带领朝阳区气象台冬奥服务人员负责在现场架设便携式气象站，并提供现场气象服务保障。

图4.6　2022年3月2日，朝阳区气象局业务人员在冬残奥会火炬传递现场采集气象数据

经过朝阳区气象局预报服务团队的精心服务，火炬传递指挥部朝阳区体育局主管领导韩红副局长在活动结束时表示："天气预报非常准确，火炬传递工作圆满成功。"3月底，朝阳区气象局收到北京冬奥会和冬残奥会组织委员会火炬传递专项团队发来的感谢信。

（五）海淀区气象局预报服务团队

海淀区气象局积极对接海淀区冬奥运行保障指挥部火炬接力保障组，成立火炬传递保障小组。局长担任保障小组组长，成员包括各责任科室。实时了解火炬接力传递活动筹备需求，实地踏勘火炬接力传递点位情况，组织局内业务骨干开展定点预报和定制服务。

对接需求制订方案，跟踪活动筹备关键环节。制订《2022年冬奥会火炬接力活动海淀区气象服务保障方案》，细化服务方式和保障措施。在活动筹备期间，全程参与多场全要素演练、区级工作调度会等，实时跟进活动筹备情况，根据不同时段、不同单位需求及时调整服务提示内容。

提前对比分析数据，实时实地踏勘点位情况。提前对近十年两个点位（颐和园、北京市盲人学校）高影响天气气候背景进行分析，并利用点位附近布设的智慧气象站与海淀气象国家站数据进行实时对比分析，为定点定量订正预报打下基础（图 4.7）。针对海淀区火炬接力传递在颐和园进行环湖传递的特点，队员于 2022 年 1 月 31 日到 2 月 3 日连续 4 天 08:00—11:00 按照时间路线步行 6 千米开展现场定点观测，亲身体验了大风、低温对火炬接力传递活动的影响。数据材料多次在现场演练调度会、气象服务专报中应用，为海淀区火炬接力保障组制订应急预案、提前采取防风保暖措施提供了重要支撑。

图 4.7　北京冬奥会和冬残奥会火炬传递接力活动点位实地踏勘测量
（左图和中图为颐和园，右图为北京市盲人学校）

制作气象服务专报，定制全面细致服务提示。为向海淀区火炬接力保障组提供更符合冬季天气对室外活动影响、更贴近参与活动不同人群的精细服务，海淀区气象局选取了离点位最近的气象观测站作为参考，制作了包括火炬接力活动时间段天气实况、点位具体预报、活动服务提示等内容的气象服务专报，精准细致地针对大风、低温等天气对户外临时搭建设施、启动仪式和传递过程中交接点火、传递过程中火种安全、参与活动人员健康防护等影响进行重点提示（图 4.8）。特别是根据颐和园火炬接力全程由电瓶车接驳的特点，在 1 月初的现场调度会上就重点提醒关注低温对电瓶车耗电的影响，为活动准备阶段开展电瓶车压力测试、合理规划路线提供了重要的参考。

在冬奥会火炬传递活动阶段、冬残奥会火炬火种采集及传递活动阶段，跟进提供天气实况和逐小时精细化预报，为活动现场提供准确及时的服务信息（图 4.9）。

此次火炬传递保障任务中，团队在筹备阶段全程参与现场演练、活动当日前后方共同发力提供支撑，为活动的顺利举行提供了精致、精细的气象保障，服务效果得到了海淀区委区政府领导的充分肯定和认可。火炬接力保障组总指挥长、海淀区委常委、组织部部长张若冰认为活动全程保障有力，火炬接力保障组副总指挥长、海淀区体育局局长张彦祥评价气象预报服务及时准确贴心，让活动保障人员受到鼓舞。

图 4.8　海淀区气象局预报员在制作火炬传递接力气象服务专报

图 4.9　海淀区气象局预报员在冬残奥会火炬接力活动现场汇报天气

（六）大兴区气象局预报服务团队

2022 年 3 月 4 日，冬残奥会火炬在大兴区北京市残疾人文化体育指导中心传递。为做好火炬传递气象服务，大兴区气象局成立大兴区冬奥会和冬残奥会气象服务工作领导小组，全面负责活动期间气象服务工作的指挥运行，统一领导活动气象服务保障工作，细化工作措施，制订了大兴区火炬传递气象服务保障方案。

火炬传递服务前期，业务主管领导张东秋负责对接服务要求；团队选取了北京市残疾人文化体育指导中心附近的大兴芦城观测站，作为该传递点位的天气实况和预报的参考站点。负责每周现场检查自动站设备，确保观测数据质量；设计制作更直观的气象预报产品，逐小时进行滚动实况和天气预报。2 月 26 日，团队参与火炬传递演练。提前 8 天跟进大风天气和沙尘出现可能性，为活动保障组制订应急预案做好提示。

火炬传递期间恰逢大风天气，并且有沙尘出现的可能。大兴气象局提前部署，认真筹备，参加火炬传递演练，多次对接火炬传递保障服务，逐小时发布上游大风实况及影响预报，为大风、沙尘天气下的火炬传递提供了有力的气象保障（图 4.10）。

3 月 4 日上午，在 7 级大风中，火炬传递圆满成功。准确及时的预报获得了大兴区领导、活动主办方的高度认可。

图 4.10　大兴区气象局冬残奥会火炬传递活动气象服务保障工作
（左上：3 月 4 日上午，大兴区冬残奥火炬传递活动正常进行未受到大风影响；
右上：3 月 3 日，值班员检查环境设备，确保现场服务数据准确；
左下、右下：3 月 3—4 日，值班员分析天气并跟进式服务目前大风实况位置及场地未来趋势）

（七）顺义区气象局预报服务团队

中国残疾人体育运动管理中心位于顺义区后沙峪镇，是 2022 年北京冬残奥会火炬传递点之一。为做好火炬传递气象服务保障工作，顺义区气象局成立了专项保障小组，虞海燕副局长任组长成员包括：占俊杰、杨保华、贾也、付晓飞、赵倩、祝晓芸。

火炬传递前期，团队与顺义区体育局对接，并提前详细了解气象服务需求、服务方式等，制订火炬接力气象服务保障方案。选取了后沙峪气象站作为火炬接力点的代表自动气象站，定期对该站进行巡检和维护，保障设备正常稳定运行，数据稳定可靠。

火炬传递前期和传递期间，自 2022 年 3 月 1 日起，滚动跟进火炬气象服务产品的制作发布，预报及时、准确（图 4.11）。

图 4.11　2022 年 3 月 2 日，顺义区气象局服务人员正在制作火炬接力服务专报

（八）石景山区气象局预报服务团队

为做好石景山区火炬传递气象服务及城市运行保障，在北京市气象局和石景山区委区政府的统筹安排下，石景山区气象局组建了石景山区冬奥火炬传递气象保障小组。局长担任保障小组组长，成员来自各责任科室。

冬奥会和冬残奥会火炬传递前期，团队负责每日定时向石景山区赛事综合保障组、火炬传递工作组和北京广播电视台，发布石景山区冬奥火炬传递气象专报，包括火炬传递当天天气情况及未来 1～10 天天气情况（天气现象、降水、风向风速、温度、相对湿度等）。冬奥会和冬残奥会火炬传递期间，进一步提供精细化气象预报，加密发布时次，精细到逐小时天气信息。跟进大风、体感温度低等带来的高影响天气防范提示，充分保障冬奥火炬顺利传递和展示。

石景山区具体负责火炬传递组织活动的石景山区体育局向此精细化气象服务及防御提示表示感谢。

三、河北省气象保障服务团队

对于张家口赛区来说，冬奥会火炬传递点位包括阳原泥河湾考古遗址公园、张北德胜村、崇礼富龙滑雪场、张家口工业文化主题公园、张家口大境门遗址；冬残奥会火种采集及火炬传递点位包括经开区市民广场、崇礼区太舞滑雪场、桥东区创坝工业园区、怀来县官厅湿地公园、涿鹿县黄帝城、蔚县暖泉古镇；共涉及张家口市区、阳原县、张北县、崇礼区、蔚县、怀来县、涿鹿县共 7 个区（县）。

（一）张家口市气象局预报服务团队

张家口市气象局成立火炬传递专项气象保障团队，由决策服务组（成员有张家口市气象局黄山江、韩丽娟、孟繁华、段雯瑜、黄若男、康博思、王新宁、郭旭晖、杜鹃、林若薇、王璐璐、郝日渊和石家庄市气象局赵彦厂）和交通服务组（成员有张家口市气象局王跃峰、武辉芹、赵海江）共同完成，河北省气象台组织值班首席全程提供技术指导。

火炬传递保障期间，河北省气象局安排一辆气象应急车进驻大境门遗址和创坝工业园区等现场，由河北省气象技术装备中心组建 3 人保障小组全程参加现场保障（图 4.12）。

统筹部署安排，制订服务方案。团队积极主动与市火炬传递指挥部联系，沟通了解气象服务需求，细化工作措施，制订印发《张家口赛区冬奥会和冬残奥会火炬接力气象服务方案》和《北京 2022 年冬奥会和冬残奥会火炬接力期间重污染和灾害性天气应急预案》。开展历史同期高影响天气背景分析，对可能发生的高影响天气给出风险概率和服务提示，为火炬传递相关工作制订和统筹提供了决策参考。

图 4.12　应急车现场服务保障

强化预报模拟，完善预报技术。自 2021 年 11 月起，团队针对冬奥会和冬残奥会火种采集及火炬传递点位，选取最适合代表观测站，作为实况和预报的参考站点。通过利用河北智能网格预报技术进行预测和检验对比分析，确定预报技术路线。

提供精准服务，护航火炬接力。2022 年 1 月 23 日—2 月 2 日，每日 17 时发布张家口地区火炬传递时段的天气趋势预测及要素预报，共 11 期。针对冬残奥会火炬传递，2 月 23 日—3 月 2 日，每日 17 时发布张家口地区火种采集及火炬传递时段的天气趋势预测及要素预报，共 8 期（图 4.13）。所有服务产品及时通过微信等方式向张家口市委市政府、火炬传递组委会、张家口市冬奥会城市运行和环境建设管理指挥部宣传媒体及文化组发送，通过政务邮箱向中国气象局及北京市气象局相关人员发送。

本次保障任务，张家口市气象局严格落实火炬传递气象服务保障工作主体责任，精心组织、周密部署，有效推进各项倒排期工作，为火炬传递活动的成功举办提供了全方位的气象服务，精准的预报服务成功保障了冬残奥会圣火采集和火炬传递圆满完成。火炬传递活动结束后，张家口赛区火炬传递组委会及时反馈：精准的气象服务为火炬传递圆满成功提供有力指导和支持。

图 4.13　张家口市气象局预报员在制作火炬传递专项服务专报

（二）阳原县气象局预报服务团队

为做好 2022 年 2 月 3 日张家口阳原泥河湾考古遗址公园冬奥会火炬传递活动期间的气象服务工作，阳原县气象局成立了火炬传递预报服务组，由林凯同志任组长，负责冬奥火炬传递气象服务保障的整体协调指挥；倪伏跃同志任副组长，负责火炬传递现场保障气象观测设施协调、气象保障任务组织实施，并设置预报和现场服务岗，服务保障人员包括刘淑芳、吴英姝、田雅楠、席文慧、常志兵。

火炬传递活动准备期间，团队根据天气变化制作火炬传递 3 天内的专题气象报告；传递当天，架设便携式气象站，跟进传递点位的实况监测，并进行逐小时天气预报信息发布。

经过阳原县气象局预报服务团队的通力协作，火炬传递气象保障服务取得了圆满成功，为北京冬奥会贡献了阳原气象力量。

（三）张北县气象局预报服务团队

2022 年 2 月 3 日，北京冬奥会火炬传递活动在张家口赛区张北县德胜村举行。张北县气象局成立火炬传递服务团队，共 5 名服务保障人员，闫树鹏同志任组长，负责冬奥火炬传递气象服务保障的整体协调指挥；杨翠彦、徐超同志任副组长，分别负责火炬传递需求对接、天气会商和服务材料制作、气象保障任务组织实施；组员包括刘金科、徐晨阳、王海林。设置预报岗、观测岗。

火炬传递活动准备期间，张北预报服务团队主动与张家口市气象台会商，对德胜村天气进行滚动跟进关注。自 1 月 25 日到 2 月 9 日，滚动提供一周的天气预报。第一时间向张北县政府办公室、县教育体育局、县公安分局等有关领导和相关部门提供天气情况。火炬传递期间，密切关注天气变化，提供了逐小时天气实况和预报（图 4.14）。

火炬传递圆满成功，准确及时的预报获得了张北县委县政府高度认可。

图 4.14　张北县气象局预报员密切关注天气变化，做好火炬传递气象预报预警服务工作

（四）崇礼区气象局预报服务团队

崇礼区气象局作为崇礼区火炬传递指挥中心成员单位，全程参与了火炬传递工作部署和研究。为使火炬传递工作顺利进行，崇礼区气象局成立了由刘剑军局长任组长，两名气象服务人员任组员的火炬传递气象服务工作组。工作组负责与火炬传递指挥中心协调相关事宜并报送气象服务材料。

期间，团队共参加火炬传递指挥中心组织的演练三次。火炬传递活动准备期间，每天制作《火炬传递气象服务专报》，报送指挥中心。在冬奥会火炬传递和冬残奥会火种采集活动时段，提供逐小时天气实况信息（图 4.15）。

图 4.15　崇礼区气象局预报员密切关注天气变化，做好火炬传递气象预报预警服务工作

活动结束后，火炬传递指挥中心对崇礼区气象局提供的精细化气象服务及防御提示表示肯定和感谢。

（五）涿鹿县气象局预报服务团队

2022 年 3 月 2 日，北京冬残奥会火种采集仪式在涿鹿黄帝城举行，火种取“文明之火”的特殊含义。为做好火种采集及传递气象保障服务，涿鹿县气象局配合张家口市气象台成立涿鹿县气象局冬残奥会气象服务工作领导小组，由李建忠同志任组长，王海英同志任副组长，按照属地原则开展精细化气象监测和预报预警服务，全面负责活动准备时段及活动当日的气象服务工作（图 4.16）。

火炬传递服务前期，根据涿鹿县政府及相关部门要求，对黄帝城及周边观测站进行每周例行现场设备巡检，确保观测数据质量；滚动制作天气预报；多次参与火炬传递演练；密切监视天气变化。

火炬传递期间，预报团队及时与张家口市气象台沟通会商天气情况，密切监视天气变化，提早制发逐小时天气预报，为火炬传递提供了强有力的气象保障。

经过涿鹿县气象局的提前部署及认真筹备，火炬传递活动圆满成功。准确及时的预报获得了涿鹿县政府领导及相关部门的高度认可。

图 4.16　涿鹿县气象局服务人员召开火种采集工作部署会

（六）蔚县气象局预报服务团队

2022 年 3 月 3 日上午，北京 2022 年冬残奥会火炬接力活动在蔚县暖泉古镇举行，传递距离约为 2 千米，由 28 名火炬手接力完成。为做好蔚县火炬传递气象保障服务工作，蔚县气象局成立北京冬残奥会火炬传递活动气象保障服务党员先锋队，并被列为冬残奥会蔚县路线火炬接力工作后勤保障组。

队　长：宋剑敏　蔚县气象局局长

副队长：王岩林　蔚县气象局副局长

　　　　李靖贤　蔚县气象台台长

队　员：赵萃萍、郝春环、蔺艳斌、王帆、袁娇龙

宋剑敏、王岩林、赵萃萍负责与蔚县县委县政府、宣传部、暖泉古镇、教育体育局和其他责任单位沟通对接；李靖贤、郝春环、袁娇龙负责火炬传递日前 4 天至当天的天气预报和传递当天传递点位的逐小时天气预报信息；蔺艳斌、王帆负责暖泉古镇及周边的自动观测站的监控与维护。

在活动筹备期间，团队全程参与多场全要素演练，在演练中详细了解各责任单位对气象服务的需求，逐步完善气象保障服务工作。火炬传递开始前至传递期间，蔚县气象保障服务党员先锋队主动与张家口市气象台会商，对蔚县天气进行滚动跟进关注，制作了 2 月 27 日—3 月 3 日期间的专题报告，并安排专人为各责任单位开展点对点气象保障服务工作（图 4.17）。

在张家口市气象局和蔚县县委县政府领导下，蔚县气象局圆满完成蔚县火炬接力活动气象保障服务工作，精准的预报和精细的服务受到各级领导和参与单位的一致好评。

图 4.17　蔚县气象局服务人员制作火炬传递接力气象服务专报

（七）怀来县气象局预报服务团队

怀来县气象局成立了火炬接力保障组，实时了解火炬接力传递活动筹备需求，实地踏勘火炬接力传递点位情况，组织局内业务骨干开展定点预报和定制服务，圆满完成了怀来县火炬接力活动气象服务保障。

对接需求制订方案，跟踪活动筹备关键环节。为做好冬奥会和冬残奥会火炬接力传递活动属地气象服务保障，怀来县气象局早准备、早部署，与冬奥运行保障指挥部火炬接力保障

组充分对接，了解现场服务需求，制订《2022 年冬奥会火炬接力活动气象服务保障方案》，细化服务方式和保障措施。

在活动筹备期间，团队全程参与工作调度会等，实时跟进活动筹备情况，根据不同时段、不同单位需求及时调整服务提示内容。火炬接力期间，共发布冬残奥会火炬传递接力气象服务专报 4 期（图 4.18），包括火炬传递当天天气情况及未来 3 天天气情况（天气现象、降水、风向风速、温度、相对湿度等）。冬奥会和冬残奥会火炬传递期间，团队进一步提供精细化气象预报，加密发布时次，精细到逐小时天气信息；跟进大风、体感温度低等带来的高影响天气防范提示，充分保障冬奥火炬顺利传递和展示。

图 4.18　怀来县气象局服务人员制作火炬传递接力气象服务专报

第五章　举办期竞赛气象服务团队

北京 2022 年冬奥会和冬残奥会举办期间，气象保障层级高、用户多、时间长，需要各团队周密部署、严格流程、分兵把守。从层级上，包括中央人民政府、各部委、省（直辖市）政府、中国气象局、北京冬奥组委、地市级县级政府等；从用户上，包括“竞赛、保赛、观赛”三个方面的三个赛区赛事组织机构、各竞赛场馆、各级政府赛事保障单位（机构）、各国代表团、国际奥委会大家庭成员等（图 5.1）；在时间上，2021 年 11 月 1 日开始赛前冬奥会服务期，保障赛前测试赛、赛场运维等。2022 年 1 月 27 日—2 月 20 日为冬奥会服务期，2 月 21—24 日为冬奥会和冬残奥会转换期，2 月 25 日—3 月 13 日为冬残奥会服务期，3 月 14—16 日为赛后服务期，保障各赛场安全撤出、各国代表团安全撤离。在北京冬奥会和冬残奥会气象服务期内，助力北京冬奥会 7 个大项、15 个分项、109 个小项，北京冬残奥会 6 个大项、78 个小项全部赛事完成，金牌全部产生。竞赛气象保障服务是冬奥会气象保障的重点之一。

保障各项竞赛项目安全、按时完成，是冬奥气象保障服务的核心要求；保障国际奥委会要求落实，是必须完成的任务；保障各媒体及公众（观众）、专业运动员及时得到气象信息，是获得良好社会评价的基础。“精心、精致、精美”的气象服务来自各团队的长期准备与艰苦努力。

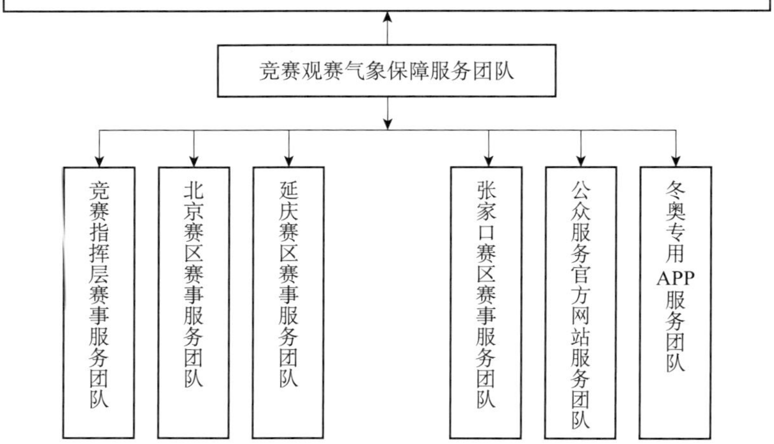

图 5.1　北京 2022 年冬奥会和冬残奥会竞赛观赛气象保障服务团队组织框架

一、竞赛指挥层赛事服务团队

根据冬奥组委赛事服务团队竞赛指挥体系要求，主要设立了前方工作组服务团队、主调度中心（MOC/MCC）气象保障团队、中国代表团赛事服务团队、冬奥专用气象信息服务团队（图 5.2）。

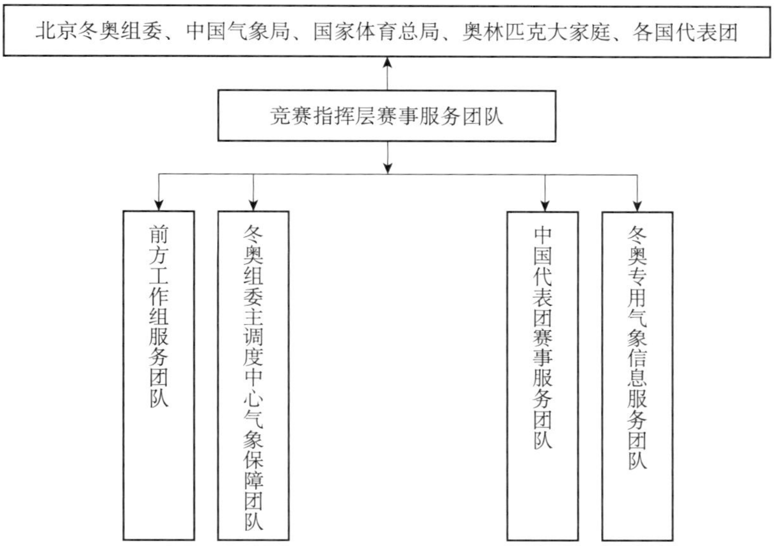

图 5.2 北京 2022 年冬奥会和冬残奥会竞赛指挥层赛事服务团队组织框架

（一）前方工作组服务团队

为加强疫情防控下闭环内外指挥联动工作，北京冬奥组委成立了由杨树安副主席带队的前方工作组，2022 年 1 月 19 日开始正式进驻北京冬奥村闭环内开展工作。

1. 团队组成

按照北京冬奥组委领导要求，气象部门选派气象保障人员加入冬奥组委主运行中心赛事调度中心前方工作组，配合做好跨赛区、跨场馆的气象服务保障。经冬奥组委体育部、冬奥气象中心研究决定，选派北京市气象台吴宏议、刘博（代表冬奥组委体育部竞赛处气象工作办公室）加入前方工作组。

2. 团队主要任务

为北京冬奥组委领导和竞赛指挥组的相关负责人提供贴身气象服务，为竞赛指挥调度提供科学的气象支撑。吴宏议和刘博作为竞赛指挥组成员，同时也代表气象部门在前方工作组履行职责，全程参与竞赛日程变更委员会决策工作，提供赛程变更的气象依据。

期间每天参加三个赛区专题天气会商、北京冬奥组委与国际奥委会和国际残奥委会体育部例会、北京冬奥组委竞赛指挥组工作例会；对海量的气象信息进行提炼，聚焦可能对比赛或官方训练有影响的关键气象信息，结合赛程在气象专报中重点标注和提示，用专业图表进行对比分析展示，及时向杨树安副主席和竞赛指挥组汇报，并随时提供天气咨询和解答（图 5.3）。冬奥会和冬残奥会期间，气象保障人员向杨树安副主席、竞赛指挥组提供场馆气象服务专报、通报、决策气象材料、工作简报共 260 余期，向国际奥委会和国际残奥委会体育部分别提供了 25 期和 18 期英文简报。

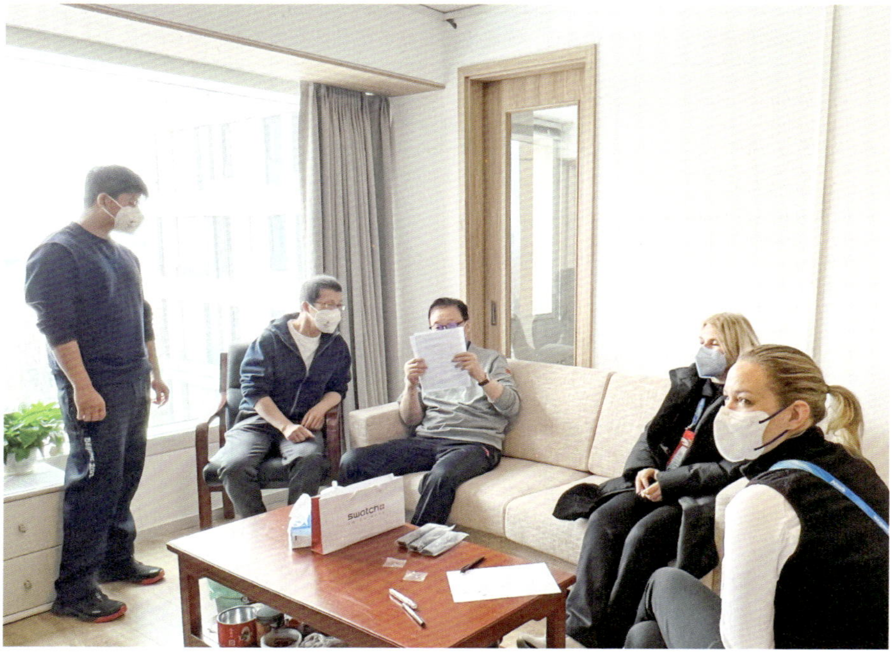

图 5.3　2022 年 2 月 6 日，杨树安副主席听取气象情况汇报

前方工作组气象保障人员充分发挥面对面沟通解释反馈的优势，在与杨树安副主席、相关国际组织、竞赛指挥组相关负责人当面沟通解释天气变化时，做到主动热情、高效严谨、精准无误，最大程度争取理解、形成合力。冬奥会和冬残奥会期间尽管多次出现不利于比赛的天气过程，但在气象部门的全力配合下，竞赛日程变更委员会科学统筹竞赛日程安排，北京 2022 年冬奥会 109 个、冬残奥会 78 个小项全部顺利完赛（表 5.1）。

赛事气象服务得到北京冬奥组委有关领导、国际奥委会、国际残奥委会、国际奥林匹克转播公司和国际冬季单项体育联合会官员的高度赞扬。比如，2022 年 2 月 13 日，国际奥委会体育部副部长 Irina 到前方工作组讨论工作，她对气象服务给予了高度评价——“Good job”！认为天气预报非常重要，预报非常准确。2 月 17 日，在竞赛日程变更委员会的日例会上，国际奥委会体育部部长吉特・麦克康奈尔表示，2 月 16 日高山滑雪官方训练、自由式滑雪坡面障碍技巧、越野滑雪团体短距离赛的日程调整非常成功；国际奥林匹克转播公司也给予气象保障高度评价，认为气象预报可靠，当天转播效果很好；国际雪联、国际冬季两项联盟以及相关场馆团队也认为风和温度的预报很准确，感谢气象保障团队付出的努力。

表 5.1　前方工作组气象保障工作流程（以 2022 年 2 月 19 日为例）

时间	工作内容
06:00	分析三个赛区天气实况和预报，参加北京赛区与延庆赛区天气会商。会商后再次与时少英、于波电话讨论 19 日上午高山滑雪团体赛道风力趋势
06:30	更新 19—20 日雪上项目比赛和官方训练时段的精细化预报（中英文），发送给竞赛指挥组相关负责人，对方将英文版转给国际奥委会体育部
07:00	打印服务专报，分析 19—20 日各赛区气象条件，对比赛时段内超阈值气象要素进行圈画和标注，向杨树安副主席和竞赛指挥组相关负责人汇报，重点提示延庆赛区风力、张家口赛区低温趋势，以及对比赛可能的影响
07:30	参加北京冬奥组委与国际奥委会体育部、国际雪联等竞赛日程变更委员会的早例会
08:00—12:00	密切监视延庆高山赛道风速变化情况，多次通过电话与于波、何娜、荆浩讨论 19 日上午风力趋势和 20 日早晨风力预报，保持预报一致性；不定时向杨树安副主席汇报，并提供 19 日与 20 日逐小时平均风、阵风对比（延庆赛区高山滑雪混合团体赛，由于阵风较大，仲裁根据现场线路考察，多次推迟比赛时间）
09:30	参加北京市气象台与中央气象台、河北省气象台、中国气象科学研究院、数值预报中心的天气大会商，重点关注 19—20 日赛区天气和 20 日夜间闭幕式鸟巢地区天气
12:00	参加竞赛日程变更委员会会议（会上根据天气情况和预报，暂定将 19 日 11 时开始的高山滑雪混合团体赛延期至 20 日 09 时开始；另外因为风大、体感温度较低，决定将 19 日 14 时开始的越野滑雪男子 50 公里集体出发的赛程缩短为 30 公里，并推迟 1 小时进行）
13:30—15:00	密切监视张家口赛区国家越野滑雪中心风力和气温情况，与徐玥电话会商，讨论气象条件对当日下午和 20 日最后一项越野比赛的影响，不定时向杨树安副主席汇报
15:00	参加北京赛区与延庆赛区天气会商
15:30	与 MCC 值班首席何娜电话沟通，保持预报一致性；对中英文简报进行把关，发送给竞赛指挥组相关负责人，对方将英文版转发国际奥委会体育部
16:00	参加张家口赛区气象团队与竞赛指挥组的天气会商，了解当日天气对赛事运行影响情况，以及次日张家口赛区天气关注重点
16:30	打印服务专报，分析 20 日延庆、张家口赛区雪上项目比赛时段气象条件，对高影响天气进行圈画和标注，特别对 20 日高山滑雪团体赛道逐时风力预报与 19 日风力实况进行了对比分析，向杨树安副主席和竞赛指挥组相关负责人汇报
17:00	参加冬奥北京气象中心冬奥赛时气象保障每日工作例会，汇报今日工作情况、明日赛事气象服务关注重点，反馈前方工作组对气象服务的新需求
17:30	参加竞赛日程变更委员会会议（根据天气预报，会议确定高山滑雪混合团体赛 20 日 09 时开始，另外将 20 日 14:30 开始的越野滑雪女子 30 公里集体出发提前到 20 日 11 时开始）
18:00	邮件接收《北京 2022 年冬奥会气象保障服务特别工作状态简报》，报杨树安副主席参阅了解

续表

时间	工作内容
20:00	参加竞赛指挥组每日工作总结会，了解当天三个赛区天气对赛事运行的影响，以及竞赛指挥组对 20 日气象保障的要求
22:00	参加北京市气象台、中央气象台、延庆赛区团队的加密会商，重点讨论 20 日高山滑雪混合团体赛期间风力的精细化预报

（二）冬奥组委主运行中心赛事调度中心（MOC/MCC）气象保障团队

按照北京冬奥组委组织体系，在冬奥组委主运行中心赛事调度中心（MOC/MCC）需要有气象服务。为此，设立气象保障服务团队。工作地点在首钢园区北京冬奥组委总部。

1. 团队组成

团队由北京市气象台首席预报员何娜（组长）、河北省气象服务中心首席预报员范俊红、国家气象中心首席预报员陈涛组成。同时，北京市气象局曲晓波作为冬奥首席气象官全程参加赛时气象保障服务（图 5.4）。

冬奥会和冬残奥会期间，从筹备到竞赛，团队在北京 2022 冬奥会和冬残奥会 MCC 工作 179 天。日常由 3 名首席预报员轮值，由于 MOC/MCC 气象服务保障涉及三个赛区，服务点多，产品制作时间集中，冬奥会和冬残奥会赛时阶段，采取每天两名首席值班分主班（24 小时）和副班（白班 10 小时制）值班方式进行轮值。

图 5.4　2022 年 2 月 7 日，北京冬奥组委主运行中心赛事调度中心气象保障团队人员合影

2. 团队主要任务

MOC/MCC 气象服务团队根据国际奥委会、国际残奥委会的要求以及北京冬奥组委体育部、对外联络部、新闻宣传部、规划建设部、技术部、运动会服务部、文化活动部、物流部、场馆管理部、安保部、交通部、开（闭）幕式工作部等部门工作需要，赛时为北京冬奥组委总部及竞赛指挥组前方指挥部提供气象服务信息和业务咨询。

服务产品包括以下 12 个：场馆天气实况（中英文）、MOC 气象服务专报（中英文）、场馆天气通报（中英文）、首都机场气象服务专报、气象灾害预警信号、重要天气报告、天气情况、赛区气候预测服务专报、交通气象服务专报、三个赛区未来 3 天竞赛日程或官方训练日程时段内气象预报（中英文）、赛区每日竞赛—气象专题会商结论、MCC 大屏预报。

通过调研，以往的冬奥会及冬残奥会期间，并没有向冬奥主运行中心提供每日固定的气象预报服务产品。因此，通过与体育部竞赛指挥组、各赛区气象预报、服务人员多次沟通后制订了 MOC 气象服务专报模板，模板内容中既包含 24 小时内各赛区重点比赛场馆的精细化预报和天气趋势预报，也涵盖了赛事组织城市的天气预报信息，相对全面地为 MOC 相关部门提供参考。此外，为前方工作组提供三个赛区未来 3 天竞赛日程或官方训练日程时段内气象预报产品（中英文），为竞赛日程变更及时提供有力支持（表 5.2）。

3. 团队岗位分工

首席主班岗负责分析三个赛区整体天气预报情况，参加所有赛区预报会商发言，当天三个赛区的预报总体把关，制作三个赛区新闻发布会天气预报，MOC 气象服务专报，首都机场预报，与北京赛区、延庆赛区、张家口赛区及首钢滑雪大跳台首席预报员、现场服务人员就场馆天气的沟通和会商，转发气象灾害预警信号、重要天气报告、天气情况、赛区气候预测服务专报，监视天气，提供气象咨询，完成团队每日运行日报告。

首席副班岗负责参加所有赛区的天气会商，制作前方工作组所需的三个赛区未来 3 天竞赛日程或官方训练日程时段内气象预报产品（中英文），校对 MOC 气象服务专报，协助主班岗监视天气，MCC 大屏预报，发布场馆天气专报，交通气象专报，辅助提供气象咨询。

精准的气象预报和精细的气象服务赢得了来自 MOC/MCC 各方的赞誉，在“2022 年冬奥会和冬残奥会气象服务满意度调查问卷”中，竞赛管理层中对冬奥会天气预报的准确性、及时性、针对性和总体评价均为“特别满意”，受访者在问卷中写道：“感谢气象服务团队的精准预报，大家辛苦了！”“气象团队和竞赛指挥团队一起工作，保证了信息沟通的高效、全面和准确，为竞赛组工作给予了有力支持，非常感谢！”

表 5.2　北京冬奥组委主运行中心气象保障工作流程（以 2022 年 2 月 8 日为例）

时间	工作内容
05:20	调阅资料，查看三个赛区天气
06:00	参加延庆赛区天气会商
06:30	制作 07 时 MOC 气象服务专报、首都机场气象服务专报

续表

时间	工作内容
06:50—07:00	发布 07 时 MOC 气象及三个赛区场馆专报
07:00	MCC 大屏预报
08:00	参加全国天气会商及北京地区预报服务通气会（遇开（闭）幕式天气会商时，参加）
08:30—09:30	MCC 调度会
09:30	制作当天三个赛区新闻发布会天气预报
10:00	张家口赛区天气会商
11:00—14:50	制作 MOC 气象服务需求 PPT，分析各赛区天气
15:00	参加北京、延庆赛区天气会商并发言
15:40	汇总三个赛区未来 3 天竞赛日程或官方训练日程时段内气象预报产品（中英文）
16:00	参加张家口赛区体育、气象部联合会商
16:10	向前方工作组发送三个赛区未来 3 天竞赛日程或官方训练日程时段内气象预报产品（英文）
16:30	向前方工作组发送三个赛区未来 3 天竞赛日程或官方训练日程时段内气象预报产品（中文）
16:30—16:50	制作 MOC 气象服务专报、首都机场气象服务专报
17:00	发布 17 时 MOC 气象服务专报、首都机场气象服务专报及赛区场馆预报
17:10	MCC 大屏预报
17:30	参加冬奥北京气象中心调度会
18:30—19:30	参加 MCC 晚间调度会
19:30—20:30	梳理当天工作，微信工作群中汇报当天工作
20:40	制作第二天竞赛日程表，全部赛事结束后离开工作岗位

（三）中国代表团赛事服务团队

国家气象中心安排首席预报员于超入驻中国体育代表团张家口崇礼保障营，为中国代表团参加的所有雪上项目提供训练和比赛气象保障工作；另外，为部分参赛队伍赛前至赛后转场提供起始地点和沿途天气预报，入驻保障营时间为 2022 年 1 月 29 日—2 月 18 日（图 5.5）。

1. 赛前工作

制订《中国体育代表团气象保障服务工作方案》，建立多单位协同工作和会商机制。充分调研中国体育代表团各参赛运动队需求，制订赛时工作流程，商定每日在领队工作微信群推送当日赛区通告和场馆预报。预报产品时效涵盖1～7天、24小时、1小时和10分钟级别。针对重点项目场地和气象条件进行更加精细化的研究，如进行空中技巧、U型场地和首钢滑雪大跳台赛道风环境分析和模拟，开发10分钟级精细化预报产品，该预报产品进一步提高了国家气象中心参与重大保障活动中应用分钟级站点预报产品的精细化程度。

图5.5　2022年2月10日，国家气象中心首席预报员于超正在张家口保障营紧张工作

2. 赛时工作

每日参加中央气象台、北京赛区、延庆赛区和张家口赛区组织的天气会商，将预报信息通过微信工作群推送给所有雪上项目参赛中国体育代表队。具体包括：（1）每天3次推送三个赛区25个比赛场馆《天气通报和预报》及《天气预报简报》，提醒各赛区参赛队伍了解未来1～5天天气综述和展望。（2）针对赛时期间的3次降雪降温大风低能见度天气，制作《赛区天气综述和影响提示》3份并向指挥部报告，同时在气象工作服务群向领队和教练们滚动推送预报结果和重要提示8次，提醒关注恶劣天气对交通、训练和比赛的不利影响。所有参赛中国代表队会根据上述预报信息做好赛事改期准备和器械准备工作。（3）中国体育代表团参加的所有雪上项目开赛前2小时至比赛结束，半小时滚动提供赛场未来2小时逐10分钟预报信息。（4）针对中国体育代表队的重点参赛项目，制订详细的气象保障预案，做到“一队一策”“一场地一方案”“一赛一流程”。实地勘察自由式空中技巧、U型场地，进行防风网效果评估分析。根据天气情况提高赛场10分钟级预报信息推送频率（表5.3）。

冬奥会期间，参加中央气象台、北京赛区、延庆赛区和张家口赛区组织的天气会商15次，制作《每日天气预报简报》16份、《赛区高影响天气综述和影响提示》3份，制作队伍转地沿途天气预报15份，逐10分钟预报产品300余份，为重点参赛项目制作赛场预报和实况对比材料10份，制作推送赛场逐1小时预报10份、逐10分钟预报产品100余份。

表 5.3　中国体育代表团气象保障工作流程（以 2022 年 2 月 14 日为例）

时间	工作内容
07:00—07:30	调阅资料，查看三个赛区天气，推送冬奥气象中心 07 时发布的赛区通告和场馆预报
07:30	制作空中技巧赛场 15—22 时逐小时预报
08:00	收听中央气象台早间会商
08:00—09:00	制作两次坡面障碍技巧赛场 09:00、10:00 未来 2 小时逐 10 分钟预报
08:30—09:00	参加北京、延庆赛区天气会商
11:00	参加张家口赛区天气会商
11:30	制作更新空中技巧赛场 15—22 时逐小时预报
11:30—13:30	制作三次高山滑降赛场 4 个点位 12:00、13:00、14:00 未来 2 小时逐 10 分钟预报
12:00	推送冬奥气象中心 11 时发布的赛区通告和场馆预报
12:00—13:00	制作两次首钢滑雪大跳台赛场 3 个点位 12:30、13:30 未来 2 小时逐 10 分钟预报
13:00—18:00	制作四次冬季两项赛场 13:30、15:30、16:00、18:00 未来 2 小时逐 10 分钟预报
17:00	推送冬奥气象中心 17 时发布的赛区通告和场馆预报
17:00—20:00	制作跳台滑雪赛场两个点位 17:30、18:30、19:30、20:00 未来 2 小时逐 10 分钟预报
18:30—19:00	制作两次空中技巧赛场 19:00、19:30 未来 2 小时逐 10 分钟预报
20:00	梳理当天工作，完成每日工作内容统计，制作每日《天气预报简报》
20:30	根据第二天竞赛日程，确认第二天预报产品发送对象和制作时间
21:00	制作延庆冰上中心至国家雪车雪橇中心沿路 15 日 05—24 时逐小时预报

3. 赛后评价

赛后，参与满意度调查的中国体育代表队领队和教练对气象保障服务工作均非常满意，认为对队伍训练和比赛非常有帮助，对预报产品推送及时性、方式和数量、准确性的满意度为 100%。此外，有多人留言表示本次气象保障工作专业、周到、完美，希望今后继续进行体育和气象领域的合作，加强气象预报与国家重大体育赛事的融合。

（四）冬奥专用气象信息服务团队

信息服务在整个冬奥气象服务中扮演着纽带的角色。没有信息的流动，就没有服务的存在，信息贯穿着气象服务的每个重要环节。根据国际冬奥会和源讯公司等对专用信息的服务需求，北京市气象信息中心从 2018 年开始就组建了冬奥会专用信息服务团队，直接为赛事提供及时、高效服务。

北京冬奥会专用信息服务团队队长为林润生，成员有窦以文、黄明明、杨秋岩、刘亚楠、丁志豪。团队承担的工作包括奥林匹克官方数据源（Olympic Data Feed，ODF）和 C49 天气报告等数据服务、网络专线及网络安全策略的建设、数据监控、应急备份传输策略。团队专门建立了冬奥气象中心服务数据库，统一为服务北京冬奥会和冬残奥会的数据提供支持：一是为北京冬奥组委及国际奥委会提供 ODF 和 C49 的数据服务；二是面向公共服务官方网站、专用气象 APP 以及多个冬奥业务系统提供统一的数据服务。

1. ODF 和 C49 数据服务团队

团队工作任务是 ODF 和 C49 观测数据代表站确认、代表站观测站点备份及使用策略、数据格式的确认、数据生成和发送等。

（1）ODF 和 C49 数据服务对象

ODF 服务的主要服务对象是：评论信息系统（Commentator Information System，CIS），服务电视评论员解说使用；用于媒体使用的 myInfo 系统；世界各地媒体及转播机构的订阅客户；比赛现场大屏显示，供观众及比赛现场人员使用；MOC/MCC 大屏展示。包括 DT_WEATHER（天气实况类）、DT_VEN_COND（天气预报类）和 DT_VEN_ALERT（灾害性天气提示）三类数据。C49 服务对象是冬奥组委各室外竞赛场馆。

ODF 中天气实况产品 DT_WEATHER 是特定场馆或赛道的天气实况，服务产品中所需气象要素与竞赛分项有关。DT_WEATHER 消息所需的天气实况数据来源包含北京赛区、延庆赛区和张家口赛区等竞赛服务团队提供的特殊气象数据（冰温冰况、雪温雪况等），北京赛区、延庆赛区和张家口赛区的观测数据。由于数据采集时间不同，抵达冬奥气象中心的时间不同，但团队采用了一定的策略，按照不同数据来源采取不同的数据传输流程汇聚到北京市气象信息中心存储服务器并将所有数据进行 ODF 格式转换和接口服务，实现了不同数据来源采取不同的数据传输流程，最终汇聚成满足冬奥组委源训公司要求的数据格式，到达了服务预期。

C49 报告是根据冬奥组委各室外竞赛场馆要求以 PDF 格式发布在 INFO 信息系统的竞赛报告部分，报告本身包含了天气实况和天气预报信息。从第一个比赛日前三天开始，直到最后一个比赛日，奥委会竞赛管理部门在气象合作伙伴的帮助下，向奥组委技术部提供输出信息。天气信息包括天空状况、气温、风向风速、相对湿度和降水概率。

（2）ODF 和 C49 数据服务流程

场馆竞赛团队负责提供经技术代表和竞赛主任共同确认的冰温冰况、雪温雪况等数据，经互联网传输到信息中心互联网隔离区（Demilitarized Zone，DMZ），经文件传输协议（File Transfer Protocol，FTP）服务器转发到数据采集解析服务器进行数据解析，解析后存储到数据库。北京赛区、延庆赛区传输流程是，北京赛区、延庆赛区自动站点观测数据经过中心站传输到信息中心内网 FTP 服务器，自动转发到数据解析服务器进行数据解析，解析后存储入数据库；张家口赛区流程是，团队调用张家口赛区数据接口进行相应数据采集，解析后存入数据库。以上数据汇聚并存储到数据库后，按照 ODF 格式要求进行数据格式转换，形成 DT_WEATHER 消息，并以 REST 接口形式提供服务。

（3）ODF 和 C49 数据服务评价

在北京冬奥会之前，ODF 和 C49 报告需要冬奥组委技术部的相关人员根据各方数据人工操作，并人工翻译成英文，合成最终文件，费时费力。但此次北京冬奥会，冬奥气象中心和北京冬奥组委技术部经过多次沟通和协调，在冬奥会历史上第一次实现了 ODF 和 C49 报告由气象部门全部生成并自动发布，这充分体现了中国气象部门信息组织管理和网络保障水平。源讯服务管理者称为是他们见过的质量最好的天气消息，被北京冬奥组委称赞为“在奥运会历史上，我们第一次实现了气象信息报告全自动化，这是一件值得祝贺的事”。

2. 数据监控服务团队

值班人员 24 小时监控 C49 和 ODF 数据到达情况和专线网络安全情况。每天发送逐小时报告和日报告给相关人员以及冬奥综合显示系统。

3. 专线和网络安全建设

冬奥北京气象中心共有 104 条专线实现与气象部门、政府部门等多方连接，强化网络安全管理，专线网络按气象专网、政务外网、互联网、服务专线网功能进行分区划分。

与北京冬奥组委多次协商，实现北京市气象局与 7 个比赛服务场馆、4 个冬奥城市运行服务点之间点对点 100 兆专线互联互通，全面满足了 13 类冬奥气象数据在各个节点高速高频次的传输需求，支撑了冬奥业务系统平台的访问，保障了多地多终端入网的冬奥视频会商服务。

在 2 条 400 兆全国气象宽带网专线基础上，北京、河北两地气象局新增 1 条 200 兆冬奥专线，实现中国气象局、北京市气象局、河北省气象局三地之间多条线路互相备份、稳定可靠的通信连接。

二、北京赛区赛事服务团队

北京赛区有 6 个竞赛场馆：国家体育馆、五棵松体育中心、国家速滑馆、首都体育馆、国家游泳中心、首钢滑雪大跳台；还有 4 个非竞赛场馆：国家体育场、北京冬（残）奥村、北京颁奖广场、国家冰雪运动训练科研基地。其中，首钢滑雪大跳台是室外项目，派驻现场预报服务人员 2 名（图 5.6）。

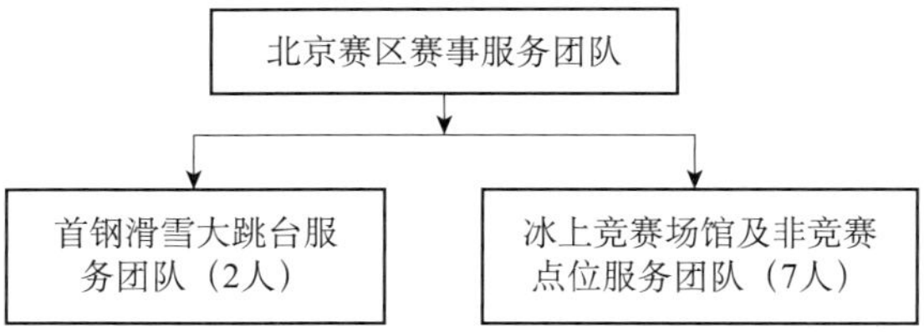

图 5.6 北京赛区冬奥现场预报服务团队岗位和人员安排

（一）首钢滑雪大跳台现场服务团队

首钢滑雪大跳台场馆于 2021 年 12 月 12 日进入冬奥会赛前服务期，为场馆造雪提供气象服务；1 月 23 日—2 月 15 日为冬奥会服务期。

1. 团队组成

现场预报服务人员为北京市气象台杜佳（组长）、国家气象中心符娇兰，完成冬奥会期间首钢滑雪大跳台赛事气象预报和服务保障任务，闭环工作 24 天（图 5.7）。

图 5.7　2022 年 2 月 13 日，首钢滑雪大跳台现场预报服务团队队员杜佳、符娇兰在进行积雪观测和预报

2. 团队主要任务及岗位分工

团队设置预报岗和服务岗，两人每日交换岗位值守。

预报岗负责把关所有天气预报产品、参加会商汇报，包括：制作发布逐时更新的场馆三个站点预报产品、ODF 预报和赛期每日两次的 C49 报告；不定时制作场馆灾害天气提示；与北京市气象台首席预报员、MOC 首席预报员就场馆天气进行沟通和会商。参加 15 时北京赛区天气会商、16 时张家口赛区天气会商，参加冬奥会和冬残奥会期间北京市气象局安排的相关专题会商并发言；完成团队每日运行日报告。每日 15:40 前完成给 MOC 的天气趋势产品（表 5.4）。

表 5.4　首钢滑雪大跳台现场预报岗工作流程（以 2022 年 2 月 8 日为例）

时间	工作内容
05:00	乘坐班车前往场馆
05:30	到达场馆，制作并发布 06 时场馆站点预报；讨论当日场馆天气变化；将中英文天气预报发到竞赛办公室、场馆团队微信群内

续表

时间	工作内容
06:30	检验前一时次预报效果，实时监视天气；制作发布场馆 07 时站点预报
07:30	检验前一时次预报效果，实时监视天气；制作发布场馆 08 时站点预报
08:00—08:45	参加早会商和早间预报服务通气会，视情况与冬奥预报中心电话沟通；检验前一时次预报效果，实时监视天气；制作发布场馆 09 时站点预报；将中英文天气预报发到竞赛办公室、场馆团队微信群内
09:00	发布场馆自由式滑雪大跳台和单板滑雪大跳台 09 时 C49 报告
09:30	检验前一时次预报效果，实时监视天气；制作发布场馆 10 时站点预报；手工编写今明两天天气预报发到微信群
10:30	检验前一时次预报效果，实时监视天气；制作发布场馆 11 时站点预报
11:30	检验前一时次预报效果，实时监视天气；制作发布场馆 12 时站点预报
12:30	检验前一时次预报效果，实时监视天气；制作发布场馆 13 时站点预报
13:30	检验前一时次预报效果，实时监视天气；制作发布场馆 14 时站点预报
14:30	检验前一时次预报效果，实时监视天气；制作发布场馆 15 时站点预报
14:55	发布场馆自由式滑雪大跳台和单板滑雪大跳台 15 时 C49 报告
15:00	参加由北京市气象台、延庆赛区、MCC、前方工作组、赛事现场保障人员参加的天气会商并发言，讨论赛期天气趋势
15:30	向 MCC 提供未来 3 天场馆天气综述；检验前一时次预报效果，实时监视天气；制作发布场馆 16 时站点预报
16:00	参加张家口竞赛气象会商并汇报未来赛期天气趋势
16:30	检验前一时次预报效果，实时监视天气；制作发布场馆 17 时站点预报；将中英文天气预报发到竞赛办公室、场馆团队微信群内
17:30	检验前一时次预报效果，实时监视天气；制作发布场馆 18 时站点预报
18:30	检验前一时次预报效果，实时监视天气；制作发布场馆 19 时站点预报
19:00	乘班车返回驻地并进行核酸检测
23:30	检验前一时次预报效果，实时监视天气；制作发布场馆站点预报
00:00—05:00	逐小时更新发布场馆站点预报

服务岗负责就场馆现场实时天气、0～10 天天气预报进行天气咨询（中英文），沟通服务需求（中英文）；按照每日竞赛日程，参加领队会，以 PPT 形式进行天气简报（英文）等；每日参加冬奥北京气象中心例会汇报现场天气实况预报和服务情况（表 5.5）。

表 5.5　首钢滑雪大跳台场馆现场服务岗工作流程（以 2022 年 2 月 13 日为例）

时间	工作内容
04:30	起床洗漱，查看降雪实况
05:00	乘坐班车前往场馆
05:30	与竞赛长、国内技术官员沟通赛事影响、降雪预报情况等
07:00	与技术代表口头汇报沟通降雪情况，特别提示今日降雪影响
08:00	在结束区观测雪深并实时通报
09:00	与预报岗共同进行雪花形态观测，会商积雪效率、积雪深度预报，在场馆结束区开展雪深实际观测并实时通报
10:00	与竞赛主管沟通降雪情况和降雪影响，在场馆结束区开展雪深实际观测并实时通报
11:00	在场馆结束区开展雪深实际观测并实时通报
12:00	午餐，在场馆结束区开展雪深实际观测并实时通报
13:10	与竞赛主管沟通降雪结束时间以及未来两天赛时风向变化
13:30	降雪强度已开始减小，与预报岗共同进行雪花形态观测，会商积雪效率、积雪深度预报，进一步分析、研判降雪结束时间
15:00	参加北京市气象台组织的天气会商，制作天气简报 PPT
16:00	参加领队会做天气简报，重点针对后续降雪趋势及结束时间、未来两天赛时天气情况发言
17:00	参加冬奥北京气象中心例会并做汇报
17:20	在场馆结束区开展雪深实际观测并实时通报
17:30	乘坐班车返回酒店
18:00	核酸检测

首钢滑雪大跳台现场预报服务团队对国内外工作人员（包括国际雪联竞赛主管、技术代表、二次塑形专家、竞赛长、国内技术官员、志愿者）做了满意度调查，共收集英文问卷 7 份、中文问卷 14 份，满意度达到 100%。两位二次塑形专家分别给出了“Thank you. Really nice! And super important for us”和“Great service! Would recommend”的评价。荷兰籍国际雪联技术代表用“An amazing job”来评价现场气象预报服务工作，用“Very nice, helpful and professional”来表达自己的感受。最后一次领队会上，国际雪联技术代表再次对气象工作表示赞扬和感谢。首钢滑雪大跳台场馆给北京冬奥气象中心发来感谢信，赞扬现场气象预报服务团队的“贴身”服务，“为赛事顺利开展提供有力的决策基础，助力中国双金”。

（二）冰上场馆预报服务团队

北京冬奥会和冬残奥会的冰上项目全部在北京赛区举行，包括国家体育馆、五棵松体育中心、国家速滑馆、首都体育馆、国家游泳中心；还有 4 个非竞赛场馆：国家体育场、北京冬（残）奥村、北京颁奖广场、国家冰雪运动训练科研基地。

1. 团队组成

冰上场馆预报团队有 7 名预报员，包括北京市气象台翟亮（组长）、秦庆昌、刘卓、周璇、戴翼、邢楠和京津冀环境气象中心邱雨露，以及北京市气象台预报服务科全体人员（吴宏议、王媛媛、李晓艳、尹晓惠、李浚河、丁青兰、刘瑞鑫）（图 5.8）。

2. 团队主要任务及岗位分工

团队设置首席岗和预报岗，7 人轮值，逐小时更新发布场馆预报，根据天气变化，不定时制作场馆灾害天气提示。

首席岗负责把关 5 个冰上场馆和 4 个非竞赛场馆的天气预报和通报产品，负责与北京市气象台首席预报员、MCC 首席预报员、现场服务人员就场馆天气进行沟通和会商；参加 08 时中央气象台和北京市气象局天气会商，参加冬奥会和冬残奥会期间北京市气象局安排的冬奥专题会商并发言；每日两次制作发布冬奥会和冬残奥会开（闭）幕式当天预报。

预报岗负责制作发布冬奥会和冬残奥会期间 5 个冰上场馆和 4 个非竞赛场馆的 1～10 天预报（中英文）、鸟巢未来 3 天预报和鸟巢未来 10 天预报。在演练及活动保障期间，预报员值守至当日演练活动结束。在有火炬传递时，每日两次发布各个点位逐小时天气预报产品（表 5.6）。

图 5.8　2022 年 2 月 4 日，北京赛区冰上场馆预报服务团队队员合影

表 5.6　冰上场馆预报服务团队预报岗工作流程（以 2022 年 2 月 2 日为例）

时间	工作内容
08:00	到岗，交接班，参加早间天气会商，及时了解天气实况，检查各平台、数据、显示屏是否正常
08:20—09:00	制作和发布《冬奥城区服务组气象服务专报及通报》及《火炬传递专报》

续表

时间	工作内容
09:00—10:00	分析鸟巢未来 0～10 天天气；抄填观象台、鸟巢两个站点前一天最高气温、降水量及重要天气现象
10:00—10:30	主持专题会商，讨论冰上场馆及鸟巢未来 0～10 天预报结论
10:30—11:00	制作和发布《鸟巢未来十天预报》和《鸟巢 2 月 4 日预报》
11:00—11:30	监视天气，抄填鸟巢 11 时记录
11:30—13:30	局内待岗，有预报服务需求时及时到岗
13:30—15:15	根据最新预报资料，分析冰上场馆及鸟巢未来 0～10 天天气
15:15—15:40	参加北京地区天气会商，发言汇报冰上场馆及鸟巢预报结论
15:40—16:10	制作和发布《火炬传递专报》
16:10—16:50	制作和发布《冬奥城区服务组气象服务专报及通报》《鸟巢未来十天预报》和《鸟巢 2 月 4 日预报》
16:50—17:00	填写值班日记—专班服务情况及交接班提醒
17:00—次日 8:00	有演练及活动保障期间在岗，制作发布预报产品

三、延庆赛区赛事服务团队

延庆赛区有 2 个竞赛场馆，包括国家高山滑雪中心和国家雪车雪橇中心；还有 4 个非竞赛场馆：延庆冬（残）奥村、延庆残奥颁奖广场、延庆阪泉综合服务中心、延庆制服和注册分中心。

在“带疫”情况下，为做好场馆赛事服务，延庆赛区 11 名现场气象服务人员，按照岗位职责，分别安排 7 人在冬奥气象延庆分中心赛区预报中心轮值、2 人在国家雪车雪橇中心场馆现场闭环服务、2 人在国家高山滑雪中心场馆现场闭环服务（图 5.9）。

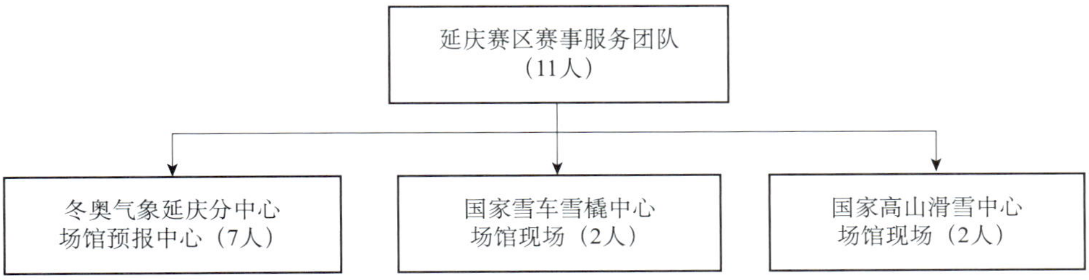

图 5.9 延庆赛区冬奥现场预报服务团队岗位和人员安排

（一）场馆预报中心预报服务团队

北京冬奥会和冬残奥会气象服务期间，场馆预报中心承担了延庆赛区所有竞赛场馆和非竞赛场馆的预报服务产品制作与发布（图 5.10）。

1. 团队组成

场馆预报中心有 7 名预报员，包括北京市气象台于波（组长）、内蒙古自治区气象台马学峰和赵斐、中国气象局公共气象服务中心李蔼恂和陈仲榆、山西省气象台邱贵强、北京市延庆区气象局阎宏亮（图 5.11）。

图 5.10　延庆赛区场馆预报中心在讨论天气

图 5.11　延庆赛区场馆预报中心 7 位团队队员合影

2. 团队主要任务及岗位分工

团队设置首席岗和赛道预报岗，7 人预报员轮值，逐小时更新发布场馆预报，根据天气变化，不定时制作场馆灾害天气提示（表 5.7）。

首席岗负责把关延庆赛区国家高山滑雪中心和雪车雪橇中心的所有预报服务产品，参加冬奥会和冬残奥会期间中国气象局和北京市气象局组织的专题天气会商并发言，不定时与场馆现场服务人员连线加密会商天气；制作发布 7:00 国家雪车雪橇中心场馆 C49 报告和 16:30 国家高山滑雪中心场馆 C49 报告，完成团队每日运行报告和每日 15：30 向 MOC/MCC 提供的场馆天气综述产品。

赛道预报岗负责制作发布冬奥会高山滑雪中心场馆的 4 个竞速赛道预报站点、3 个竞技赛道预报站点预报产品、国家雪车雪橇中心场馆的 1 个赛道预报站点预报产品；冬奥村和冬奥颁奖广场等 2 个非竞赛场馆等的站点预报产品；冬残奥会高山滑雪中心 7 个赛道预报站点预报产品、2 个非竞赛场馆的站点预报产品；不定时加密制作未来 2～3 天关键点位的逐小时风速和温度预报产品。冬奥会期间，雪车雪橇赛道岗预报员值守至当日 22:00—23:00 国家雪车雪橇场馆比赛结束；冬奥会和冬残奥会期间，竞速赛道岗预报员值守至当日 18:00 高山滑雪比赛结束。

为切实做好冬奥和冬残奥预报服务，赛前制订了不同场景下的业务系统备份方案和人员替补方案，确保流程、平台、人员和技术的全方位覆盖。2022 年 1 月 23 日进入冬奥工作模式，逐小时制作发布竞赛和非竞赛场馆预报，一方面检验工作流程，一方面适应赛事保障节奏。在 2022 年 2 月 21—25 日转换期，坚持按照赛时要求不减量、不降质提供气象服务，主动对接冬残奥会场馆群气象服务需求，及时调整预报服务内容。2 月 24 日开始制作发布冬残奥村和颁奖广场预报；2 月 25 日开始执行冬残奥会工作流程，逐小时滚动制作发布高山滑雪竞速和竞技 7 个场馆、冬残奥村和颁奖广场等竞赛和非竞赛场馆预报。至冬残奥会结束，已累计发布场馆预报 8092 份、中英文通报 148 期、冬残奥村预报 410 期。

表 5.7　冬奥气象中心延庆分中心场馆预报中心工作流程（以 2022 年 2 月 6 日为例）

时间	工作内容
00:00—03:00	逐小时更新发布场馆站点预报
04:00	延庆气象服务分中心，预报员到岗，检验前次预报性能，实时监视天气； 赛道岗制作发布延庆赛区竞赛场馆和非竞赛场馆站点预报； 首席岗把关场馆预报产品
05:00	内部会商讨论； 赛道岗制作并发布 05 时延庆赛区竞赛场馆和非竞赛场馆站点预报； 首席岗把关场馆预报产品
06:00	赛道岗制作并发布 05 时延庆赛区所有竞赛场馆和非竞赛场馆站点预报； 首席岗主持北京市气象局早间天气会商，重点讨论当日高山场馆竞速赛道的风速变化

续表

时间	工作内容
07:00	检验前一时次预报效果，实时监视天气； 赛道岗制作发布延庆赛区所有竞赛场馆和非竞赛场馆站点预报、国家雪车雪橇中心和国家高山滑雪中心场馆天气通报； 首席岗把关场馆预报和通报产品，并制作发布国家雪车雪橇中心 C49 报告
08:00	检验前一时次预报效果，实时监视天气； 赛道岗制作发布延庆赛区竞赛场馆和非竞赛场馆站点预报； 首席岗把关场馆预报产品
08:30—08:45	首席岗参加北京市气象局早间预报服务通气会，视情况按会商日程安排做会商发言
09:00	检验前一时次预报效果，实时监视天气； 赛道岗发布延庆赛区所有竞赛场馆和非竞赛场馆站点预报； 首席岗把关场馆预报产品
09:40	与高山场馆现场服务人员视频会商竞速赛道风速趋势
10:00	检验前一时次预报效果，实时监视天气； 赛道岗发布延庆赛区所有竞赛场馆和非竞赛场馆站点预报； 首席岗把关场馆预报产品
10:40	与高山场馆现场服务人员视频会商竞速赛道风速趋势，并按需求提供未来 2～3 天加密的风逐小时预报产品
11:00	检验前一时次预报效果，实时监视天气； 赛道岗发布延庆赛区所有竞赛场馆和非竞赛场馆站点预报； 首席岗把关场馆预报产品
11:40	与高山场馆现场服务人员视频会商竞速赛道风速趋势
12:00	检验前一时次预报效果，实时监视天气； 赛道岗发布延庆赛区所有竞赛场馆和非竞赛场馆站点预报； 首席岗把关场馆预报产品
13:00	检验前一时次预报效果，实时监视天气； 赛道岗发布延庆赛区所有竞赛场馆和非竞赛场馆站点预报
14:00	检验前一时次预报效果，实时监视天气； 赛道岗发布延庆赛区所有竞赛场馆和非竞赛场馆站点预报； 首席岗把关场馆预报产品
15:00	检验前一时次预报效果，实时监视天气； 赛道岗制作发布延庆赛区竞赛场馆和非竞赛场馆站点预报； 首席岗把关场馆预报，参加由北京市气象台、延庆赛区、MOC/MCC、前方工作组、赛事现场保障人员参加的天气会商并发言，讨论未来 10 天的天气趋势，重点关注延庆赛区 6 日夜间及 7 日的天气

续表

时间	工作内容
15:30	首席岗向 MOC/MCC 提供未来 3 天延庆赛区的场馆天气综述
16:00	检验前一时次预报效果，实时监视天气； 赛道岗发布延庆赛区所有竞赛场馆和非竞赛场馆站点预报； 首席岗把关场馆预报产品
16:30	首席岗制作国家高山滑雪中心 C49 报告
17:00	检验前一时次预报效果，实时监视天气； 赛道岗制作发布延庆赛区所有竞赛场馆和非竞赛场馆站点预报、国家雪车雪橇中心和国家高山滑雪中心场馆天气通报； 首席岗把关场馆预报和通报产品； 相关人员参加冬奥北京气象中心调度例会
18:00	检验前一时次预报效果，实时监视天气； 赛道岗发布延庆赛区所有竞赛场馆和非竞赛场馆站点预报； 首席岗把关场馆预报产品，完成当日的日报汇总与撰写
19:00	检验前一时次预报效果，实时监视天气； 赛道岗发布延庆赛区所有竞赛场馆和非竞赛场馆站点预报； 首席岗把关场馆预报产品
20:00—23:00	雪车雪橇赛道岗预报员值守至当日赛事结束后休息

延庆场馆中心的预报团队，对冬奥会期间的两次冷空气大风、两次降雪以及冬残奥会期间的大风沙尘、异常升温、两次雨雪天气过程无一漏报，精准预报获赛事组织方高度认可，为高山滑雪中心和雪车雪橇中心场馆现场服务人员与赛事组织方的沟通服务提供了强有力的预报支撑。

（二）国家雪车雪橇中心场馆现场服务团队

北京冬奥会气象服务期间，国家雪车雪橇中心场馆现场安排 2 名预报服务人员，为场馆运行、赛事运行等提供天气咨询。

1. 团队组成

现场服务人员为北京市气象服务中心李琛（组长）、国家气象中心陶亦为，完成冬奥会期间赛事气象保障任务，闭环工作 32 天。场馆现场安排有单独气象办公室（图 5.12）。

2. 团队主要任务及岗位分工

负责场馆地区现场实时天气监测、短时临近预报预警及未来 3～10 天天气预报的咨询（中英文）；按照每日竞赛日程，参加气象决策联动会、领队会，并进行天气简报（中英文）等；参加日常天气会商和冬奥专题会商；就现场情况及时与场馆预报中心保持密切沟通，视

图 5.12　冬奥现场预报员李琛和陶亦为在国家雪车雪橇中心场馆运行指挥室值守

天气情况进行天气加密会商；高影响天气发生时，负责场馆出发区、结束区等区域及赛道内部如气温、风速、积雪深度等气象要素的实时人工观测，并随时向后方预报中心反馈；参加各项目赛前领队会，每日 08 时、18 时 30 分参加线上场馆工作例会，并作天气情况介绍（表 5.8）。

经前期测试赛的长时间封闭测试，各方对国家雪车雪橇中心场馆的抗天气风险能力有一定的认知，熟悉高影响天气发生时各风险隐患，同时针对不同的天气制订应急部署预案。例如：冬奥赛时运动员及雪车、雪橇等比赛器材需要通过场馆外围 3 号公路运输，该公路坡陡弯多，尤其出发区附近的几个“S”弯，降雪期间如出现路面结冰，负责运输人员及器材的中巴车或中型厢式卡车在此位置将很容易出现打滑，造成极大的安全隐患。在这种情况下，人员和器材将无法按时运送到出发区，最终导致赛程受到影响，因此场馆方面特别关注降雪对 3 号公路的影响，累积降雪量、累计雪深、降雪集中时段、最大小时降雪量、最大小时新增积雪深度、路面是否结冰等这些天气信息均是场馆关注的天气信息，这也将直接关系到扫雪铲冰作业的部署决策方案（包括大型除雪车辆的数量及作业频次、融雪剂的备用数量及堆放位置、作业人员数量及重点部署点位、是否启用备用运输道路等）。以上这些天气信息中，有些是预报员在以往预报服务工作中很少考虑的，因此在研判和下结论时需更细致更充分。

雪车雪橇场馆竞赛专家诺蒙兹评价道：“气象服务团队提供的场馆天气预报非常及时并且非常通俗易懂，需要关注的重点天气一目了然，我不需要从大量的天气信息中找重点，因为他们都把重点天气和提示就放在首页，我们的场馆气象服务非常完美。”赛道制冰主管理查德评价道：“他们提供的天气预报非常精准，说刮大风就刮大风，说下雪就下雪，我和我的团队每天都会查看场馆天气预报，他们做得很好。”设施经理杨晋凯、车橇场馆秘书长刘建辉等，都称赞气象服务完美、专业、及时。

表 5.8　国家雪车雪橇中心场馆现场服务工作流程（以 2022 年 2 月 13 日为例）

时间	工作内容
05:30	起床洗漱，打开睿览 APP 查看降雪实况，并通过场馆微信群通报
06:00	参加天气早会商，针对降雪趋势、集中时段、累计降雪深度及结束时间发言，将会商结论通过场馆微信群通报
06:30	酒店早餐，餐后核酸检测
07:00	乘坐班车前往场馆，转发当日场馆天气预报及通报至场馆微信群、各单项竞赛办公室联系人，通过手台向清废负责人汇报降雪趋势，特别增加关于今日降雪影响的相关提示
08:00	到场馆办公室后打印预报及通报张贴，前往场馆指挥室并向场馆领导做简单口头汇报，重点提示今日降雪将集中在上午到中午时段，小时积雪深度 2 厘米左右，对 3 号公路影响较大，在场馆出发区、结束区等周边区域开展雪深实际观测并反馈后方预报中心，并实时在场馆微信群通报
08:30	根据最新资料，进一步分析、研判降雪趋势，在场馆出发区、结束区等周边区域开展雪深实际观测并反馈后方预报中心，并实时在场馆微信群通报
09:00	参加场馆线上早例会，重点介绍当前的降雪实况以及未来的降雪趋势，并提示降雪可能带来的各种影响，在场馆出发区、结束区等周边区域开展雪深实际观测并反馈后方预报中心，并实时在场馆微信群通报
10:15	参加与延庆后方预报中心会商，重点关注上午的降雪可能给女子雪车比赛带来的影响，在场馆出发区、结束区等周边区域开展雪深实际观测并反馈后方预报中心，并实时在场馆微信群通报
11:00	在场馆出发区、结束区等周边区域开展雪深实际观测并反馈后方预报中心，并实时在场馆微信群通报
12:00	午餐，在场馆出发区、结束区等周边区域开展雪深实际观测并反馈后方预报中心，并实时在场馆微信群通报
12:30	上午女子雪车比赛顺利结束，从场馆指挥部了解到因下午没有比赛，场馆已停止扫雪铲冰作业，待降雪结束后再继续开展，因此各方面都很关注降雪结束时间及后续的累积雪量
14:00	降雪强度已明显减小，进一步分析、研判未来趋势
15:00	参加北京市气象台组织的天气会商，制作简报 PPT
16:00	参加领队会并做天气简报，重点针对后续降雪趋势及结束时间做发言
17:00	转发当日场馆天气预报及通报至场馆微信群、各单项竞赛办公室联系人，编辑当日天气关注重点及提示短信并发送至场馆副主任、竞赛主任、清废等各领域负责人，参加冬奥北京气象中心调度会并做汇报
18:00	打印场馆预报及通报并呈交场馆领导，做简单口头汇报，在指挥室参加场馆群指挥部晚例会，提供降雪相关信息
18:30	参加场馆线上晚例会，并对今日降雪实况、后续降雪趋势做发言

续表

时间	工作内容
19:30	密切监视场馆天气及扫雪铲冰作业情况，随时反馈后方预报中心
23:30	乘坐班车返回酒店
00:30	抵达酒店休息

（三）国家高山滑雪中心场馆现场服务团队

北京冬奥会气象服务期间，国家高山滑雪中心场馆现场安排2名预报服务人员，为赛事运行、场馆运行等提供天气咨询。

1. 团队组成

现场服务人员为北京市气象台时少英（组长）、荆浩（图5.13）。完成冬奥会和冬残奥会期间气象保障任务，闭环工作50天。高山滑雪场馆有竞速气象办公室和竞技气象办公室。随着比赛赛道不同，在不同气象办公室开展服务。

图5.13　2022年2月18日，国家高山滑雪中心现场预报员和高山滑雪竞赛主任合影

2. 团队主要任务及岗位分工

负责场馆现场实时天气、短时临近预报预警和未来10天天气预报咨询（中英文）；按照每日竞赛日程，参加气象决策联动会、仲裁会、领队会，并进行天气简报（英文）等；参加天气会商，并就现场情况及时与场馆预报中心保持密切沟通，视天气情况进行天气加密会商；根据竞赛要求在气象办公室开展服务（表5.9）。

表 5.9　国家高山滑雪中心场馆现场服务工作流程（以 2022 年 2 月 6 日为例）

时间	工作内容
05:00	调阅资料，查看最新高山滑雪中心场馆气象状况，并将气温和风速等实况发布到高山相关微信群
05:30	从闭环酒店出发，乘大巴车去往高山滑雪场馆中心竞速结束区气象办公室
06:00	参加北京市气象台、延庆赛区、MCC、赛事现场保障人员的早会商，聚焦 2 月 6 日场馆天气，重点是当日竞速赛道风速变化
07:00	竞速气象办公室给高山滑雪中心场馆主任杨阳汇报当前实况和风速预报情况
07:30	竞速气象办公室给男子竞赛主任马库斯和仲裁们介绍当前和当日竞速赛道风速趋势
09:20	给男子竞赛主任马库斯和仲裁们介绍当前风速实况和当日变化趋势
09:40	与延庆赛区场馆预报中心、前方工作组等视频会商风速趋势，给出预报意见
10:20	给男子竞赛主任马库斯和仲裁们介绍当前风速实况和当日变化趋势
10:40	与延庆赛区场馆预报中心、前方工作组等视频会商风速趋势，给出预报意见
11:20	给男子竞赛主任马库斯和仲裁们介绍当前风速实况和当日变化趋势和 7 日天气
11:40	与延庆赛区场馆预报中心、前方工作组等视频会商风速趋势，给出预报意见
12:20	给男子竞赛主任马库斯和仲裁们介绍当前风速实况和当日变化趋势和 7 日天气。因赛道蜜糖跳附近阵风明显，又考虑到 7 日天气是小风天气，6 日竞赛日程改期至 7 日 12 时开始
13:00	查看最新资料和预报意见，滚动更新未来 10 天天气，重点是 7 日竞速赛道和竞技赛道的逐小时风速的汇报 PPT
15:00	去冬奥村领队会途中视频参加北京市气象台、延庆赛区、MCC、赛事现场保障人员天气会商
16:00	冬奥村领队会会议室，气象决策联动会，为仲裁委员会和技术专家、奥林匹克转播服务、医疗等介绍未来 10 天天气情况
17:00	冬奥村领队会会议室，在女子大回转领队会上介绍竞技赛道的天气情况
17:00	视频会议，参加冬奥北京气象中心调度会并做汇报，重点汇报了今天现场服务情况
18:30	冬奥村领队会会议室，在男子滑降领队会上介绍竞速赛道的天气情况
19:15	乘坐返回酒店的大巴车
20:15	返回酒店，核酸检测，晚餐

国家高山滑雪场馆是刚刚建设完成就投入冬奥会这样高级别的赛事服务中的。原计划举行的世界杯测试赛，因全球新冠肺炎疫情取消。整个高山滑雪场馆团队，包括气象服务人员，基本上没有服务经验。面对第一次来到冬奥会高山滑雪场馆的赛事组织方国际雪联的各位专家和技术代表，无论是中方还是外方，都是心中忐忑。特别是面对高山滑雪场馆多风、强降雪等不利天气条件，作为在赛事一线服务的气象预报员，通过一场场比赛，在与国际雪联的一次次磨合中，相互了解对方，展示了中国气象保障团队的实力，实现了“百米级、分

钟级”的精细服务，为赛事抓住的有限小风速窗口期，助力各项赛事日程合理调整，所有比赛全部完成，得到了赛事组织方的高度认可。

延庆赛区高山滑雪主裁判马库斯・瓦尔德纳赞不绝口：“预报非常专业，非常棒！我们叫那位女士‘天气女孩’。我们以为风会大的时候，她说风会小，果然就小了，这简直是不可能的事！”女子竞赛主任皮特称赞“预报专业，很好地助力比赛”。国际雪联新闻传播总监珍妮・维德克也表达了对中国气象团队的赞许：“他们的预报一直很准确，值得我们信任。”

四、张家口赛区赛事服务团队

张家口赛区有 6 个竞赛场馆，包括：云顶滑雪公园场地 A、B、C，国家跳台滑雪中心，国家越野滑雪中心，国家冬季两项中心；6 个非竞赛场馆，包括：张家口冬（残）奥村、张家口颁奖广场、张家口赛区制服和注册分中心、张家口山地转播中心、张家口奥林匹克接待分中心、张家口新闻中心。

为做好场馆赛事服务，张家口赛区 34 名现场气象服务人员按照岗位分别进行了安排，18 人在冬奥会张家口赛区气象中心（崇礼区气象局）轮值，8 人在云顶滑雪公园（含场地 A、B、C）开展现场服务，2 人在国家越野滑雪中心开展现场服务，2 人在国家冬季两项中心开展现场服务，4 人在国家跳台滑雪中心开展现场服务。同时，为满足张家口赛区雪上项目对雪质气象服务的需求，分别在云顶滑雪公园和国家越野滑雪中心各安排 1 名雪务观测辅助队员，在张家口赛区气象中心安排 1 名雪务风险分析预报员。共有 16 名气象志愿者参加云顶滑雪公园与国家冬季两项中心气象服务保障工作（图 5.14）。

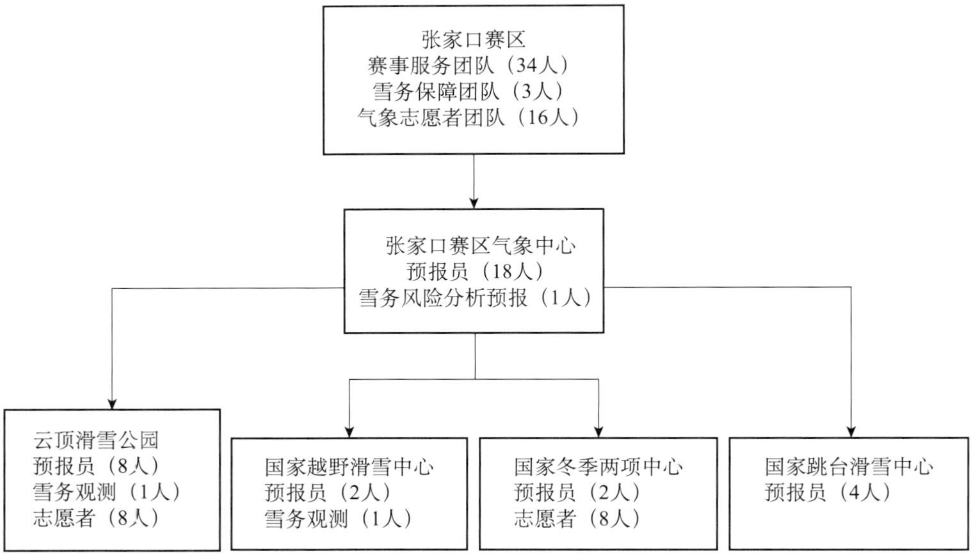

图 5.14　张家口赛区冬奥会赛事服务架构图

（一）张家口赛区气象中心预报服务团队

北京冬奥会和冬残奥会气象服务期间，赛区气象中心承担了张家口赛区所有竞赛场馆和非竞赛场馆的预报服务产品制作与发布。

1. 团队组成

冬奥河北气象中心张家口赛区共有 18 名预报员，工作地点为冬奥会张家口赛区气象中心（崇礼区气象局），团队负责人王宗敏，成员包括李江波、董全、马梁臣、杨杰、洪潇宇、马洪波、唐凯、晋亮亮、隋沆锐、王颖、朱刚、陈子健、李禧亮、李彤彤、陈雷、张宇和王永超（图 5.15）。

图 5.15　冬奥河北气象中心张家口赛区预报员合影

2. 团队主要任务及岗位分工

张家口赛区预报服务团队赛时设有赛区首席、赛区副首席、场馆首席、场馆副首席、预报主班、预报副班等 6 类值班岗位，每日采取“压茬值班”方式，副班为主班辅助岗，一般负责下一班次的主班值班任务，确保各班次预报结论连续性（表 5.10）。各岗位主要职责如下。

赛区首席负责组织 07 时、11 时、17 时张家口赛区天气会商，组织预报分析讨论，把关高影响天气影响期间和赛时的预报结论，确保赛区预报结论的统一性、连续性和准确性，赛事期间 24 小时待命。

赛区副首席参与天气会商，协助赛区首席岗完成各项事宜，熟悉天气形势变化及预报结论，保证次日预报结论连续性。

场馆首席负责组织场馆群内部会商，统一场馆群内部预报结论，并与赛区首席会商，得出最终预报结论后通报各岗位。随时与现场服务岗保持联系，根据现场服务需求不定时组织天气会商，为现场服务人员提供技术支撑。确保发布出的预报产品结论与会商结论一致，撰写场馆通报，赛事期间 24 小时待命。

场馆副首席参与天气会商，协助首席岗完成各项事宜，熟悉天气形势变化及预报结论，以保证次日的预报结论连续性。

预报主班参与天气会商，制作精细化天气预报产品，检查产品发布情况，赛事期间 24 小时待命，随时准备提供天气实况和精细化预报服务产品。负责逐小时场馆群站点精细化预报产品的制作与发布，并检查是否发布成功。赛时根据服务需求，加密发布场馆站点精细化预报产品。

预报副班参与天气会商，熟悉天气形势变化及预报结论，检验并通报各模式产品准确率，发布场馆通报。

张家口赛区气象中心预报团队，对冬奥会和冬残奥会期间的历次冷空气大风、降雪、低温以及沙尘、高温融雪等天气过程均做出了精准预报，确保了因气象因素导致的冬奥会 10 次、冬残奥会 3 次赛程调整科学有序，获得了赛事组织与运行团队高度认可，为张家口赛区全部赛事顺利完赛提供了有力的预报支撑。

表 5.10　张家口赛区气象中心预报团队工作流程

时间	工作内容
00:00—24:00	逐小时更新发布场馆站点预报
06:30	预报员到岗，检验前次预报性能，实时监视天气；首席组织班内早间天气会商
07:00	发布场馆通报
09:00	发布 C49 产品
09:40	首席组织班内上午天气会商
10:00	首席组织赛区天气会商（腾讯会议），制作发布气象专报
11:00	发布场馆通报
15:00	发布 C49 产品
15:30	发布场馆气象简报（中文），首席组织班内下午天气会商
16:00	参加张家口赛区竞赛团队体育—气象会商（瞩目会议）
16:30	向冬运中心微信群发送张家口赛区 4 个预报点位产品
17:00	发布场馆通报，发布颁奖广场站点预报
21:00	制作次日 05 时预报点位产品

（二）云顶滑雪公园现场预报服务团队

北京冬奥会气象服务期间，云顶滑雪公园现场安排 8 名预报服务人员，为场馆运行、赛事运行等提供天气咨询（图 5.16）。

图 5.16　张家口赛区云顶滑雪公园现场预报服务团队 8 名预报员合影

1. 团队组成

云顶滑雪公园现场预报服务团队工作地点为云顶滑雪公园赛场和云顶场馆群闭环外指挥室，负责云顶滑雪公园场地 A、B、C 共 6 条赛道现场服务，组长为李宗涛，副组长为孔凡超，成员包括刘华悦、张晓瑞、石文伯、姬雪帅、钱倩霞、张曦丹。其中，石文伯、张曦丹具体负责场地 A 保障任务，刘华悦、钱倩霞具体负责场地 B 保障任务，李宗涛、张晓瑞具体负责场地 C 保障任务，根据云顶场馆群保障需求，孔凡超具体负责云顶场馆群闭环内指挥室气象咨询服务任务，姬雪帅负责云顶场馆群闭环外指挥室气象咨询服务任务。

2. 团队主要任务及岗位分工

负责场馆地区现场实时天气监测、短时临近预报预警及未来 3～10 天天气预报的咨询（中英文）；按照每日竞赛日程，参加领队会，并进行天气简报（中英文）等；参加日常天气会商、冬奥专题会商以及赛区体育—气象会商；就现场情况及时与赛区气象中心保持密切沟通，视天气情况进行天气加密会商；高影响天气发生时，负责场馆出发区、结束区等区域及赛道内部如气温、风速、积雪深度等气象要素的实时人工观测，并随时向后方预报中心反馈（表 5.11）。

冬奥会竞赛前主任、北京冬奥会顾问乔·菲茨杰拉德评价道：“云顶的气象服务团队非常棒，这是之前冬奥会所没有经历过的，一是预报精准，为竞赛开展以及日程变更提供了坚实的支撑；二是团队非常敬业，信息沟通顺畅，无论任何时候需要天气预报信息都会得到。”云顶场馆群执行主任李莉评价道：“云顶气象团队专业水准高，预报业务精，工作作风硬，为赛事举办提供了非常有价值的气象信息，特别是为场馆铲冰除雪早谋早动应对争取了时间，有力保障了赛事运行。”

表 5.11　张家口赛区云顶滑雪公园气象服务工作流程

时间	工作内容
05:30	起床，为一天工作进行相关准备
06:00	参加天气早会商
07:30	向场馆指挥室报送天气实况和预报材料
07:50	核酸检测
08:00—08:30	乘坐通勤车，场馆正常上班，通勤时间 30～40 分钟，工作点位：A 区竞赛办公室、A 区和 B 区体育楼竞赛运行办公室、C 区竞赛办公室
10:00	参加前、后方天气会商，确定各场馆的最新预报结论，形成初步的会商意见和服务材料
11:00	为各竞赛团队推送气象服务材料并张贴
12:00	午餐，参加线上“综合协调组”日午餐碰头会。如遇降雪、大风等高影响天气，加密汇报天气实况和预报
15:00	参加云顶场馆群天气内部会商
16:00	线上举行张家口赛区竞赛团队体育—气象会商，4 个场馆常务副主任、竞赛主任、场馆气象预报员参会，张家口赛区冬奥气象中心负责人王宗敏进行简要汇报，佟立新部长、指挥部调度中心首席气象专家、调度中心前方工作组相关人员参加会议； 为场馆指挥室及铲冰除雪团队提供天气实况和预报材料
17:00	为各竞赛团队推送气象服务材料并张贴
非定时工作	赛时期间，根据竞赛日程安排，提前制作、提交领队会 PPT； 按照竞赛日程安排参加领队会，并进行英文发言（工作点位：各区领队会议室）； 赛时，每日 3 次张贴相关点位的 PDF 预报服务材料：主竞赛办公室、运动员出发区、领队会议室、国内技术官员休息室、运动员休息室、场馆指挥室等主要场所； 如遇到因气象条件造成的赛事变更，需要参加赛事变更委员会会议，进行发言； 赛前、赛时，按需求测量雪温等要素，提供给计时计分团队； 按需向竞赛主任和 TD（技术代表）汇报天气状况和高影响天气预报； 每日组织气象现场服务团队晚例会； 根据山地运行团队、体育业务领域需求，提供造雪气象条件、融雪风险预报； 赛时的工作时间，场馆预报员跟随竞赛日程和业务流程随时调整； 每日返回驻地与晚餐安排根据当日工作情况调整确定

（三）国家跳台滑雪中心现场服务团队

北京冬奥会气象服务期间，国家跳台滑雪中心现场安排 4 名预报服务人员，为场馆运行、赛事运行等提供天气咨询（图 5.17）。

图 5.17　张家口赛区国家跳台滑雪中心现场预报服务团队 4 名预报员合影

1. 团队组成

国家跳台滑雪中心现场服务团队工作地点为场馆裁判塔，组长为段宇辉，成员包括李嘉睿、刘昊野、杨玥。

2. 团队主要任务及岗位分工

负责场馆地区现场实时天气监测、短时临近预报预警及未来 3～10 天天气预报的咨询（中英文）；按照每日竞赛日程，参加领队会，并进行天气简报（中英文）等；参加日常天气会商、冬奥专题会商以及赛区体育—气象会商；就现场情况及时与赛区气象中心保持密切沟通，视天气情况进行天气加密会商（表 5.12）。

跳台滑雪竞赛长郭昊冉评价道："在整个冬奥会期间，共计 70 多场赛事，近百场的训练，气象团队每每赛前都做到'秒级''米级'的响应和预报，使我们能够有效地预防各种因气象而影响赛事的情况出现，保证赛事准时开始，运动员平稳落地。"山地运行团队外方负责人 John Aalberg 对跳台滑雪中心现场服务团队提供的几次完美的降雪预报表示感谢，评价道："Perfect！ You have been very good to us！"

表 5.12　张家口赛区国家跳台滑雪中心气象服务工作流程

时间	工作内容
05:30	起床，为一天工作进行相关准备
06:00	参加天气早会商
08:00—08:30	乘坐通勤车，场馆正常上班，通勤时间 30～40 分钟，工作点位：跳台裁判塔 1 楼的副竞赛办公室

续表

时间	工作内容
10:00	参加前、后方的天气会商，确定各场馆的最新预报结论，形成初步的会商意见和服务材料
11:00	为各竞赛团队推送气象服务材料并张贴
12:00	午餐，参加线上“综合协调组”日午餐碰头会
15:00	完成每日信息报送
15:00—16:00	为场馆运行、场馆通信、清废、场馆交通等相关业务领域提供预报服务，材料统一合并到“闭环联络工作群”，如遇降雪、大风等高影响天气，加密汇报天气实况和预报
16:00	线上举行张家口赛区竞赛团队体育—气象会商，4 个场馆常务副主任、竞赛主任、场馆气象预报员参会，张家口赛区冬奥气象分中心负责人王宗敏进行简要汇报，佟立新部长、指挥部调度中心首席气象专家、调度中心前方工作组相关人员参加会议； 为场馆指挥室及铲冰除雪团队提供天气实况和预报材料
17:00	将 PDF 版本的各场馆预报和造雪气象条件预报，发送给山地运行团队
非定时工作	赛时期间，根据跳台的竞赛日程安排，提前制作、提交领队会 PDF 版本、文字稿服务材料和英文的简报，提交给赛事服务组； 按照竞赛日程安排参加领队会，并进行英文发言（工作点位：跳台和越野为领队会议室）； 赛时，每日 3 次张贴 5～6 个点位的 PDF 预报服务材料：主竞赛办公室、运动员出发区、打蜡房、冬奥村的住宿宾馆、国内技术官员休息室、运动员休息室等主要场所； 如遇到因气象条件造成的赛事变更，需要参加赛事变更委员会会议，进行发言； 赛前、赛时，按需求测量雪温等要素，提供给计时计分团队； 如遇到因气象条件造成的赛事变更，需要参加赛事变更委员会会议，进行发言； 赛前、赛时，每半小时测量雪温等要素，提供给体育竞赛办公室，并按时上报； 按需向竞赛主任和技术代表汇报天气状况和高影响天气预报； 按需参加每日的体育竞赛领域总结会； 根据山地运行团队、体育业务领域需要，将助滑道制冰、造雪气象条件预报，提供给相关业务领域； 赛时的工作时间，场馆预报员跟随竞赛日程和业务流程随时调整

（四）国家冬季两项中心现场服务团队

北京冬奥会气象服务期间，国家冬季两项中心现场安排 2 名预报服务人员，为场馆运行、赛事运行等提供天气咨询（图 5.18）。

图 5.18　张家口赛区国家冬季两项中心现场预报服务团队 2 名预报员和 8 名气象志愿者合影

1. 团队组成

国家冬季两项中心现场服务团队工作地点为场馆气象办公室，组长为郭宏，成员付晓明。

2. 团队主要任务及岗位分工

负责场馆地区现场实时天气监测、短时临近预报预警及未来 3～10 天天气预报的咨询（中英文）；按照每日竞赛日程，参加领队会，并进行天气简报（中英文）等；参加日常天气会商、冬奥专题会商以及赛区体育—气象会商；就现场情况及时与赛区气象中心保持密切沟通，视天气情况进行天气加密会商；高影响天气发生时，负责场馆出发区、结束区等区域及赛道内部如气温、风速、积雪深度等气象要素的实时人工观测，并随时向后方预报中心反馈（表 5.13）。

冬季两项竞赛主任、国际冬季两项联盟官员 Orut Nunar 评价道：“预报非常准确！对我们非常有用，非常重要！如果无法获得准确的预报，那对我们来说将是个大的麻烦。”古杨树场馆群山地运行总经理、中雪众源董事长魏庆华评价说：“气象预报非常准确，对降雪量级和时段的预报都很完美，给了山地运行团队充分的准备时间。”

表 5.13　张家口赛区国家冬季两项中心气象服务工作流程

时间	工作内容
05:30	起床，为一天工作进行相关准备
06:00	参加天气早会商
08:30	到达气象办公室

续表

时间	工作内容
09:00—10:00	发布场馆天气预报并张贴，发布地点：冬季两项公文流转群、沟通群、体育工作群、新闻中心，张贴地点：竞赛办公室公告板、打蜡房公告板
10:00	参加前、后方的天气会商，确定各场馆的最新预报结论，形成初步的会商意见和服务材料
11:00—12:00	发布场馆天气预报、场馆通报并张贴，发布地点：冬季两项公文流转群、沟通群、体育工作群、新闻中心，张贴地点：竞赛办公室公告板、打蜡房公告板
12:00	午餐，参加线上“综合协调组”日午餐碰头会
13:00—15:00	分析气象数据，与后方沟通预报结论，翻译场馆通报，发布次日气象预报（信息报送管理群）
15:00—16:00	发布场馆天气预报并张贴，发布地点：冬季两项公文流转群、沟通群、体育工作群、新闻中心，张贴地点：竞赛办公室公告板、打蜡房公告板
16:00	线上举行张家口赛区竞赛团队体育—气象会商，4 个场馆常务副主任、竞赛主任、场馆气象预报员参会，张家口赛区冬奥气象分中心负责人王宗敏进行简要汇报，佟立新部长、指挥部调度中心首席气象专家、调度中心前方工作组相关人员参加会议； 为场馆指挥室及铲冰除雪团队提供天气实况和预报材料
17:00—18:00	发布场馆天气预报、场馆通报并张贴，发布地点：冬季两项公文流转群、沟通群、体育工作群、新闻中心，张贴地点：竞赛办公室公告板、打蜡房公告板
非定时工作	根据每日竞赛日程和场馆日运行计划，参加例会、总结会、领队会； 赛时，每日 3 次张贴 5～6 个点位的 PDF 预报服务材料：主竞赛办公室、运动员出发区、打蜡房、冬奥村的住宿宾馆、国内技术官员休息室、运动员休息室等主要场所； 如遇到因气象条件造成的赛事变更，需要参加赛事变更委员会会议，进行发言； 赛前、赛时，按需求测量雪温等要素，提供给计时计分团队； 如遇到因气象条件造成的赛事变更，需要参加赛事变更委员会会议，进行发言； 赛前、赛时，每半小时测量雪温等要素，提供给体育竞赛办公室，并按时上报； 按需向竞赛主任和技术代表汇报天气状况和高影响天气预报； 赛时的工作时间，场馆预报员跟随竞赛日程和业务流程随时调整

（五）国家越野滑雪中心现场服务团队

北京冬奥会气象服务期间，国家越野滑雪中心现场安排 2 名预报服务人员，为场馆运行、赛事运行等提供天气咨询（图 5.19）。

图 5.19 张家口赛区国家越野滑雪中心现场预报服务团队 2 名预报员合影

1. 团队组成

国家越野滑雪中心现场预报服务团队工作地点为场馆竞赛团队办公室，组长为徐玥，成员胡赛安。

2. 团队主要任务及岗位分工

负责场馆地区现场实时天气监测、短时临近预报预警及未来 3～10 天天气预报的咨询（中英文）；按照每日竞赛日程，参加领队会，并进行天气简报（中英文）等；参加日常天气会商、冬奥专题会商以及赛区体育—气象会商；就现场情况及时与赛区气象中心保持密切沟通，视天气情况进行天气加密会商；高影响天气发生时，负责场馆出发区、结束区等区域及赛道内部如气温、风速、积雪深度等气象要素的实时人工观测，并随时向后方预报中心反馈（表 5.14）。

国际雪联官员 Michael 评价说："你们的预报非常准确，我从没见过这么准确的预报。你们的预报对我们来说非常重要。"

表 5.14 张家口赛区国家越野滑雪中心气象服务工作流程

时间	工作内容
05:30	起床，为一天工作进行相关准备
06:00—07:00	参加天气早会商，翻译场馆通报
08:30	到达气象办公室

续表

时间	工作内容
09:00—10:00	发布场馆天气预报、场馆通报，发布方式：报竞赛办公室，在竞赛办公室、打蜡房、运动员休息区、雪联办公室等点位打印张贴，报送场馆主任、竞赛主任、山地运行团队
10:00	参加前、后方的天气会商，确定各场馆的最新预报结论，形成初步的会商意见和服务材料
10:00—11:00	翻译场馆通报
11:00—12:00	发布场馆天气预报、场馆通报，发布方式：报竞赛办公室，在竞赛办公室、打蜡房、运动员休息区、雪联办公室等点位打印张贴，报送场馆主任、竞赛主任、山地运行团队
12:00	午餐，参加线上“综合协调组”日午餐碰头会
13:00—15:00	分析气象数据，与后方沟通预报结论
15:00—16:00	向场馆报送日运行报告
16:00	线上举行张家口赛区竞赛团队体育—气象会商，4 个场馆常务副主任、竞赛主任、场馆气象预报员参会，张家口赛区冬奥气象分中心负责人王宗敏进行简要汇报，佟立新部长、指挥部调度中心首席气象专家、调度中心前方工作组相关人员参加会议； 为场馆指挥室及铲冰除雪团队提供天气实况和预报材料
16:00—17:00	翻译场馆通报
17:00—18:00	发布场馆天气预报、场馆通报，发布方式：报竞赛办公室，在竞赛办公室、打蜡房、运动员休息区、雪联办公室等点位打印张贴，报送场馆主任、竞赛主任、山地运行团队
非定时工作	赛时发布出发前 2 小时、1 小时、30 分钟，出发时、出发后 30 分钟，出发后 1 小时雪温，发布方式：报竞赛办公室，在竞赛办公室、打蜡房、运动员休息区、雪联办公室等点位打印张贴； 比赛日赛前、赛时，每半小时测量雪温，发布方式：按要求上报技术—成绩领域； 比赛日根据竞赛组委会安排和要求参加领队会（18:30—19:30）； 赛时的工作时间，场馆预报员跟随竞赛日程和业务流程随时调整

（六）场馆内预报员备份机制

冬奥会和冬残奥会赛事举办面临疫情防控的巨大压力，场馆内预报员工作环境复杂，有较大的感染风险，根据疫情防控政策，一旦感染，预报员将被集中隔离管理，同时，预报员还面临其他因疾病、意外事故导致无法执行任务的风险。为做好上述风险应对工作，张家口赛区采取 WFC 与 WIC 预报员“人盯人”备份机制，确保情况发生后第一时间补充预报员入场，具体备份安排如下（表 5.15）。

表 5.15　场馆预报员备份方案

场馆	预报员	备份预报员
云顶滑雪公园（7 人）	李宗涛	杨　杰
	孔凡超	洪潇宇
	刘华悦	王　颖
	张晓瑞	隋沆锐
	钱倩霞	晋亮亮
	石文伯	唐　凯
	张曦丹	马洪波
国家跳台滑雪中心（4 人）	段宇辉	陈子健
	刘昊野	陈　雷
	杨　玥	李彤彤
	李嘉睿	马梁臣
国家冬季两项中心（2 人）	郭　宏	朱　刚
	付晓明	张　宇
国家越野滑雪中心（2 人）	徐　玥	李禧亮
	胡赛安	王永超

五、公共服务官方网站赛时服务团队

为做好北京 2022 年冬奥会和冬残奥会气象服务官方网站赛时保障工作，服务团队共投入 25 人，按照岗位分别安排，5 人负责官方网站综合协调工作的轮值，5 人负责网站安全保障工作的轮值，3 人负责网站数据产品保障工作的轮值，4 人负责网站前端保障工作的轮值，8 人负责人工监控工作的轮值（图 5.20）。

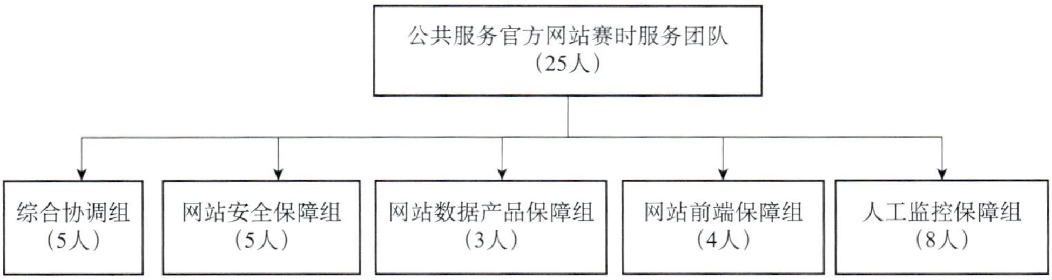

图 5.20　北京 2022 年冬奥会和冬残奥会气象服务官方网站赛时保障团队分工和人员安排

（一）综合协调组

综合协调组 5 人，包括郑巍、周希、张寅伟、王晓江、刘轻扬。负责组织实施官方网站应急规划、管理应急工作进度、处置协调官方网站应急问题，与冬奥综合协调办、北京服务团队、河北服务团队、国家气象中心、中国气象局气象探测中心、国家卫星气象中心跨部门沟通协调应急保障工作，确保官方网站展示内容的及时、准确。

自 2021 年 11 月 1 日网站正式面向国内外公众提供服务开始，连续无休工作 136 天。针对网站运行过程中发生的网络安全问题、数据产品更新问题，与相应团队进行沟通协调，快速解决问题。同时将上游因设备、天气等原因导致的网站展示层面的调整，快速转达至保障团队，第一时间完成调整工作。

（二）网站安全保障组

网站安全保障组共 5 人，包括赵晨楠、吴志华、凌柏、乔炳蔚、刘政华。在赛时期间，负责官方网站的安全维护，拦截渗透攻击，数据安全保障维护。负责监控官方网站服务器基础资源，存储的硬件状态。每日 1 人在岗，7×24 小时对网站安全情况进行巡查。考虑疫情可能造成的影响，3 人作为备岗，随时准备做好保障工作（表 5.16）。

表 5.16　网站安全保障组日常巡查内容

巡查时间	巡查内容
08:00、10:00、12:00、14:00、16:00、18:00、20:00、22:00、00:00、02:00、04:00、06:00	①天眼监测（有无）异常 ②云监控（有无）报警情况 ③服务器（有无）异常登陆 IP ④ zabbix 监控（有无）硬件报警

（三）网站数据产品保障组

网站数据产品保障组共 3 人，包括鲁礼文、鲁成、苏晓静。赛时期间，负责保障官方网站数据传输安全稳定，数据异常情况应对，数据接口的敏感信息防泄漏和为等保政策合规中的数据库安全要求提供技术支撑和保障。每日 1 人在岗，7×24 小时对网站数据情况进行巡查。考虑疫情可能造成的影响，3 人作为备岗，随时准备做好保障工作（表 5.17）。

表 5.17　网站数据产品保障组日常巡查内容

巡查时间	巡查内容
08:00、12:00、18:00 和不定时巡查	①网站首页、赛区场馆、比赛项目、雷达、卫星云图、天气分析图、周边天气、交通、科普共 9 个频道数据更新情况 ②日航接口可用情况 ③网站接口可用情况 ④监控平台运行情况

（四）网站前端保障组

网站前端保障组共 4 人，包括李强、张若愚、张明萌、张晓通。负责保障官方网站前端页面功能正常展示、视觉呈现和用户体验的友好，与后端服务器通信无延时，及时处理 html 页面问题（表 5.18）。

表 5.18　网站前端保障组日常巡查内容

巡查时间	巡查内容
08:00、12:00、18:00 和不定时巡查	①全站页面数据（有无）异常 ②页面模块（有无）错乱情况 ③页面脚本（有无）报警情况 ④页面要素（有无）正常加载

（五）人工监控保障组

人工监控保障组共 8 人，包括时耀、丁祎、栗艺予、赵倩、邵鹏、陈萌、覃鑫、檀梦。负责对官方网站页面进行人工监控，定时排查页面数据显示，及时上报，并结合系统监控，保障整站主要页面正常展示（表 5.19）。

人工监控保障组在赛事期间，每日轮值 2 人，分别按时间点对官方网站各版本进行巡查。

表 5.19　北京 2022 年冬奥会和冬残奥会气象服务官方网站日常人工监控内容（以中文版为例）

时次	终端	监控核心内容	要求
07:30—08:00 11:30—12:00 14:30—15:00 18:00—18:30	PC 端	冬奥气象服务网站首页	地理信息系统（Geographic Information System，GIS）三个赛区场馆及气象要素正常显示
			动画落地到场馆后，鼠标滚动缩小范围，可退回至赛区效果
			点击场馆可进入场馆天气详情页
			点击天气分析图、雷达图、卫星云图、周边天气、交通、科普可进入相应二级页面
			左下角三个赛区图标，点击可进入对应的赛区场馆
			右下角定位符点击复位，刷新符号点击可刷新页面
			中英文版自由切换
		场馆天气详情页	每天三个赛区内的场馆，随机抽几个场馆站点查看
			实况每天 07:30、11:30、14:30、18:30 查看是否正常更新
			实况数据 60 分钟、30 分钟、10 分钟、1 分钟可正常切换显示；每个时间维度下分段节点展示 24 个，各气象要素正常展示
			实况数据无大面积空缺
			预报数据在 11:30 和 17:30 前正常更新，无空缺

续表

时次	终端	监控核心内容	要求
07:30—08:00 11:30—12:00 14:30—15:00 18:00—18:30	PC 端	雷达图	页面正常打开，地点标签可切换，下方进度条正常播放，图片正常更新
		卫星云图	图片正常显示，各标签正常切换，下方进度条正常播放，图片正常更新
		天气分析图	各标签下的图片正常显示，无空白，下方进度条正常播放，图片正常更新
		周边天气	切换城市，下方切换到对应的天气预报，预报数据无空缺
		交通	GIS 正常拖动
			点击站点显示站点实况和预报
			实况为整点实况，更新是否正常
			预报数据无空缺，每天 08:00、20:00 更新
		科普	视频可跳转详情页，并正常播放
	移动版	冬奥气象服务网站移动端首页	首页及气象数据正常显示，各赛区可切换，各场馆可跳转至详情页
			右上角可进入导航页
			中英文版自由切换
		场馆天气详情页	每天三个赛区内的场馆，随机抽几个场馆站点查看
			实况每天 07:30、11:30、14:30、18:00 查看是否正常更新
			实况数据 60 分钟、30 分钟、10 分钟、1 分钟可正常切换显示；每个时间维度下分段节点展示 24 个，各气象要素正常展示
			实况数据无大面积空缺
			预报数据在 11:30 和 17:30 前正常更新，无空缺
		雷达图	页面正常打开，标签可切换，下方进度条正常播放，图片正常更新
		卫星云图	图片正常显示，各标签正常切换，下方进度条正常播放，图片正常更新
		天气分析图	各标签下的图片正常显示，无空白，下方进度条正常播放，图片正常更新
		周边天气	切换城市，下方切换到对应的天气预报，预报数据无空缺
		交通	GIS 正常拖动
			点击站点显示站点实况和预报
			实况为整点实况，更新是否正常
			预报数据无空缺，每天 08:00、20:00 更新
		科普	视频可跳转详情页，并正常播放

六、冬奥智慧气象 APP 服务团队

北京冬奥会智慧气象 APP（以下简称“冬奥智慧气象 APP”），是专门为国内外国际奥委会官员、冬奥会各管理部门官员、赛会的组织者与管理者、运动员与教练员及冬奥会和冬残奥会现场气象服务团队而开发的移动端专用气象双语 APP。2022 年 1 月 26 日正式上线，为授权安装用户提供冬奥赛场精细化气象信息服务。

（一）技术运维团队组建

冬奥智慧气象 APP 上线之后，立即进入重点保障期。以项目实施组为主，由北京市气象服务中心 4 名同志组成技术运维团队。技术负责人为穆启占，成员包括李乃杰、王凯、张梦。

按照《冬奥会智慧气象 APP 日常运维保障实施方案》具体要求，技术运维团队进入 24 小时的系统运行监控与技术保障工作状态，设置了冬奥智慧气象 APP 运行监控岗，4 人轮值，监控系统的运行状态、数据更新、安全防护以及报送《冬奥会智慧气象 APP 运行工作日报》与《冬奥会智慧气象 APP 统计数据分析日报》。

（二）运行监控工作流程

技术运维团队自 2022 年 1 月 26 日正式上线一直到 2022 年 3 月 13 日北京冬残奥会圆满闭幕期间，执行的是 24 小时轮流值班制度，北京市气象服务中心专门设置了 APP 系统运行监控岗，岗位职责就是保障冬奥智慧气象 APP 系统的安全、稳定运行。值班人员作为 APP 系统运行保障的第一责任人，负责监控系统运行状态，发现问题第一时间进行处理。例如数据问题联系数据支持部门，软件问题联系系统开发公司，安全问题联系安全防护支持部门等，并全程跟踪故障处置进度，要求在最短时间内将 APP 系统恢复正常。运行监控的具体工作流程如下：专项监控（不定时）服务器基础资源、APP 系统功能运行、APP 系统数据库运行，有报警或用户反馈时迅速联系系统管理员进行故障定位并排除；数据监控（不定时）数据到达时间、数据正确性校验、数据可用性判断、APP 运行数据统计等，发现问题迅速联系数据支持部门进行故障定位并排除；安全防护（不定时）网络状态巡检、数据接口巡检、APP 访问速度巡检、APP 页面有无异常信息等，发现问题迅速联系安全防护支持部门进行故障定位并排除；APP 运行日报报送，每天 15 时前，向冬奥业务系统管理部门报送前一天 16 时到当天 15 时 24 小时的 APP 运行统计数据。

（三）专用气象 APP 服务效果

冬奥智慧气象 APP 自从正式为用户提供气象服务以来，总下载量达 2770 次，总访问量约 3.5 万人次。在技术运维团队成员的共同努力下，运行稳定、安全可靠，得到用户的一致好评。特别是在 2022 年 2 月 13 日，北京出现冬奥会开赛以来第一次降雪天气，访问量激增，并且由于低温原因导致延庆赛区很多气象观测站传感器被冻住而无法传回准确数据，这对 APP 的服务来说面临极大的挑战，不能让用户看不到数据或者看到错误数据。当天 APP 运

行监控岗值班人员正好是技术运维团队的负责人，他凭借着丰富的开发经验和过硬的运维技术，连夜制订了监测站点的替代方案并联合软件开发公司进行系统的升级开发，让早晨上班的用户就看到正常的气象数据。这款移动端专用气象 APP 的开发和应用，填补了北京市气象局在手机 APP 服务形式上的空白，研发成果也可以继续应用到今后重大活动气象保障中。

七、气象探测运维团队

冬奥赛事举办期间，三个赛区气象部门面对数量大、类型多、布局复杂的综合气象探测站网，必须建立技术硬、能力全的保障团队，在考虑全面、分工细致、责任明确、切实可行的保障方案的指导下，做到探测、信息、应用联动，无缝隙开展冬奥气象探测保障工作。

（一）北京赛区运维团队

北京 2022 年冬奥会和冬残奥会北京赛区主要包括石景山单板跳台滑雪赛场、鸟巢开（闭）幕式场馆和国家游泳中心、国家体育馆、五棵松体育中心、首都体育馆、国家速滑馆室内场馆等关键区位。在上述关键位置及周边原有气象观测系统基础上，对关键点位气象观测站进行增建（新建 10 个）和观测性能提升的多要素升级改造（改造 4 个）。其中，石景山单板跳台滑雪赛场建设一个七要素地面气象站和两个铁塔测风站（海拔高度分别为 48 米、25 米）；鸟巢场馆构建“4+4+1”多维观测布局，冠顶东、西、南、北四个方向建设的 4 套气象站用于冠顶风向、风力以及气温变化的监测，在专项保障部门指定区域架设 4 套气象站开展风向、风力以及气温等要素观测，场内 0 层地面舞台架设的便携式自动气象站观测场馆内部风向、风力以及气温变化情况；对北京赛区其他场馆群原有地面气象站中的 4 个进行升级改造，新增雪温、雪深、能见度、降水现象观测要素。

1. 团队组成

北京市气象局按照《2020—2021 年度“相约北京”系列冬季体育赛事气象服务保障方案》相关工作要求，制订了 2021 年“相约北京”北京冬奥系列测试赛北京赛区气象探测保障应急方案，并组建气象探测保障团队，同时承担赛事保障任务。团队成员如下。

团队负责人：

刘旭林（组长）：北京市气象探测中心主任，正研级高级工程师

杨立民（副组长）：北京市气象探测中心副主任

成员单位及人员：

北京市气象探测中心：

高级工程师：张治国、常晨、孟庆春、聂凯、王辉、李德平、范雪波、许磊

工程师：崔炜、尹佳莉、姜涛、张龙斌、张天明、洪林峰、赵森、张鹏、石耀辉

北京城市气象研究院：

工程师：程志刚、王倩倩

北京万云易博达科技有限公司：

工程师：门德远、陈江声、侯鹏

北京敏视达雷达有限公司：

工程师：刘杨、洪佳棋、赵治卫

华云升达（北京）气象科技有限责任公司：

工程师：高宇航、陈宇前、陈飞虎、李海亮、李大伟、徐兴坤

航天新气象科技有限公司：

工程师：刘凯晖、魏硕

北京华创维想科技开发有限责任公司：

工程师：邬少文、武铁飞、李志杰、殷雪涛

2. 团队主要任务

保障团队按照运行监控、技术支持和现场保障进行细化分工，全面负责冬奥会测试活动期间北京赛区及周边气象探测系统传感器性能检定、运行状态监控、设备维护维修、突发故障应急处置和现场保障等活动，确保赛事期间，北京赛区各个为冬奥会服务的国家级和区域级自动气象站、天气雷达、风廓线雷达、微波辐射计等设备稳定运行、数据准确可靠、资料传输及时（图 5.21）。

图 5.21　2022 年 1—3 月，北京赛区气象探测运维保障人员在场馆开展建设、维护工作（左上：1 月维护冬奥会开（闭）幕式国家体育场气象站；左下、右上：2 月维护单板大跳台赛场气象站、奥林匹克公园气象站；右下：3 月建设冬残奥会开（闭）幕式国家体育场气象站）

（二）延庆赛区运维团队

延庆赛区共建设 1 部天气雷达、1 部 X 波段天气雷达、6 部激光测风雷达、22 套竞赛场馆自动气象站（其中 17 套赛道自动气象站）、4 套非竞赛场馆自动气象站以及升级改造 38 套自动气象站，为赛事运行与赛事服务提供赛场赛道点位高质量的气象实况数据。

1. 团队组成

北京市气象局按照《2020—2021 年度“相约北京”系列冬季体育赛事气象服务保障方案》相关工作要求，制订了 2021 年“相约北京”北京冬奥系列测试赛延庆赛区气象探测保障应急方案，并组建气象探测保障团队，同时承担赛事保障任务。延庆赛区装备保障团队有团队负责人 1 名，团队成员按照“3+7”的工作模式和分级保障工作原则分 3 组，共 10 人，分别部署在延庆气象服务分中心（北京市延庆区气象局）和国家高山滑雪中心（图 5.22）。

图 5.22　2022 年 1 月 22 日，延庆赛区探测运维保障团队进入闭环服务前合影

团队负责人：
闫　巍　北京市延庆区气象局局长
延庆气象服务中心组：
张　曼　组长，北京市延庆区气象局副局长、高级工程师
伏　鹏　北京万云易博达信息技术有限公司系统集成部门副经理
赵　军　华云升达（北京）气象科技有限责任公司初级技术服务工程师
国家高山滑雪中心 1 组：
高　猛　组长，北京市延庆区气象局业务管理科科长、工程师
宋　楠　北京市延庆区气象局气象服务中心副科长、工程师

陈 泽 华云升达（北京）气象科技有限责任公司初级技术服务助理工程师
王 栋 北京敏视达雷达技术有限公司工程师
国家高山滑雪中心 2 组：
常 晨 组长，北京市气象探测中心综合保障科科长、高级工程师
张治国 北京市气象探测中心综合保障科高级工程师
张冠鹤 北京万云易博达信息技术有限公司系统集成部门项目副经理

2. 团队主要任务

团队负责编制赛区冬奥综合监测系统保障方案和抢修维护作战图，负责入场机制、雪面操作许可协调沟通，负责非赛时赛区 23 个自动气象站、1 部天气雷达和 6 部激光测风雷达的升级改造、维护维修、应急抢修、备件配置需求、维修技能储备等准备工作；负责赛时赛区 23 个自动气象站、1 部天气雷达和 6 部激光测风雷达的运行监控、技术会商、维修指挥、巡检维护、应急抢修、应急观测、备件管理、维修记录、信息报送、雪面操作许可协调以及突发观测事件协调等探测系统综合运维保障工作。

（三）张家口赛区团队

张家口赛区场馆核心区共建有 44 套赛道自动气象站、2 套冬奥航空气象站、太子城冬奥村和颁奖广场自动气象站以及 4 部场馆激光测风雷达，赛时负责为赛事运行与赛事服务提供赛场赛道点位实况数据。

1. 团队组成

张家口赛区装备保障团队由团队负责人 1 名和两组 16 名装备保障队员，共 17 人组成，分别部署在张家口赛区气象中心（崇礼区气象局）和云顶、古杨树场馆群，具体负责各场馆赛道气象站装备保障巡检与维护工作（图 5.23 和图 5.24）：
团队负责人：
幺伦韬 河北省气象技术装备中心副主任、高级工程师
云顶场馆群：
金 龙 组长，河北省气象技术装备中心工程师
郭金河 河北省张家口市气象探测中心工程师
白 万 河北省张家口市气象局业务科技科四级主任科员
彭德利 河北省张家口市气象局气象事务中心工程师
何 涛 河北省承德市气象局气象探测中心工程师
张可嘉 河北省邢台市气象局气象事务中心副主任、工程师
郗云翔 航天新气象科技有限公司工程师
殷学舟 中环天仪气象仪器有限公司工程师
古杨树场馆群：
蒋 涛 组长，河北省气象技术装备中心计量站副站长、高级工程师

国家跳台滑雪中心：
王彦朝　河北省沧州市气象探测中心助理工程师
范文波　河北省张家口市气象局气象事务中心工程师
李　哲　中环天仪气象仪器有限公司工程师
国家冬季两项滑雪中心：
孙云锁　河北省唐山市气象探测中心工程师
杨　津　航天新气象科技有限公司工程师
国家越野滑雪中心：
杨　斌　河北省张家口市气象局气象探测中心副主任、工程师
王旭海　河北省崇礼区气象局副局长、工程师

图 5.23　张家口赛区装备保障团队云顶场馆组队员合影

图 5.24　张家口赛区装备保障团队古杨树场馆组队员合影

2. 团队主要任务

团队负责制订赛时核心区观测设备“一站一策”保障规范，负责非赛时核心区 44 套气象观测站设备型号要素核查、维修路线规划、备件配置需求、维修技能储备等赛前各项准备工作；赛前做好 44 套气象观测站、航空气象观测站巡查工作；赛时按照设备分级保障要求，负责对核心区 44 套气象观测站开展设备巡查维护、故障维修、应急抢修、突发观测事件协调、备件供应、维修单据的填报和工作情况上报等综合运维观测保障工作（图 5.25）。

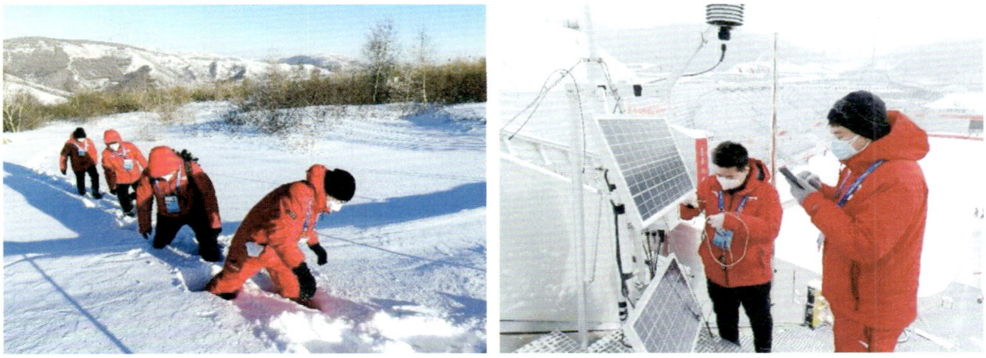

图 5.25　张家口赛区装备保障团队队员开展赛道站点巡检维护工作
（左图为云顶场馆组徒步涉雪赶往工作点位，右图为古杨树场馆组巡检维护“雪如意”高台气象站）

第六章　举办期保赛气象保障服务团队

保障赛事的安全进行，主办城市的安全运行是必不可少的条件，气象保障是重要环节。结合北京市和河北省政府相关决策部门、北京冬奥会和冬残奥会城市运行保障各工作机构的服务任务，从冬奥火炬接力、开（闭）幕式、赛事外围保障三个方面，全面梳理气象服务需求，组建服务专班团队，研发专项服务产品，实现了“一户一档一策”的保障机制，确保赛事高效有序举行（图 6.1）。

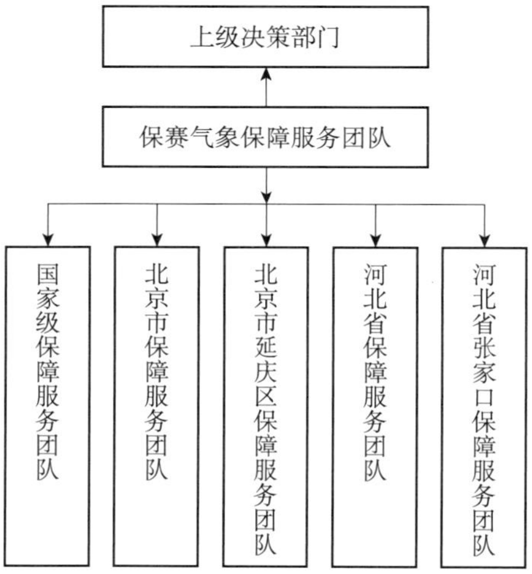

图 6.1　北京 2022 年冬奥会和冬残奥会保赛气象保障服务团队架构

一、国家级气象保障服务团队

针对冬奥会和冬残奥会气象保障服务，国家气象中心印发《国家气象中心北京 2022 年冬奥会和冬残奥会赛时气象保障服务工作方案（2021—2022 年）》，组建专家团队，形成一支以现场预报服务为前锋、中央气象台会商支持和决策服务为后卫的高效协作保障团队（图 6.2）。团队由张芳华担任组长，孙军、陈涛、周宁芳担任副组长，其他成员包括于超、符娇兰、董全、陶亦为、李嘉睿、杨舒楠、孔期、陈博宇、张博、蔡芗宁、马杰、黄威、孟庆涛、张峰、张芳、桂海林、花丛、刘超、王继康、江琪、王维国、李佳英、刘扬、蓝渝、盛杰、代刊、薛峰、宫宇、唐健、刘凑华、朱文剑、曹勇、谢超、胡争光、李伟、郑卫江、熊敏诠、赵声蓉、曾晓青、郭云谦、赵瑞霞、韦青、张碧辉、张夕迪、徐成鹏、赵晓琳、孙靖、高博晗，共 52 人。

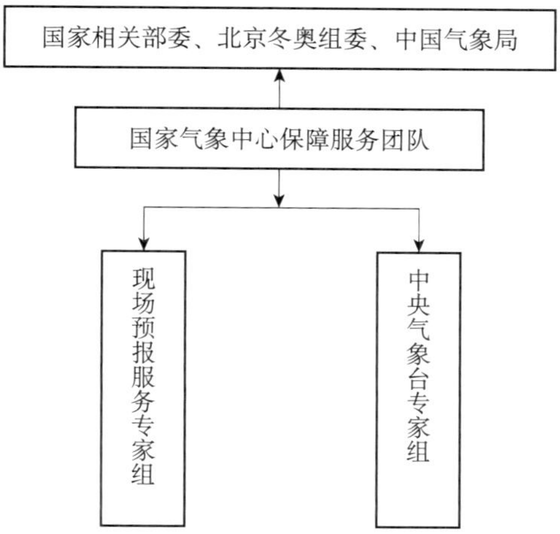

图 6.2　国家气象中心保障服务团队

（一）现场预报服务专家组

1. 团队组成

国家气象中心派出于超、陈涛、符娇兰、董全、陶亦为、李嘉睿 6 位专家分赴中国体育代表团、MOC/MCC、北京赛区、延庆赛区、张家口赛区，提供现场贴身预报服务。

2. 具体分工

2022 年 1 月 29 日，于超首席入驻中国体育代表团张家口崇礼保障营，作为中国气象局唯一专家为代表团提供贴身气象服务，通过加强实地勘察和精细化预报产品检验，不断滚动订正优化预报结果，以实际行动彰显中央气象台“召之即来、来之能战、战之必胜”的“铁军”精神。赛后满意度调查结果显示，代表团全部 12 位总领队和 6 位教练对此次气象保障服务工作非常满意，9 人留言希望继续开展体育赛事保障合作。驻 MOC/MCC 现场首席预报员陈涛，每日参加各个赛区天气会商，提前并滚动更新大风、降温和降雪等高影响天气预报，整理并形成涵盖三个赛区天气信息的气象专报，为运行指挥部调度中心领导和单位提供最新天气信息。驻北京赛区首钢滑雪大跳台首席预报员符娇兰，每日参与现场服务、造雪保障值班，为赛事顺利开展提供有力的决策基础。驻延庆赛区国家雪车雪橇中心首席预报员陶亦为，密切监视天气，滚动跟进车橇赛事高影响天气，为场馆运行和赛事运行提供及时、准确的气象信息。驻张家口赛区首席预报员董全主持天气会商，把关天气预报产品。驻张家口赛区跳台滑雪中心预报员李嘉睿，承担首席把关工作，密切监视天气，滚动跟进跳台滑雪赛事高影响天气，为竞赛、交通、清废等领域跟进提供大风、降雪、低温等高影响天气提示信息。

（二）中央气象台专家组

针对冬奥会和冬残奥会气象保障服务，国家气象中心（中央气象台）组建了以党员为主的后方 46 人专家组（图 6.3 和图 6.4），并由 10 名首席专家分别牵头负责中期、短期、短临预报、环境气象预报和决策服务，以及北京市气象局、河北省气象局、应急管理部和生态环境部等的会商研判。

图 6.3　2022 年 1 月 27 日，国家气象中心专家团队参加冬奥决战特别工作状态誓师大会合影

图 6.4　2022 年 3 月 15 日，国家气象中心召开北京 2022 年冬奥会和冬残奥会气象服务保障人员座谈会合影

1. 主要职责

组织或参与重点时段天气会商；提供预报服务支持；针对场馆和重要气象保障地，提供客观定量指导产品；负责将北京 2022 年冬奥会天气预报示范项目选定产品推送至国家气象信息中心；负责国家级决策气象服务。

2. 岗位分工

中央气象台预报服务专家组设置首席岗、副首席岗、环境气象岗、强天气预报岗、决策首席岗、决策副首席岗、技术支持岗、平台保障岗及发言岗，最多时由 13 人同时值班，滚动研判各类天气变化（图 6.5）。预报服务专家组组长全面负责中央气象台中短期预报结论及对外会商联系，负责组织完成预报技术复盘总结（表 6.1）。

图 6.5　国家气象中心首席岗、副首席岗、技术支持岗、决策首席岗等各岗位在工作中

首席岗、副首席岗、环境气象岗、强天气预报岗负责组织或参加专题会商，针对冬奥会及冬残奥会开（闭）幕式及赛事期间提供气象服务保障现场、远程技术指导；负责把关服务期间相关的天气、环境气象预报结论，确保预报服务口径与冬奥气象中心及其他活动举办地气象局的一致性；参加冬奥气象综合指挥平台现场调度保障；适时开展冬奥气象保障预报服务技术培训；气象保障服务结束后进行总结，对所用技术方法进行综合评估，并对预报服务产品和流程存在的问题进行分析、提出改进建议。

决策首席岗、决策副首席岗负责及时了解服务需求，准确把握服务重点；负责把关服务期间相关的天气、环境气象预报结论，确保预报服务口径与冬奥气象中心及其他活动举办地气象局的一致性，视情况按要求开展冬奥相关活动决策气象服务。

技术支持岗负责参加专题会商，提供冬奥会及冬残奥会赛事期间数值模式和主客观预报产品对冬奥赛区的预报检验产品，检验、评估模式性能，研发、改进指导产品；支撑冬奥赛区精细化气象要素预报、天气诊断分析和产品检验评估等技术需求，针对复杂地形赛区提供定制化客观预报产品和技术；将北京 2022 年冬奥会天气预报示范项目选定产品推送至国家气象信息中心；产品收集、产品展示规则设计和网页共享栏目功能开发；负责信息网络、网站安全工作；统筹做好业务系统和数据应急备份；适时开展相关技术、产品等培训。

平台保障岗负责参与冬奥气象综合指挥平台的技术研发，负责冬奥气象综合指挥平台国家气象中心部分的运维保障，参加冬奥气象综合指挥平台现场指挥调度及气象保障服务。

表 6.1 中央气象台预报服务专家组每日会商 / 汇报安排（以 2022 年 2 月 4 日为例）

时间	会商 / 汇报内容
08:00	与北京市气象局、河北省气象局、公共气象服务中心商定每日决策服务任务，在国家级冬奥决策材料沟通微信群中发布每日决策材料提醒，包括时间、内容等
08:30	与北京市气象台、河北省气象台会商 2 月 4 日冬奥会开幕式鸟巢及周边地区天气和 4 日火炬传递专项活动地区（海淀、朝阳、通州）逐 3 小时天气
09:00	参加冬奥会开幕式中国气象局第四次工作调度会
09:30	参加国家气象中心第九次专班调度会
10:00	与河北省气象台、张家口市气象台会商张家口赛区未来 10 天天气
10:00	与生态环境部会商京津冀及周边地区未来 10 天大气污染扩散条件
12:00	针对冬奥会开幕式天气及影响，制作完成《北京冬奥会气象服务专报》
14:00	与北京市气象台、河北省气象台、国家气候中心等会商各赛区不同预报时效天气展望（侧重中期、延伸期）
15:00	内部会商 2 月 4 日晚间专项活动地区天气情况
15:00	与生态环境部电话会商当晚焰火燃放后京津冀及周边地区大气污染扩散条件
16:00	参加冬奥会开幕式中国气象局第五次工作调度会
17:00	针对冬奥会开幕式天气及影响，滚动发布《北京冬奥会气象服务专报》
17:00	针对当前至 2 月 7 日北京地区天气，制作专项服务材料，报送外交部
18:00	针对火炬传递天气及可能影响，制作发布《火炬接力气象服务专报》
不定时电话会商	与北京市气象台、河北省气象台会商火炬传递及开幕式鸟巢地区逐小时天气
18:00—22:00	专家组组长参加冬奥会开幕式现场调度会议，及时向中国气象局领导汇报天气情况

3. 团队作用

一是强强联手为全部重大过程提供会商指导。冬奥会和冬残奥会举行期间，正值冬春季节转换，天气复杂多变，先后经历 9 次重大天气过程，大风降温、降雪、沙尘、异常升温等高影响灾害性天气轮番登场，国家气象中心保障服务团队联合数值预报中心、国家卫星气象中心、公共气象服务中心、中国气象局气象探测中心等多个国家级业务单位的专家开展会商研判，准确预判每一次重大天气过程。

二是发挥中期预报优势，延长服务有效时效。围绕火炬接力、冬奥及冬残奥开（闭）幕式及赛时阶段可能出现的大风、降雪、低温、沙尘以及异常升温等高影响天气，发挥国家级业务单位在中期时段预报优势，提前 15 天展开分析研判和预报服务。如 2 月 12—14 日强降雪强降温、3 月 3—5 日大风沙尘以及 3 月 7—10 日异常升温、3 月 12 日雨雪天气等，均提前 10 天以上给出准确的过程预报，并进行高频次滚动更新订正，为赛事组织安排留出宝贵时间。

三是发扬“铁军”精神，多线程提供科学决策服务。瞄准三大赛区、MOC/MCC、中国体育代表团、生态环境部、应急管理部、公安部等不同部门不同需求，国家气象中心保障服务团队充分发扬中央气象台“铁军”精神，多线作战，提供全赛程会商指导和决策服务。针对不同赛区、不同关注重点，专家组每天平均主持或参加 10 个左右会商，甚至同时有 2～3 个会商，且全过程无缝隙滚动更新预报结论，充分发挥国家级预报技术指导作用。

四是发挥首席专家优势，提供科学决策服务。团队专家结合不同赛区的不同关注重点，做到“一场一策，一项一策”，积极做好高影响天气预报服务保障，确保气象信息能够准确、及时到达一线决策者手中。为两个奥运会提供了同样精彩的气象服务，共制作决策服务材料 160 余份。同时，在关键时段、重要环节，张芳华、桂海林等首席专家分别直接面向北京市委市政府、北京冬奥组委、生态环境部等领导汇报天气。张芳华作为北京冬奥会安保总指挥部社会面治安管控工作组焰火燃放安全监督工作专班专家组成员，完成开（闭）幕式焰火燃放方案审议报告，上呈国务院及北京冬奥组委；孟庆涛配合公安部专家组完成多次特效焰火白天及夜间、雨天点火试验和多倍火药破坏性试验。

五是集智聚力打磨预报利器，保障中国代表团预报需求。为保障好中国代表团驻场首席于超的服务需求，与数值预报中心、北京市气象局和国家气象信息中心等单位合作，引入 CMA-MESO-1 千米和 RMAPS-RISE-100 米模式，研发分钟级精细化客观预报技术，实时推送逐 10 分钟滚动更新的 34 个赛场未来 2 小时逐 10 分钟客观指导产品。同时，针对张家口赛区、开（闭）幕式焰火燃放、火炬接力等临时需求，基于全流程检验工具包 MetEva 开展实时预报效果检验，为预报员提供个性化的检验评估产品，提升了冬奥预报产品制作、预报会商以及服务的效果。

二、北京市气象保障服务团队

围绕北京赛区的赛事运行，为了做好保赛服务，冬奥北京气象中心根据服务需求，成立了开（闭）幕式预报服务团队、城市运行保障服务团队、环境气象保障服务团队和反恐维稳保障服务团队等，全方位提供气象保障（图 6.6）。

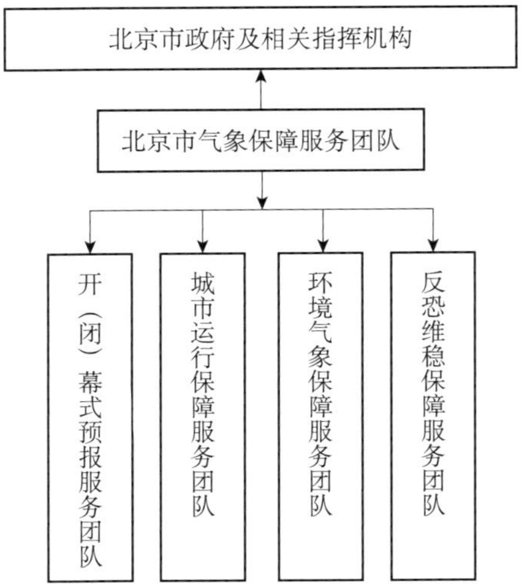

图 6.6　北京 2022 年冬奥会和冬残奥会北京市气象保障服务团队架构

（一）开（闭）幕式预报服务团队

圆满精彩的开（闭）幕式是冬奥会和冬残奥会是否成功的重要标志，也是北京 2022 年冬奥会和冬残奥会的重要一环。为成功保障开（闭）幕式活动的顺利进行，北京市成立了开（闭）幕式预报服务团队，该团队在开（闭）幕式预报服务保障中发挥了关键作用。

1. 团队组成

开（闭）幕式预报服务团队，队长为季崇萍，副队长为郭锐，成员由预报服务团队和决策服务、探测保障、气候及焰火服务保障人员组成。预报服务团队队员包括北京市气象台翟亮、秦庆昌、刘卓、周璇、戴翼、邢楠和京津冀环境气象中心邱雨露；决策服务由北京市气象台决策服务科承担；探测保障人员为聂凯，气候及焰火服务保障人员为施洪波。同时，朝阳区气象台负责属地气象自动气象站的巡检保障和开（闭）幕式外围属地服务，房山区气象台负责焰火存放仓库的气象服务工作。

2. 团队主要任务

（1）开（闭）幕式预报专职首席

翟亮，北京市气象台首席预报员，冬奥会和冬残奥会北京赛区场馆天气预报制定专职把关首席，火炬传递气象保障首席，冬奥会和冬残奥会开（闭）幕式气象科研工作团队队长（图 6.7）。

负责开（闭）幕式预报技术科研团队的科研任务，并负责《北京 2022 年冬奥会和冬残奥会开（闭）幕式气象服务预报技术手册》的组织和撰写工作。负责开（闭）幕式全部演练、彩排以及正式活动期间的天气预报工作，确保重大活动时间节点的天气预报结论具有稳定性、一致性、准确性，协调北京日常短期预报、中期预报环境预报等预报结论的协调一致。负责 2022 年 1 月开始至 3 月，开（闭）幕式、彩排演练等累计 36 次专项天气会商，以及根据实际天气情况和任务变化带来的临时加密的视频、电话、微信会商。完成专项会商的组织协调和预报结论。负责把关审定开（闭）幕式相关的气象服务专报、鸟巢区域天气预报专报等各类相关预报服务产品。负责北京城区场馆预报把关工作，协调国家体育场与其他场馆的预报一致。此外，承担新闻媒体采访工作。开（闭）幕式相关预报团队的工作，获得了来自中央气象台、河北省气象台、中国气象科学研究院、在京部队等众多首席和专家的帮助和支持。

图 6.7　2022 年 2 月 4 日，北京市气象台首席预报员翟亮（前排左一）主持冬奥会开幕式天气会商

（2）国家体育场驻守保障

张子曰，朝阳区气象局副局长，常驻国家体育场的开（闭）幕式气象服务保障一线联络人员（图 6.8）。

图 6.8　2022 年 3 月 4 日，张子曰（中）在北京冬残奥会开幕式现场服务

现场工作职责体现在四个方面，一是对接服务保障指挥部焰火组气象服务工作，为其提供近十年国家体育场周边开（闭）幕式 4 个时间点气候背景分析。从 12 月初开始，北京市气象台冬奥服务岗、房山区气象台分别为焰火组提供现场气象服务和焰火存放仓库周边气象服务。二是为现场安保科学研判水面冻结时间，有效避开极端降温造成水面冻结无法安检的风险，安检工作比预计后推延了 2 周时间，节约了安保人力。三是为舞台装置承办单位中国航天集团，共同开展五环、国旗杆专项监测工作，为承办单位排除故障提供有效的气象科学依据。四是为国家相关单位提供主席台区域的气象数据，为相关座位安排做好气象保障。冬奥会和冬残奥会开（闭）幕式国家体育场服务工作流程见表 6.2。

表 6.2　国家体育场服务工作流程

时间	工作内容
06:00—23:00	逐小时制作国家体育场周边以及冠顶实况，以及至当天 24 时逐小时天气预报产品，发送到国家体育场气象服务相关微信群； 服务主要用于涉及 09—12 时演员入场天气和焰火安装天气，14—19 时观众、运动员、奥林匹克大家庭等各类群体入场天气，20—22 时仪式期间的天气，22—24 时各类群体离场天气； 房山区气象台制作焰火存放仓库的实况以及逐小时天气预报产品，发布到相关微信群
06:50—07:20	乘坐大巴车从酒店到国家体育场
07:00	房山区气象台制作烟火存放仓库气象预报产品
08:00—08:40	参加北京市气象台、延庆赛区、MCC、赛事现场保障人员的早会商，汇报当天安排和关注点
09:00—12:00	根据实况关注国家体育场冠顶风向风速，通过微信群为焰火车辆装卸及安装做好服务；为演出仪式业务领域做好演员入场提供气象服务
10:00—11:00	巡查舞台区域自动气象站运行情况，检查开（闭）幕式工作部现场指挥平台气象系统平台信息是否显示正常
11:00	参加北京市气象台会商，将开（闭）幕式气象服务专报，发送到国家体育场气象服务相关微信群，通过安全邮箱发送给开（闭）幕式工作部和服务保障指挥部
12:00—19:00	通过场馆通信手台，逐小时汇报天气情况
14:00—19:00	为舞台装置、演出仪式、礼宾、清废、设施等领域提供天气情况； 为设施、清废、舞台装置等归口下各领域提供天气情况，做好各实施装置的调试和准备
15:00—15:30	参加北京市气象台、延庆赛区、MCC、赛事现场保障人员的下午会商，汇报当天安排和关注点，研判活动时段天气情况
15:00—22:00	气象台首席预报员到达服务保障指挥部，为服务保障指挥部开展气象服务

续表

时间	工作内容
17:00—18:00	参加北京市气象局每日调度例会，汇报现场天气情况和当天准备情况
19:00—22:00	每 30 分钟通过国家体育场气象服务相关微信群报告场内、冠顶以及场外实况，预报未来天气情况； 每 15 分钟通过焰火燃放相关微信群报告冠顶和场外实况风向风力情况，以及预报未来天气情况
22:00—24:00	做好各类群体离场天气服务
24:00—01:00	乘坐大巴车返回酒店

（3）国家体育场现场保障首席

赵玮，北京市气象台首席预报员，冬奥会和冬残奥会开（闭）幕式气象科研工作团队副队长，冬奥会和冬残奥会开（闭）幕式演练及正式演出现场保障首席（图 6.9）。

主要负责开（闭）幕式预报技术科研团队的科研任务，并负责《北京 2022 年冬奥会和冬残奥会开（闭）幕式气象服务预报技术手册》的撰写和组织工作。冬奥会和冬残奥会开（闭）幕式演练及正式演出期间赴国家体育场完成气象服务保障任务。负责实时向冬奥会和冬残奥会服务保障现场指挥部提供气象信息、天气咨询、灾害天气研判等服务；就现场情况及时与会商室保持密切沟通，视天气情况进行电话会商。根据现场指挥部要求在现场进行办公。

图 6.9　2022 年 2 月 20 日，赵玮在北京冬奥会闭幕式现场服务

（4）决策服务专项保障

决策服务专项保障由北京市气象台决策服务科全体人员负责，与冬奥预报服务团队一起，完成预报服务产品的制作发布任务（图 6.10）。

图 6.10　2022 年 2 月 4 日 08 时，北京市气象台决策服务人员在撰写重要天气报告材料

针对开（闭）幕式气象服务保障工作，制作发布三大服务产品。一是鸟巢未来 3 天预报，1 月 24 日—3 月 13 日，在活动日期前 10 天开始提供，每日 11 时、17 时按需两次提供该产品；二是北京冬奥会和冬残奥会开（闭）幕式天气预报，12 月 23 日起每日 09 时、17 时向开（闭）幕式指挥部提供 2 次鸟巢未来 3 天预报，2 月 20 日 6 时起逐小时向开（闭）幕式指挥部提供鸟巢闭幕式期间逐小时天气；三是鸟巢未来 3 天预报，1 月 7 日—3 月 13 日，每日 11 时按需向开（闭）幕式指挥部提供鸟巢未来 10 天预报。另外，针对来自指挥部、鸟巢现场、北京市政府决策者等临时增加的气象预报服务需求，制作文字或图片等形式的服务产品。产品发布服务的渠道主要是网站、微信群、OA 邮件、安邮、FTP 等。

（二）城市运行保障服务团队

城市运行保障服务团队承担了北京赛区交通运行、扫雪铲冰和直升机救援等方面的气象服务工作。

1. 团队组成

城市运行保障服务人员为北京市气象服务中心 12 名成员，包括行政带班岗（3 人）：郭文利（组长），闵晶晶（副组长），叶彩华（副组长）；服务专班岗（5 人）：金晨曦、董颜、王春玲、潘昕浓、齐晨；服务首席岗（4 人）：王华、尤焕苓、赵娜、吴方。三个岗位均是 24 小时轮值，负责完成冬奥会和冬残奥会期间北京地区赛区外围交通、能源、扫雪铲冰、直升机紧急救援等城市运行保障。办公场所在北京市气象局西区业务楼。

行政带班岗主要负责参加北京市运行保障指挥部城市运行及环境保障组每日 16 时调度会及加密调度会，重点汇报北京赛区和延庆赛区的天气情况及对城市运行的影响提示；负责部署相关决策部门和运行指挥机构新增的服务需求。

2. 团队主要任务及岗位分工

服务专班岗负责每日 3 次（07 时、11 时、17 时）制作直升机紧急救援主要作业点位（延庆保温机库、国家高山滑雪中心停机坪、延庆区医院）预报产品；每日 2 次（10 时、17 时）制作冬奥主要路线（京礼、京藏、京新、京开、首都机场等高速）及环线的气象风险预报及落区图，遇高影响天气时，加密制作发布；每日 09 时制作中心城区、海淀、朝阳、石景山、顺义、延庆未来 24 小时和未来 10 天的常规气象要素、辐射、体感温度等预报产品；负责冬奥会和冬残奥会火炬传递北京地区途经关键点位交通服务产品；遇高影响天气时，负责微信群开展针对直升机救援、交通、能源、城市运行等保障的加密滚动跟踪服务；根据北京市城市运行及环境保障组服务需求，随时提供驻场服务（表 6.3）。

服务首席岗负责把关冬奥直升机救援、交通、能源、城市运行等预报产品和服务专报；遇强降温、雨雪天气等高影响天气时，负责制作发布供暖气象服务专报、扫雪铲冰气象服务专报；负责撰写赛事期间东城区、西城区自然灾害形势分析报告。

表 6.3　城市运行保障服务团队工作流程（以 2022 年 2 月 12 日为例）

时间	工作内容
06:00	检验前一日晚间冬奥直升机救援专报预报效果，关注延庆保温机库、国家高山滑雪中心停机坪、延庆区医院风速变化，关注冬奥气象服务网站延庆赛区逐小时实况与预报
07:00	制作早晨冬奥直升机救援专报，概述未来 6 小时滑速起降点、山顶气温和最大阵风的预报信息，制作延庆保温机库、国家高山滑雪中心停机坪、延庆区医院 08—13 时逐小时预报； 专班首席把关专报内容，并通过微信群通报
08:00	参加早会商，关注 2 月 12—14 日期间强降雪降温天气，重点关注降雪起止和持续时间、降雪趋势、降温幅度等预报及对冬奥城市运行相关部门的影响
09:00	制作冬奥城市运行气象服务专报，概述未来 3 天天气情况，制作中心城区、海淀、朝阳、石景山、顺义、延庆等区域的常规气象要素、体感温度和辐射的未来 24 小时预报； 专班首席把关专报内容，并通过微信群通报； 电话提醒城市运行保障部加强决策部署
09:30	参加城市安全运行专班会商，重点关注影响高速公路及环路、直升机、城市运行天气
10:00	制作并发布北京定点未来 10 天天气预报
10:20	制作扫雪铲冰气象服务专报，重点阐述 12—14 日降雪过程的起止时间、影响范围、积雪深度、道路结冰等预报情况，提示对交通路段和扫雪铲冰作业的影响
10:50	制作供暖气象服务专报，重点阐述 12—14 日降雪过程的影响时间、量级、区域、降温幅度等信息，制作曹妃甸及沿海地区大雾、海冰的预报
11:20	制作午间冬奥直升机救援专报，概述未来 6 小时滑速起降点、山顶气温和最大阵风的预报信息，制作延庆保温机库、国家高山滑雪中心停机坪、延庆区医院 12—17 时逐小时预报； 专班首席把关专报内容，并通过微信群通报

续表

时间	工作内容
11:45	针对专项活动需求，制作延庆赛区核心区、京礼高速北京路段的 13 日 06—12 时交通气象逐小时天气预报和道面结冰风险等级预报
12:00	代表气象服务保障部汇总每日情况并通过邮件提交到冬奥城市运行及环境保障组
13:00	检验早间冬奥直升机救援专报预报效果，评估气温、风速预报与实况偏差，关注延庆保温机库、国家高山滑雪中心停机坪、延庆区医院风速变化
15:00	响应冬奥城市运行及环境保障组 800M 手台连线，提醒城市运行相关部门关注 12—14 日降雪过程，提前做好部署
15:15	参加下午天气会商
15:45	汇总并撰写当日北京及延庆区天气实况、预报及服务情况，撰写北京赛区、延庆赛区 36 小时天气预报，为冬奥城市运行及环境保障组连线做好准备
16:00	参加冬奥城市运行及环境保障组视频调度连线，行政带班岗代表气象服务保障部汇报当日北京赛区和延庆赛区的天气实况及未来 36 小时天气预报情况，提前提示 12—14 日降雪过程的预报趋势及影响
16:30	制作高影响天气冬奥交通专报和京津冀交通气象服务专报，重点概述降雪起止和持续时间、发展趋势等气象信息及对交通的影响提示。制作中心城区、朝阳、海淀、石景山、顺义、延庆五大区域降雪时间、降雪量、积雪深度等预报，以及主要冬奥专线及环线的交通气象风险预报和落区图； 专班首席把关专报内容，并通过微信群通报
17:00	制作晚间冬奥直升机救援专报，概述未来 6 小时滑速起降点、山顶气温和最大阵风的预报信息，制作延庆保温机库、国家高山滑雪中心停机坪、延庆区医院 18—23 时逐小时预报； 专班首席把关专报内容，并通过微信群通报
17:30	针对专项活动需求，查看最新资料和预报意见，更新制作延庆赛区核心区、京礼高速北京路段的 13 日 06—12 时交通气象逐小时天气预报和道面结冰风险等级预报
18:00	制作第二天北京、延庆、张家口三个赛区气象预报； 专班首席把关预报内容，并通过邮件发送给城市运行与设施保障组办公室
19:00	检验午间冬奥直升机救援专报预报效果，评估气温、风速预报与实况偏差，关注延庆保温机库、国家高山滑雪中心停机坪、延庆区医院风速变化
20:00	梳理全天的服务产品制作发布情况，做好信息记录留档
21:00—05:00	实时监视天气，为交通、城市运行、直升机救援等冬奥外围保障提供咨询服务

冬奥会和冬残奥会直升机救援指挥调度负责人张学天对直升机救援气象专项服务的准确性、及时性、针对性都给予了特别满意的评价，称赞及时有效气象服务为直升机救援的安全提供了重要参考；北京市公安局公安交通管理局科信处科长曹晓飞表示：“冬奥会和冬残奥

会期间，气象实况、预报、预警等气象信息，对我局交通指挥决策提供了强有力支撑。”北京市城市管理委员会一级巡视员蒋志辉高度赞扬“本采暖季供暖气象服务工作非常卓越”。

（三）环境气象保障服务团队

环境气象保障服务团队承担了北京赛区和延庆赛区环境气象条件监测和预报服务工作，以及有毒（害）气体应急扩散系统的运维和应急响应等工作。

1. 团队组成

环境气象保障服务团队有 9 人，其中，环境气象保障 6 人（马小会、李梓铭、邱雨露、韩婷婷、焦热光、郭恒），现场备勤服务保障 3 人（李梓铭、何迪、董璠）（图 6.11）。

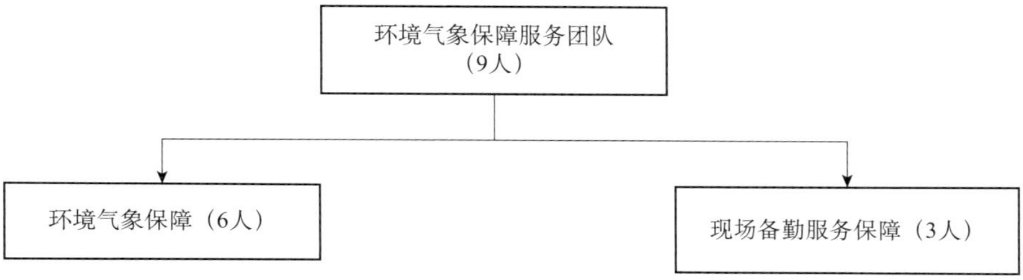

图 6.11　北京赛区、延庆赛区环境气象保障服务团队人员安排

2. 团队主要任务及岗位分工

环境气象保障设置首席岗和环境预报岗。首席岗负责与国家级业务单位及北京市生态环境局进行沟通和会商，遇关键点和关键天气提前开展专题环境气象会商，参加北京市生态环境局或中国环境监测总站组织的冬奥专题会商并发言，针对开（闭）幕式，关键天气提前开展预报预测，联合发布决策服务产品。全天候把关雾、霾、沙尘、能见度、大气扩散条件的天气预报和相关产品。环境预报岗负责制作和发布雾、霾、空气污染气象条件、能见度的预报和产品。每天和北京市生态环境局联合发布空气质量指数，并且根据天气情况不定时开展电话会商（表 6.4）。

现场备勤服务保障负责《有毒（害）气体应急扩散系统》的运维工作，保障模式正常运行，不定期开展毒（害）气体事故的应急服务演练；作为备勤力量随时参加反恐维稳现场保障服务，每日检查环境气象应急观测车车况和车载设备（表 6.5）。

北京市生态环境局监测中心李云婷说道，本次冬奥空气质量保障非常完美，气象在其中发挥了重要作用，尤其是气象数据的保障对空气质量预报和分析提供了基础的数据支撑，此外及时的中长期场馆气象预报与实况吻合度非常高，期间遇有一次重大沙尘过程，气象局预报首席参加联合会商，为我们提供了精准的沙尘预报结果。北京市生态环境局预报员潘锦绣说，在庆祝中国共产党成立 100 周年系列活动联合保障的基础上，我们和气象局预报员在 2022 北京冬奥会期间开展逐日会商，不论频次和时效都有了大幅提高，气象预报和扩散条件的预报结论对我们进行空气质量预报提供了非常好的思路和支撑。

表 6.4 环境气象保障团队工作流程（以 2022 年 2 月 25 日为例）

时间	工作内容
07:00	到岗查看环境气象要素实况
07:30	制作发布未来 24 小时空气污染气象条件预报
09:00	分析当日及未来 7 天环境气象扩散条件及空气质量预报，重点关注延庆赛区
10:00	参加中国环境监测总站组织的重大活动期间沙尘天气大气扩散条件预测会商并发言
15:00	与北京市生态环境局开展电话会商，会商内容包括未来 7 天扩散条件和空气质量

表 6.5 现场备勤服务保障团队工作流程（以 2022 年 2 月 6 日为例）

时间	工作内容
08:00	到岗检查《有毒（害）气体应急扩散系统》运行情况（平台正常打开、数据到齐情况等）
08:30	检查与北京市生态环境局数据传输情况
09:30	开展有毒（害）气体应急扩散模拟演练（模拟北京某地发生泄漏事故，查看未来 6 小时有毒（害）气体扩散趋势）
10:30	检查环境气象应急观测车车况和车载设备

（四）反恐维稳保障服务团队

北京市气象局组建反恐维稳气象保障团队，由 4 名技术人员构成，同时配备一辆气象应急指挥车和多套便携式气象探测设备。2022 年 1 月 22 日—3 月 14 日，反恐维稳气象保障团队入驻反恐维稳核生化指挥部，为冬奥会北京赛区反恐维稳工作提供气象保障服务（图 6.12）。

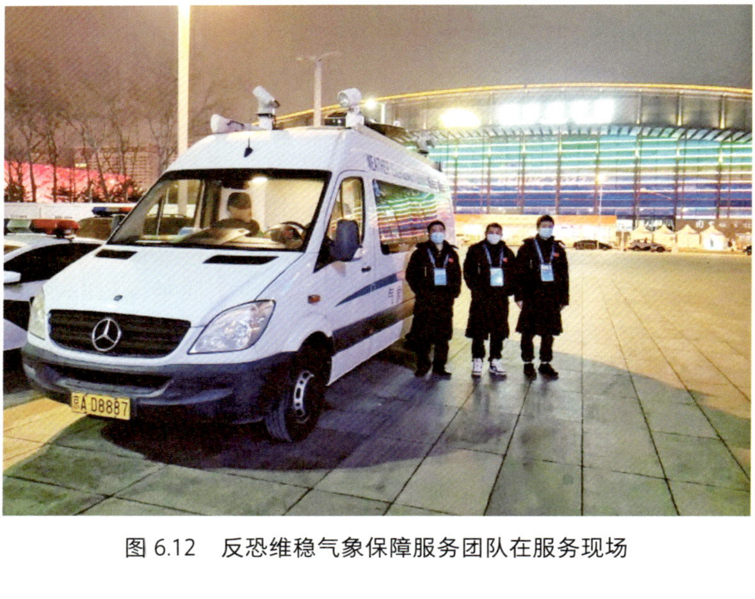

图 6.12 反恐维稳气象保障服务团队在服务现场

1. 团队组成

反恐维稳气象保障团队由北京市气象探测中心 4 名同志组成。队长为王海龙，成员包括孟磊、石耀辉、李磊。

2. 团队主要任务

设置指挥部协调岗、应急电台值守岗和现场保障服务岗，4 人轮值，开展地面气象观测，根据指挥部要求不定时汇报现场天气实况和天气趋势预测。

指挥部协调岗负责每天两次例会工作汇报；负责布置观测任务，收集整理观测数据，与指挥部保持实时数据共享；定时查阅冬奥天气预报产品，协调沟通北京市气象台预报人员，根据指挥部需求汇报天气趋势预测；负责组织团队成员开展安全应急演练。

应急电台值守岗负责应急电台 24 小时值守；负责接收和传达应急电台消息；沟通指挥部协调岗和现场保障服务岗共同提供电台服务需求；联络指挥部其他保障团队，适时提供气象服务；负责组织团队人员开展核酸检测、病毒消杀等日常事务。

现场保障服务岗负责开展地面气象观测，包括常规六要素（气压、气温、湿度、降水量、风向、风速）自动观测和云量、能见度、天气现象人工观测；负责观测设备日常维护；负责应急指挥车、卫星接收设备、通信设备、供电设备的日常管理和维护；负责车辆、设备应急维修；开展现场观测数据实时监控和处理分析工作（表 6.6）。

表 6.6 反恐维稳保障服务团队工作流程（以 2022 年 2 月 4 日为例）

时间	工作内容
00:00—02:00	参加冬奥会开幕式安全应急演练，汇报现场天气情况； 开展地面气象观测，02 时开展云、能见度、天气现象人工观测； 实时监控观测数据
03:00	开展地面气象观测，处理分析 00—03 时观测数据； 实时监控观测数据
04:00	开展地面气象观测，处理分析 03—04 时观测数据； 实时监控观测数据
05:00	查阅冬奥天气预报产品，汇报天气趋势预测； 开展地面气象观测，处理分析 04—05 时观测数据，05 时开展云、能见度、天气现象人工观测； 实时监控观测数据
06:00	开展地面气象观测，处理分析 05—06 时观测数据； 实时监控观测数据
07:00	开展地面气象观测，处理分析 06—07 时观测数据； 巡查观测设备，检查设备供电、通信和运行状态； 实时监控观测数据

续表

时间	工作内容
08:00	查阅冬奥天气预报产品，汇报天气趋势预测； 开展地面气象观测，处理分析 07—08 时观测数据，08 时开展云、能见度、天气现象人工观测； 指挥部各保障团队工作交流； 实时监控观测数据
09:00	汇报冬奥会开幕式工作准备情况； 开展地面气象观测，处理分析 08—09 时观测数据； 巡查应急指挥车、卫星接收设备、通信设备和供电设备运行情况； 实时监控观测数据
10:00—18:00	参加冬奥会开幕式安全应急演练，汇报天气情况； 开展地面气象观测，处理分析 09—18 时观测数据，11 时、14 时、17 时开展云、能见度、天气现象人工观测； 11 时、14 时、17 时查阅冬奥天气预报产品，协调沟通预报员，汇报天气趋势预测； 实时监控观测数据
19:00	开展地面气象观测，处理分析 18—19 时观测数据； 巡查观测设备，检查设备供电、通信和运行状态； 实时监控观测数据
20:00—23:00	开展地面气象观测，处理分析 19—23 时观测数据，逐小时开展云、能见度、天气现象人工观测； 逐小时查阅冬奥天气预报产品，协调沟通预报员，汇报天气趋势预测； 实时监控观测数据

三、北京市延庆区气象保障服务团队

围绕延庆赛区的赛事运行，北京市延庆区气象局根据服务需求，成立了外围保障气象服务团队、城市运行保障服务团队等，全方位提供气象保障（图 6.13）。

（一）外围保障气象服务团队

外围保障气象服务团队承担了延庆赛时运行指挥部现场气象服务和延庆赛区气象探测运维保障工作。

1. 团队组成

在组长闫巍的带领下，队长张曼负责延庆赛区外围气象服务的运行指挥和组织实施，队员共 15 人，包括副队长王燕娜、常晨、高猛，现场服务人员李迅、张杰、王健、程婷婷、韩文兴、吴蕾，现场观测保障人员为常晨、张治国、张冠鹤、王栋、陈泽、宋楠（图 6.14）。

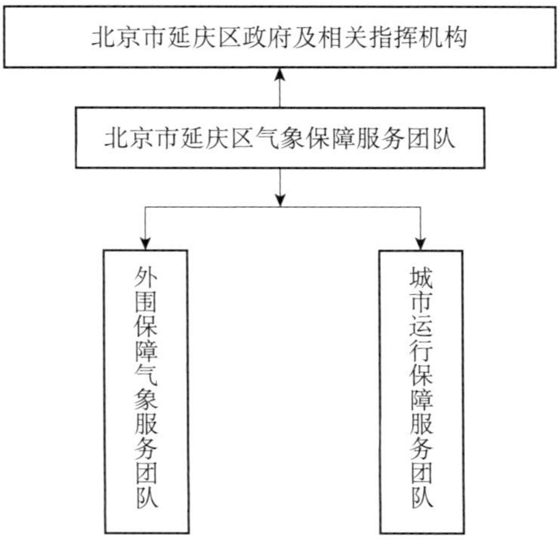

图 6.13　北京 2022 年冬奥会和冬残奥会北京市延庆区气象保障服务团队架构图

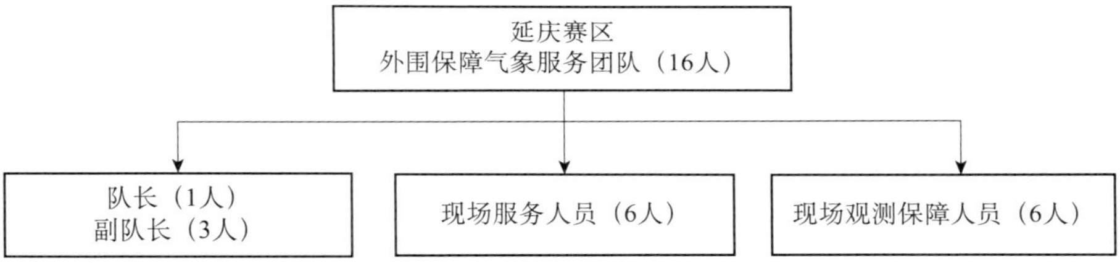

图 6.14　延庆赛区外围气象服务团队岗位和人员安排

2. 团队主要任务及岗位分工

外围气象服务团队负责落实延庆区三处十二组相关要求和任务；负责延庆赛时运行指挥部现场气象服务保障；负责对接延庆冬奥村、冬奥颁奖广场两个非竞赛场馆的服务需求，与延庆赛区现场预报服务团队保持预报口径一致；负责制服与注册分中心、阪泉综合服务中心及冬奥相关各类非赛事活动气象预报服务保障工作（图 6.15）。

专家岗负责终审延庆赛区场馆群指挥中心调度会汇报发言材料，指导决策预报服务产品，组织团队间内部大会商。

首席岗负责撰写延庆赛区场馆群指挥中心调度会汇报发言材料，参加天气会商，与现场预报服务团队、城市运行保障服务团队统一预报结论，初审把关各类气象服务专报，确保对外预报结论口径一致，应急开展气象服务。

外围服务岗负责延庆赛区场馆群指挥中心、延庆冬残奥村、制服与注册分中心、阪泉综合服务中心气象服务专报制作。

现场观测保障岗负责闭环内海陀山天气雷达、高山滑雪中心、雪车雪橇中心共 23 个自动气象站的维修抢修；负责闭环内备件使用管理；负责加密监控监视气象数据、状态信息和传输状态，下达预测性维护指令；负责远程故障诊断、下达现场维修指令，记录上报维修结果；负责佛爷顶国家气象观测站值班值守、监控观测数据质量、按要求开展加密观测工作（表 6.7）。

图 6.15　延庆赛区外围气象服务保障现场

表 6.7　延庆赛区外围保障工作职责与工作内容

时间	运行任务	负责人
05:00—08:00	06 时天气会商； 07:20 前制作并审核场馆群指挥中心调度会汇报发言材料； 场馆群指挥中心气象服务专报（7 个点位）（逐 3 小时或逐小时）； 延庆冬残奥村气象服务专报； 阪泉综合服务中心气象服务专报； 重点点位天气实况（高山滑雪中心、雪车雪橇中心、阪泉综合服务中心）； 闭环内站点和佛爷顶站观测数据检查	专家岗、首席岗、外围服务岗、现场观测保障岗
08:00—12:00	场馆群指挥中心气象服务专报（7 个点位）（逐 3 小时或逐小时）； 重点点位天气实况（高山滑雪中心、雪车雪橇中心、阪泉综合服务中心）； 闭环内站点和佛爷顶站观测数据检查，天气雷达、自动气象站巡查	首席岗、外围服务岗、现场观测保障岗
12:00—15:00	场馆群指挥中心气象服务专报（7 个点位）（逐 3 小时或逐小时）； 重点点位天气实况（高山滑雪中心、雪车雪橇中心、阪泉综合服务中心）； 闭环内站点和佛爷顶站观测数据检查，天气雷达、自动气象站巡查	首席岗、外围服务岗、现场观测保障岗

续表

时间	运行任务	负责人
15:00—18:00	16:40 前制作并审核场馆群指挥中心调度会汇报发言材料； 场馆群指挥中心气象服务专报（7 个点位）（逐 3 小时或逐小时）； 延庆冬残奥村气象服务专报； 阪泉综合服务中心气象服务专报； 重点点位天气实况（高山滑雪中心、雪车雪橇中心、阪泉综合服务中心）； 闭环内站点和佛爷顶站观测数据检查，气象站点巡查	专家岗、首席岗、外围服务岗、现场观测保障岗
18:00—20:00	重点点位天气实况（高山滑雪中心、雪车雪橇中心、阪泉综合服务中心）； 闭环内站点和佛爷顶站观测数据检查	外围服务岗、现场观测保障岗
2 月 4 日	冬奥会开幕式气象服务专报	专家岗、首席岗
2 月 19—20 日	冬奥会闭幕式气象服务专报	专家岗、首席岗
不定时	佛爷顶站加密观测（逐小时或逐 3 小时）； 数据服务报告； 延庆赛区气候预测等专项报告	专家岗、首席岗、外围服务岗、现场观测保障岗

冬奥会举办期间，延庆场馆群主任、区委书记穆鹏多次表扬气象服务保障工作，并称赞气象服务团队是冬奥的“先行官”。2 月 5 日，他称赞“气象服务保障非常重要，气象人在预报天气的同时，也和竞赛团队一起找到了比赛的窗口期，保障了赛程的圆满顺利，体现了气象最大的价值所在”。2 月 6 日，他说：“今天第一个就要表扬气象，今天的气象服务保障做得非常好！”

冬奥会和冬残奥会圆满闭幕后，延庆场馆群运行团队发来感谢信，对气象服务保障团队在冬奥会和冬残奥会竞赛组织、场馆运行等方面提供的气象服务保障表示衷心的感谢，并致以崇高的敬意！

（二）城市运行保障服务团队

城市运行保障服务团队承担了延庆赛区城市运行方面包括延庆城区交通运输、酒店住宿、森林防火、大气环境等气象服务工作。

1. 团队组成

延庆赛区城市运行保障服务团队由组长闫巍带领，队长伍永学负责城市运行气象服务保障的运行指挥和组织实施，队员共 13 人，包括副队长聂东莲、李存新、王燕娜，预报岗有王猛、张瑶珠，服务岗有哈克佳、杜志俊、张文荟、卢海涛，观测监控与林火应急服务岗有童明、韩文锦、闫满仓、贾怀录（图 6.16）。

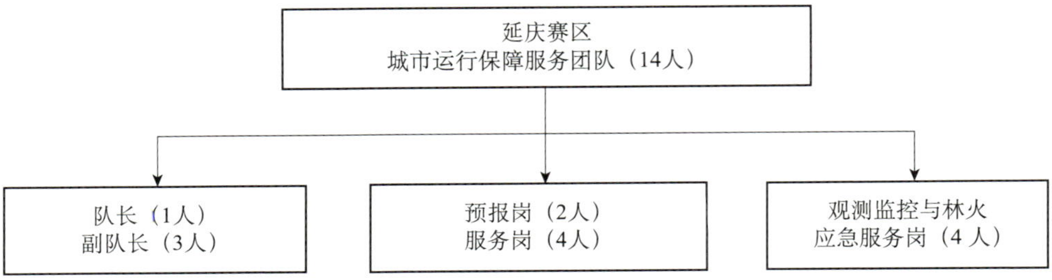

图 6.16 延庆赛区城市运行保障服务团队岗位和人员安排

2. 团队主要任务及岗位分工

城市运行保障服务团队负责为冬奥会赛时延庆区交通运输、酒店住宿、森林防火、大气环境、应急处置和疫情防控等城市运行安全提供优质气象服务保障，视天气情况做好加密气象服务保障；与北京市气象台和北京市城市运行及环境保障团队保持密切沟通联动。负责赛区周边气象综合监测系统加密观测、维护巡检和抢修工作；负责信息与数据安全保障工作（图 6.17）。

图 6.17 延庆赛区城市运行气象服务保障现场

专家岗负责终审延庆区外围保障指挥部调度会汇报发言材料，指导决策预报服务产品，组织团队间内部大会商。

首席岗负责撰写延庆区外围保障指挥部调度会汇报发言材料，与现场预报服务团队、外围气象服务团队统一预报结论，初审把关各类气象服务专报，确保对外预报结论口径一致，应急开展气象服务。

城市运行预报岗负责延庆赛区决策气象服务专报制作发布，参加天气会商；与现场预报服务团队、外围气象服务团队协作完成延庆赛区周边相关预报产品制作发布；担任城市运行服务团队各岗位领班，指导服务岗制作其他各类服务专报和开展观测数据监控与质控等工作，参与森林防火、大气环境、冬奥签约酒店等专项服务专报制作。

城市运行服务岗负责城市运行、扫雪铲冰、交通运输等重点部门及加氢站等重点场所气象服务专报制作发布，提供重要点位气象实况专项信息，完成延庆区委办区政府办和相关委办局各类非赛事活动气象预防服务专报制作和发布，制作发布日常公众类等气象服务产品。

观测监控与林火应急服务岗负责延庆国家基本气象站和周边气象监测设备（站）的气象数据、状态信息和传输状态监控，按要求开展加密观测，管理北京气象综合显示系统平台黑名单，填报天元平台巡查维护信息，监控业务计算机网络安全，指挥作业点做好值守工作，开展林火灾情的现场应急气象服务，提供林火现场气象监测预报信息，配合社会化保障公司维护巡检和应急抢修延庆赛区周边气象监测站（表 6.8）。

表 6.8 延庆赛区城市运行气象服务保障各岗位职责与工作内容

时间	运行任务	负责人
05:00—08:00	06 时天气会商； 07:20 前制作并审核调度会汇报发言材料； 值班调度处、冬奥综合处气象服务专报（7 个点位）； 城市运行及环境保障组气象服务专报（3 个点位）； 交通保障组气象服务专报（3 个点位）； 加氢站气象服务专报（5 个点位）； 签约酒店气象服务专报（3 个点位）； 重点点位天气实况（延庆城区、高山滑雪中心、雪车雪橇中心、阪泉综合服务中心）； 人影作业点视频检查、点名； 观测数据检查、观测巡视、加密观测、北京气象综合显示系统平台黑名单管理	专家岗、首席岗、城市运行预报岗、城市运行服务岗、观测监控与林火应急服务岗
08:00—11:00	公众气象服务（区政府网站、微信公众号等）； 气象资料业务系统（MDOS）平台、北京气象综合显示系统平台、天元平台日志填写； 观测数据检查、观测巡视，加密观测、北京气象综合显示系统平台黑名单管理； 重点点位天气实况（延庆城区、高山滑雪中心、雪车雪橇中心、阪泉综合服务中心）； 人影作业点视频检查、点名	城市运行预报岗、城市运行服务岗、观测监控与林火应急服务岗
11:00—15:00	观测数据检查、观测巡视、加密观测、北京气象综合显示系统平台黑名单管理； 重点点位天气实况（延庆城区、高山滑雪中心、雪车雪橇中心、阪泉综合服务中心）； 人影作业点视频检查、点名	城市运行服务岗、观测监控与林火应急服务岗
15:00—18:00	16:40 前制作并审核调度会汇报发言材料； 值班调度处、冬奥综合处气象服务专报（7 个点位）； 城市运行及环境保障组气象服务专报（3 个点位）； 交通保障组气象服务专报（3 个点位）； 加氢站气象服务专报（5 个点位）； 签约酒店气象服务专报（3 个点位）；	专家岗、首席岗、城市运行预报岗、城市运行服务岗、观测监控与林火应急服务岗

续表

时间	运行任务	负责人
15:00—18:00	重点点位天气实况（延庆城区、高山滑雪中心、雪车雪橇中心、阪泉综合服务中心）； 人影作业点视频检查、点名； 观测数据检查、观测巡视、加密观测、北京气象综合显示系统平台黑名单管理； 声像中心天气预报； 森林火险等级、空气污染气象条件等级等生活气象指数预报； 供暖气象服务专报	
18:00—20:00	天气预报视频节目检查与发布（区融媒体）； 乡镇景点 24 小时预报； 决策气象服务专报； 未来 72 小时天气预报； 公众气象服务（区政府网站、微信公众号等）； 观测数据检查、观测巡视、加密观测、北京气象综合显示系统平台黑名单管理	城市运行预报岗、城市运行服务岗、观测监控与林火应急服务岗
20:00—23:00	重点点位天气实况（延庆城区、高山滑雪中心、雪车雪橇中心、阪泉综合服务中心）； 人影作业点视频检查、点名； 观测数据检查、观测巡视、加密观测、北京气象综合显示系统平台黑名单管理	城市运行服务岗、观测监控与林火应急服务岗
每周一	生态环境保障组空气气象服务专报（周报）； 区融媒体周报； 网络安全检查——天擎病毒库升级、查杀	首席岗、城市运行预报岗、观测监控与林火应急服务岗
每旬末	气象条件旬报； 农业气象旬报	首席岗、城市运行预报岗、城市运行服务岗
每月末	森林火险月报； 延庆气候趋势预测专报； 农业气象月报； 观测月报	首席岗、城市运行预报岗、城市运行服务岗
不定时	火炬传递气象服务专报及实况（逐小时）； 加密观测、巡视，北京气象综合显示系统平台黑名单管理（逐小时或逐 3 小时）； 气象预警信息发布、变更、解除； 降雪量表及海陀山降雪过程统计； 林火应急现场气象服务备勤； 延庆赛区周边自动气象站应急维护	首席岗、城市运行预报岗、城市运行服务岗、观测监控与林火应急服务岗

冬奥会和冬残奥会火炬传递服务保障期间，延庆区委区政府领导及相关部门对气象服务保障工作给予了高度肯定。区委常委、常务副区长叶大华："你们的预报是国内一流水平，预报服务精准、精细。"区委常委、区委组织部部长李志遂："气象信息及时、全面，内容和服务提示详细，有针对性。"区委常委、副区长丁章春："气象预报精准，服务精细，既有天气的总体分析，又有具体点位的精准预报。"延庆赛区城市运行和环境组副组长焦文平："真心感谢气象团队，给我们的保障团队提供最有力的气象决策支撑，你们是真正的幕后英雄。小海陀的智慧气象和火炬传递点的临时气象站以及每一份专报和气象分析，给了我们统筹调度莫大的底气，谢谢！"

冬奥会和冬残奥会圆满闭幕后，火炬传递专项团队、延庆区委统战部、延庆区体育局、氢动力（北京）科技服务有限公司等纷纷发来感谢信，对气象服务保障团队在冬奥会和冬残奥会观众组织、火炬传递、赛会服务、安全保障等方面提供的气象服务保障表示衷心的感谢，并致以崇高的敬意！

四、河北省气象保障服务团队

围绕北京赛区的赛事运行，为了做好保赛服务，河北省气象局根据服务需求，除赛事服务保障团队外，在张家口赛区气象服务保障前方工作组下设了赛会服务决策服务保障团队、赛会服务交通服务保障团队等，特别组建了河北省气象台预报专家组，全力以赴做好气象服务保障各项工作（图 6.18）。

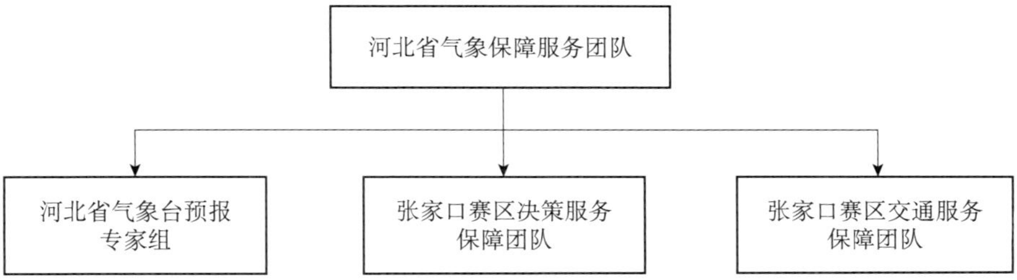

图 6.18　北京 2022 年冬奥会和冬残奥会河北省气象保障服务团队架构

（一）河北省气象台预报专家组

在河北省气象局冬奥气象服务领导小组办公室统筹协调下，聚焦技术支撑开展工作，负责省委省政府有关领导同志以及各有关部门涉及与冬奥会相关的各项公务活动气象服务；负责冬奥会火炬传递、开（闭）幕式重点时段及赛事期间重大天气过程的天气会商及气象服务保障工作。

1. 团队组成

河北省气象台预报专家组由 10 名同志组成，组长为连志鸾台长，成员包括杨晓亮、金晓青、张江涛、张南、裴宇杰、匡顺四、曹晓冲、王玉虹、张珊（图 6.19）。

2. 团队主要任务及岗位分工

预报首席负责组织内部会商，确定中短期预报结论，代表河北省气象台参加视频会商，并不定时与中央气象台、北京市气象台、张家口市气象台和赛区预报团队等单位电话会商；把关火炬传递和开（闭）幕式期间张家口决策气象服务预报结论，负责组织完成预报技术复盘总结。

图 6.19　北京 2022 年冬奥会和冬残奥会河北省气象台预报专家组工作现场（左）和合影（右）

预报主班主要负责参加内部专题会商，协助首席制作会商 PPT，协助预报首席开展相关工作，负责冬奥科技支撑产品的运维保障。

河北省气象台保障服务团队累计参加各级冬奥会专项保障天气会商共 28 次。

（二）张家口赛区决策服务保障团队

北京 2022 年冬奥会和冬残奥会张家口赛区城市运行保障工作以张家口市气象局为主，河北省气象服务中心为辅开展，河北省气象台、河北省气象灾害防御和环境气象中心提供技术支持，团队人员为张家口赛区气象服务保障前方工作组赛会服务组全体人员，围绕张家口赛区的城市与赛会运行，具体负责冬奥气象服务保障期间，赛区及周边地区交通、电力、安保、环境等城市运行和赛会运行气象服务，承担面向赛区各级党政领导以及河北省冬奥调度指挥中心、张家口市城市运行和环境建设管理指挥部需求的各类决策气象服务保障工作。

1. 团队组成

由张家口市气象局副局长苗志成带队，队员共 15 人，包括：首席黄山江、赵彦厂，领班韩丽娟、孟繁华，预报员黄若男、康博思、郭旭辉、段雯瑜、王新宁、杜娟、林若薇、王璐璐、郝日渊，环境预报李二杰，气候预测向亮（图 6.20）。

2. 团队主要任务及岗位分工

负责面向赛区各级党政领导以及河北省冬奥调度指挥中心、张家口市城市运行和环境建设管理指挥部需求的各类决策气象服务保障工作，主要包括城市运行保障专项气象服务、火炬传递气象服务、各项重大活动气象服务等任务（图 6.21）。

图 6.20　北京 2022 年冬奥会和冬残奥会张家口赛区决策服务和交通服务保障团队合影

图 6.21　张家口赛区决策服务保障团队工作现场

首席负责每日 07 时、11 时、17 时气象服务专报、火炬传递专项服务材料、重大庆典活动等服务材料的把关；每日按时参与中国气象局、河北省气象局会商，与赛事服务组进行日常天气会商，主持内部天气会商，负责多方天气会商发言。

领班协助首席对各类决策服务材料进行把关，每日按时参与中国气象局、河北省气象局会商，参与内部天气会商，如需会商发言，负责制作会商 PPT。

主班负责制作每日 07 时、11 时、17 时气象服务专报、制作火炬传递专项服务材料、重大庆典活动等服务材料；每日按时参与中国气象局、河北省气象局会商，参与内部天气会商；每日对电脑、系统进行例行检查；工作结束后总结整理本日工作情况；如遇重大天气过程，及时将气象风险预警服务等材料报送给冬奥相关部门。

副班负责填写报送日报告；每日按时参与中国气象局、河北省气象局会商，参与内部天气会商；协助主班完成火炬传递专项服务材料、重大庆典活动等专题服务材料；如遇重大天气过程，负责制作气象风险预警服务等材料并发送至相关单位；夜间时段在岗密切监视天气变化；负责接收市委、市政府、冬奥相关部门相关文件及传真并及时报送值班领导。

环境预报负责对每日空气质量预报结论进行把关，参加环境会商。

气候预测负责赛区逐候制作发布张家口赛区气候预测与延伸期天气过程预测，负责雪（雨）情统计发布，参加天气与气候会商，代表张家口赛区做气候趋势预测发言（表 6.9）。

表 6.9　决策服务保障团队日工作流程

时间	运行任务	负责人
05:00—07:00	制作发布张家口市区、崇礼城区、冬奥村城市运行气象专报	首席、领班、主班
08:30—09:00	气象预报员对设备与系统进行例行检查	主班
10:30—11:00	气象预报员参加省、市天气会商	首席、领班、主班、副班、气候
09:50—10:00	气象预报员制作提交决策服务组日报告	副班
09:00—11:00	制作发布张家口市区、崇礼城区、冬奥村城市运行气象专报	首席、领班、主班
11:00—11:10	气象预报员参加环境会商	首席、环境
11:00—13:30	气象预报员在岗监视天气变化	主班、副班
13:30—15:00	首席与赛事服务组进行天气会商并组织内部天气会商	首席、领班、主班
15:00—17:00	制作发布张家口市区、崇礼城区、冬奥村城市运行气象专报	首席、领班、主班
17:00—17:30	气象预报员归纳总结当日工作	主班
17:30—次日 08:30	气象预报员在岗监视天气变化	副班

（三）张家口赛区交通服务保障团队

负责赛区及周边地区交通、电力、安保等城市运行和赛会运行气象服务，主要包括交通气象服务、直升机救援气象服务、电力、安保气象服务等任务，保障冬奥气象服务官方网站交通板块各类数据产品的生成与传输，确保张家口市气象局到张家口市交通局服务专线和数据传输的畅通。

1. 团队组成

由张家口市气象局副局长苗志成带队，河北省气象服务中心副主任曲晓黎负责后方技术与系统支撑，队员共 13 人，包括：主班王跃峰、武辉芹、赵海江，副班李幸璐、孙晓霞、李越，审核曲晓黎、胡雪、郭蕊、贾小卫，系统运维刘建勇、张彦恒、李飞（图 6.22）。

图 6.22　张家口赛区交通服务保障团队工作现场

2. 团队主要任务及岗位分工

主班负责每日 10 时制作发布直升机救援专报；接到直升机救援需求时，随时加密制作发布；制作发布常规（每日 17 时）和高影响天气加密的张家口赛区交通气象服务专报；根据京津冀网格预报产品对各交通关键点天气现象、降水、气温、风向、风速要素进行逐时预报，通过分析天气形势和各家数值预报模式产品对副班预报结论进行把关，形成最终预报结论；分析张家口市域张承、京藏、京礼等高速沿线、国省干道及崇礼奥运核心区地方道路的气象条件，最终确定未来 24 小时交通高影响天气风险提示；每日参加中央气象台、河北省气象台、场馆群、张家口市气象台天气会商并按要求发言；及时总结整理前日 14 时至当日 14 时期间工作情况并于 13:40 前提交给副班岗。

副班负责每日 10 时协助主班制作发布直升机救援专报；接到直升机救援需求时，随时加密制作发布；每日协助主班制作发布常规（每日 17 时）和高影响天气加密的张家口赛区交通气象服务专报；根据京津冀网格预报产品对各交通关键点天气现象、降水、气温、风向、风速要素进行逐时预报，通过分析天气形势和各家数值预报模式对各气象要素预报结论进行订正，初步形成未来 24 小时张家口市域涉奥高速及国省干道等交通高影响天气风险提示；每日参加中央气象台、河北省气象台、场馆群、张家口市气象台天气会商；按要求整理编制交通服务组日调度报告和日工作运行情况，每日 14 时前上报至张家口市气象局冬奥办和前方信息服务组。

审核人员负责对直升机救援气象服务专报进行审核，对交通气象服务专报进行审核把关，根据天气情况或上级要求参加中央气象台、河北省气象台、场馆群、张家口市气象台天气会商。

系统运维负责检查产品数据稳定情况、各系统平台、冬奥网站交通模块产品传输运行情况等，及时与中国气象局公共气象服务中心、北京市气象局、河北省气象局信息中心沟通协调，根据服务需要对数据产品读取模式进行调整（表 6.10）。

河北省公安厅高速交警总队、河北高速公路集团先后发函对冬奥会期间及前期的交通气象服务表示感谢，关键降雪天气过程向其提供的交通气象服务专报对天气变化预判准确度高，信息详细，更新时间快，为科学部署、高质量打赢除雪保畅任务打下坚实基础、发挥了重要作用。张家口火炬传递运行团队反馈天气预报精准，为火炬传递工作起到积极支撑和指导作用，对气象预报服务工作表示感谢。张家口颁奖广场运行团队发来感谢信，表示预报服务要素全面、时间分辨率高、结论精准，为全部颁奖仪式的顺利举行提供了专业的气象支撑和科学研判。

表 6.10 张家口赛区交通服务保障团队日工作流程

时间	运行任务	工作岗位
05:00—07:00	有高影响天气加密需求时，制作发布张家口赛区测试赛交通气象服务专报	主班、副班、审核
08:30—09:00	检查产品数据稳定情况、各系统平台运行情况等	副班、系统运维
09:00—10:00	制作发布张家口赛区测试赛直升机救援气象服务专报	主班、副班、审核
09:00—11:00	有高影响天气加密需求时，制作发布张家口赛区测试赛交通气象服务专报	主班、副班、审核
10:00—14:00	按要求整理编制交通服务组日调度总结和赛会服务组日运行情况（金刚文档），分别上报至张家口市气象局冬奥办和河北省气象局信息工作组	副班
10:30—11:00	参与河北省气象台天气会商	主班、副班、审核
13:30—14:30	交通关键点位气象要素实况监测及天气形势分析	主班、副班、审核
14:30—15:00	参加场馆群、气象台天气会商	主班、副班、审核
15:00—17:00	制作发布张家口赛区测试赛交通气象服务专报	主班、副班、审核
17:00—17:30	值班人员总结当日工作	主班、副班、审核

下篇

冬奥服务个人感想

第七章　组织管理

见证冬奥气象的挑战、奋斗、荣耀

马晓青

作者简介：马晓青，1983年1月出生，来自北京市气象局，冬奥气象中心综合协调办专职副主任。

气象工作者在冬奥申办、筹办、举办全过程中提供了“一流的气象服务”，是“胸怀大局、自信开放、迎难而上、追求卓越、共创未来”的冬奥精神的积极践行者，得到习近平总书记的肯定和表彰。在这七年里，气象工作者怀揣梦想、全心投入、迎接挑战、奉献坚守，收获了无上光荣。作为其中一份子，我深感自豪。

全心谋划，应对困难挑战。2016年6月，我调任减灾处副处长，开始从事冬奥气象服务组织协调工作。摆在面前的第一个问题是冬奥气象服务的需求、目标、任务。从重大活动服务的经验上看，在最初的时候需求往往是不清晰的。我们通过翻查往届冬奥会文章、新闻等书面调研，也分批次组织管理层、技术团队等前往俄罗斯、韩国等现场交流，逐步梳理了2010年以来的冬奥会气象组织、科技、业务建设和服务等全方位调研内容。我们主动与北京冬奥组委、国家体育总局、国内体育院校、赛区场馆业主等保持密切沟通，了解服务用户的具体需求。所有分析都表明，气象对于保障冬奥会赛事顺利进行至关重要，但我们面临复杂地形赛事精细预报预警国际难题、赛区气象监测少、冬奥气象服务信息发布要求高等问题和挑战。按照“一项一策”要求，综合分析需求及挑战，我们总结提炼了冬奥会各项赛事关键阈值、冬奥气象工程性建设任务、气象科技攻关重点等关键要素。之后，国际奥委会、北京冬奥组委逐步提出了刚性的任务指标，要求加快气象设施建设和科技攻关，使用先进的设施设备、先进的技术，提供最高水平气象服务，如提前四年完成冬奥会探测系统建设，提前5年组建冬奥会预报团队，达到“百米级、分钟级”精准预报等。解决问题、实现目标，需要我们从组织机制、系统建设、团队建设、科技攻关等全方位协调推进，缺一不可，但实际困难和挑战非常大，留给我们的时间不多。

同心推进，开展全面筹备。为了实现给成功举办冬奥会提供最高水平气象服务的目标，按照“一刻也不能停，一步也不能错，一天也误不起”的要求，气象工作者积极探索、扎实推进冬奥气象保障工作。2017 年 6 月，中国气象局成立冬奥气象中心，我开始专职从事冬奥办综合协调工作，落实中国气象局、北京冬奥组委工作部署，完善了冬奥气象中心工作机制，推进制订气象服务保障行动计划以及各专项计划，确保规划部署到位；开展了赛区气象探测系统建设赛事天气预报制作系统、现场气象服务系统、综合可视化系统、冬奥气象服务网站等系统建设的组织、协调、落实、督办工作；积极参与冬奥气象团队组建、专项培训及国内外现场实训等组织协调工作。在中国气象局、北京冬奥组委和地方各级政府的领导下，冬奥气象中心各部、团队勠力同心，相互协作，挂图作战，确保分阶段任务按期、高质、高效完成，确保组织领导、工程措施、科技攻关、人员能力全到位。

迎难而上，建设服务同推进。坚持边建设、边服务，在筹备期我们及时组织为场馆建设选址、赛事日程确定等提供气候风险评估服务，为国际奥委会每年提供中英文分场馆、分要素的赛场天气分析报告。也经常面临临时性、专题性但高要求的工作，如针对赛事储雪等问题组织开展雪务野外观测、研究及分析；针对场馆防风工作组织通过模式模拟、现场踏勘等提出冬奥室外场馆挡风墙工程措施气象分析建议。这类风险分析任务基本都是在每年春节前后完成，北京市气候中心、北京城市气象研究院等单位同事加班加点，迎难而上，积极攻关，交出满意答卷。

在完成冬奥首次测试赛保障任务后，2020 年 1 月，我调到大兴区气象局工作。2022 年冬奥会和冬残奥会期间，我组织好大兴区安保、生态环境、城市运行以及冬残奥会火炬传递等气象保障服务，在基层战线为冬奥气象加油助阵。贯穿冬奥气象全过程，我见证了冬奥筹备期间面临的太多艰辛和挑战，见证了气象职工和各团队迎难而上的奉献拼搏精神，见证了冬奥气象业务科技的提升发展，见证了冬奥气象服务的一流保障。我为冬奥气象保障工作取得巨大成就而欢欣鼓舞，并且感到十分自豪！今后，我们要传承好冬奥精神，认真履职，为推进气象高质量发展做出新的成绩，一起向未来！

逐雪追风冬奥行

王凤杰

作者简介：王凤杰，1980 年 5 月出生，来自河北省气象行政技术服务中心。2019 年 3 月和 2021 年 9 月，由河北省气象局派驻河北省冬奥办和河北省冬奥运行保障指挥部办公室。

自 2019 年 3 月参与冬奥筹办工作直至冬奥会胜利闭幕整整三年期间，我先后在河北省冬奥办和省运行保障指挥部负责冬奥会筹办与河北省气象局协调对接工作。三年时间转瞬即逝，回首往昔收获颇丰，作为一名北京冬奥会和冬残奥会的参与者和见证者，我倍感自豪，现将本人的工作做一介绍，并和大家分享我的切身感受。

兢兢业业，协助保障冬奥任务

2019 年 3 月至 2021 年 5 月，我作为河北省气象局派驻省冬奥办代表，协助负责冬奥会重点任务的督查督办，尽职尽责、兢兢业业，展现了气象人的良好精神风貌。

日常工作中，及时将河北省各类冬奥工作调度会、专题会议交办事项和省领导批示指示事项进行任务分解下发，明确责任人和时间表，通过书面督办、电话催办等形式督促各责任单位抓好落实，并第一时间将重点任务进展情况梳理汇总，供省领导决策部署。共负责下发交办督办通知 200 余件；通过专题报告、工作台账等形式向省领导提交报告材料 160 余件；积极与省委办公厅、省政府办公厅督查室和综合八处对接沟通，对重点事项开展督导督办，有力推动了各项筹办工作的落实，得到了省领导的肯定批示。

对于河北省委省政府历次冬奥工作专题会议定事项中涉及气象方面的重点任务，我与省气象局相关处室人员紧密对接，及时梳理报告重点事项进展情况，协助完成冬奥会工作领导小组对省气象局 2020 年度筹办任务考核，与省局处室研究确定任务考核清单，及时沟通信息，为圆满通过任务考核作出积极贡献。

主动作为，充分发挥桥梁作用

2021 年 10 月以来，我克服家庭困难，再度代表河北省气象局奔赴崇礼一线，负责省运行保障指挥部综合办公室与省气象局的日常工作对接。第一时间了解综合办公室工作动态，及时掌握省领导冬奥工作专题会具体时间安排，为省气象局领导冬奥决策和布局冬奥气象服务提供参考。

持续跟进省运行保障指挥部测试活动和冬奥会正式比赛的具体气象服务需求，对接省气象局研究提供冬奥气象服务的频次和具体形式。协调解决省运行保障指挥部指挥大厅冬奥气象服务系统接入工作。密切联系指挥大厅技术人员，及时解决专线对接问题，于测试活动前完成专线接入和系统调试，保障赛时气象服务可直接向省领导报告。联络对接省运行保障指挥部综合办公室和太子城管委会，协商解决颁奖广场和冬奥村气象站选址事宜。在省指挥部工作期间，积极发挥桥梁纽带作用，使省运行保障指挥部和省气象局之间的信息交流更加及时、充分，工作衔接更加高效、顺畅，为保障冬奥气象服务稳步开展作出了重要贡献。

收获和感触

北京 2022 年冬奥会和冬残奥会是我国重要历史节点的重大标志性活动，是党和国家的一件大事，举世瞩目，举国关注。我自己能有幸参与冬奥筹办工作，倍感荣幸和自豪。作为气象人，很遗憾没能与整个气象团队并肩工作，但作为省局与省冬奥领导机构沟通的渠道，我深感责任重大。我把这种责任化作工作的激情和动力，在做好本职工作的同时，自己的党性和业务能力也得到了很大的提升。一是进一步增强了爱国情怀。北京冬奥会和冬残奥会成功举办，彰显了我国强大综合实力，我为祖国感到由衷自豪。二是进一步拓宽了工作视野。冬奥会筹办是庞大系统工程，从指挥机制到制度体系，从场馆建设到城市运行，从竞技比赛到综合保障，从疫情防控到社会稳定，涉及赛会保障和社会管理的方方面面，我从中收获了很多新知识、新体验、新见识。三是进一步强化了责任担当。作为一名共产党员，充分发挥先锋模范带头作用，躬身践行冬奥工作使命担当，时刻牢记“一刻也不能停，一步也不能错，一天也误不起”的要求，以强烈的事业心和高度的使命感投身冬奥筹办工作。

三年冬奥工作历程，是收获也是起点。在以后的工作中，我将继续秉持“胸怀大局、自信开放、迎难而上、追求卓越、共创未来”的冬奥精神，脚踏实地，做好、做精、做实每项

过“面对面、零距离”的直接沟通，第一时间向杨树安副主席、竞赛指挥组、竞赛日程变更委员会反馈冬奥气象团队的宝贵工作成果，将冬奥气象组织工作的贴心、行动的高效、工作的严谨体现出来。

成果收获

站在今天的节点上回望七年多来筹办之路，可谓千磨万击、千头万绪，尤其是面对疫情下办赛的严峻挑战，气象工作者踔厉奋发、负重前行，与冬奥组委携手如期为世界呈现一届“简约、安全、精彩”的冬奥盛会。对此，国际国内社会各界给予了冬奥气象工作高度评价。2 月 13 日上午，国际奥委会、北京冬奥组委举行新闻发布会，冬奥组委副主席杨树安评价北京冬奥会提供了“一流的气象服务保障”，与“一流的竞赛场馆、一流的运动员、一流的竞赛组织运行、一流的医疗救治服务”统一概括为“五个一流”。赛程刚刚过半，从这个评价中可以强烈地感受到冬奥组委对气象部门的充分信任，感受到体育部门对高质量气象工作的充分认可。

心得体会

冬奥气象工作给来自各国、各地的宾客留下了深刻印象，获得了国际社会的充分肯定和高度赞誉，实现了让国际社会满意、让各国运动员满意的目标。这份荣誉来之不易，可谓弥足珍贵、振奋信心。北京冬奥会和冬残奥会气象预报能否百分百精准，其实在赛前冬奥组委有所担心，但实践证明北京冬奥会和冬残奥会的气象预报是世界一流的。对于冬奥组委最担心的大风、低温、低能见度、降雪、降雨、沙尘、高温融雪等问题，面对复杂多变的山地小气候，冬奥气象团队的设备、人员、预报、服务都经受住了高标准竞赛组织的考验，紧要关头气象团队果断做出科学研判，坚定了国际奥委会、北京冬奥组委等利益相关方的办赛信心，成功配合竞赛日程变更委员会完成 20 余次日程调整，圆满保障了全部比赛顺利完赛。

正是因为前期冬奥组委、中国气象局精准高效传递服务需求，冬奥气象中心、冬奥组委体育部主动联系对接、建立协调保障机制，北京市气象局、河北省气象局统筹领导、周密部署、靠前指挥、紧密衔接，跨场馆、跨赛区的气象服务才能做到同样精准、同样精彩，气象与体育团队亲如一家，形成了气象—竞赛闭环内外每日会商、协调联动、共同抓好赛事组织落实的工作合力。作为竞赛日程变更委员会的参与者、亲历者和组织者，最直接的感受是“所有气象变化尽在掌握之中”。

六年弹指一挥间。不知不觉，冬奥工作已进入善后阶段，虽然前期经历了数不清的摸索和磨合，经历了大量的纠结和痛苦，但回过头来看正是这些种种让人意想不到、让人惴惴不安的过程，才为我们带来了今日的收获，这些随着奥运圣火的熄灭，将在我们心中留下永恒的记忆。下一步，我将带着组织所赋予的这份荣誉和信任，继续昂首阔步，调整精神，投入下一场冲锋之中！

冬奥之缘

刘燕辉

作者简介：刘燕辉，1961 年 1 月出生，中国气象局冬奥气象中心执行副主任兼北京冬奥组委首席气象联络官，2021 年 4 月退休。

坐在家里，看着电视里北京冬奥会各种比赛的转播，分享着冬季项目带来的激情和快乐，作为一个体育运动的爱好者和滑雪运动的发烧友，更是作为一个冬奥会气象保障筹办工作的直接参与者，心中充满着惬意和轻松，感到无比的幸福。

2013 年底我国开始申办北京冬奥会，当年冬季在朋友的拖拽下，带着对滑雪运动的好奇，在 50 多岁的年龄走上了雪场，谁知这一学竟与冬奥会结下了不解之缘。1983 年从成都气象学院毕业到北京市气象局开始从事气象工作，到 2021 年退休，一生都献给了气象事业。38 年中，经历了各种各样的大型气象服务保障工作，然而无论是 1990 年的北京亚运会还是 2008 年的北京奥运会，作为一个气象人，都因各种原因，未能直接参与为国际大型体育赛事气象保障，北京冬奥会让我弥补了这个缺憾！

2017 年中国气象局决定成立冬奥气象中心，我担任了冬奥气象中心执行副主任兼气象首席联络官。当时已经 56 岁了，北京 2022 年冬奥会举办时我应该已经退休了，然而组织上却为我提供了这样一个难得而重要的参与北京冬奥会筹办工作的机会，也许这就是冥冥之中上天的眷顾。

冰雪运动项目与气象条件关系密切，气象是冬奥成功最关键因素之一。尽管有了 2008 年北京夏奥会气象保障的成功，但冬奥会的气象保障难度远超夏奥会，用北京冬奥组委专职副主席韩子荣的话说："气象是冬奥会的核心业务。"我国几乎没有任何大型冬季运动项目气象保障的经验。如何瞄准国际先进水平，建立一流的冬奥会气象服务体系和技术保障体系是摆在每一个气象参与者面前的挑战。作为一名北京冬奥气象服务保障筹备工作的主要组织者，面对的压力和挑战巨大，为此付出了太多的努力和艰辛。

2018 年平昌冬奥会，韩国气象保障得到了各界的大力称赞，这无疑对北京 2022 年冬奥会我国的气象保障提出了更高的要求和挑战。为了能为北京冬奥会提供最优质的气象服务，充分借鉴历届冬奥会成功的经验并结合我国实际，提出了形成具有特色的山区复杂地形下小尺度甚至微尺度气象观测系统、突破复杂地形下具有自主知识产权的短时临近精细预报技术、建立适应技术发展的气象服务手段、构建高效的技术保障体系、打造高素质创新能力强的人才队伍，达到"中国特色，国际领先"水平的冬奥气象保障建设目标。不仅要为冬奥会提供可靠的保障，还要为我国山地气象和今后的大型活动保障留下丰富的遗产。

海陀山新一代天气雷达是冬奥气象服务最关键的建设项目之一，为了能够顺利建成，仅 2017 年 9 月一个月，就曾三次徒步攀爬了海拔 2200 米的海陀山。当时那里还是一座近乎原始的山林，山高坡陡，几乎没有路，很多地方只能手脚并用才能攀登，每次来回都得七八个小时。由于连续地高强度工作，心脏出现了问题，住进了医院。但现在看着矗立在海陀山顶的新一代雷达，不仅为冬奥会服务提供了保障，还为北京的防灾减灾提供支持，感觉这一切都是那么的值得。

气象保障筹备工作是一项系统工程，如果说什么是最难的，就是协调。要与北京冬奥组委以及国际奥委会等组织咨询沟通，充分了解他们的需求；要与方方面面的外部门和单位对接协调，寻求他们的理解和支持；要与气象部门各个单位和部门联络商讨，确保各项筹备工作有序开展；要与形形色色的人面对交流，让每一个目标和任务都能清晰明确……坚持、争论、妥协、欢笑……酸甜苦辣成为一份难得的人生经历。

功成不必在我，功成必定有我。北京冬奥会的气象服务是我国有史以来气象服务保障持续时间最长、建设难度最大、参与人力最多的一次气象服务保障，它全面检验了多年气象现代化的成果，也极大促进了气象事业的发展。看着在职的同志们为冬奥会成功举办提供了如此高水平的气象服务，得到了各界的高度认可，并受到习近平总书记充分肯定，作为曾经的参与者，内心的幸福无以言表。这是全体气象人共同努力的结果，也是全体气象人的光荣。冬奥会结束了，它必将成为气象事业发展中的一个里程碑。长江后浪推前浪，作为曾经的参与者，圆满地离开了为之奋斗一生的气象工作，期望未来的气象事业更加辉煌。

看似“水到渠成”的圆满

闫　峰

作者简介：闫峰，1980 年 9 月出生，来自河北省气象局应急与减灾处，冬奥河北气象中心张家口赛区综合协调组成员。

作为张家口赛区冬奥气象服务保障前方工作组综合协调组的一员，刚收到要提交一份心得感想的时候，我内心是推辞的。我觉得从整个张家口赛区冬奥气象服务保障前方工作组来看，综合协调组多数时间从事幕后工作，默默无闻，没有动人心魄的瞬间，也没有感人肺腑的画面；从我们组内部讲，我从事工作是幕后的幕后，更没有什么精彩的故事。但是从另一个角度看，我从 2017 年开始负责北京冬奥会筹办工作，大到工程规划建设、团队组建培训、各类方案制订、测试赛及正赛保障，小到车辆租赁、食宿安排等，可以说我是全过程、全方位参与张家口赛区冬奥气象保障工作。

张家口赛区冬奥气象保障服务工作给我最深刻的印象和感受就一个字——“稳”。在刚刚接手冬奥筹办工作的时候，面对冬奥气象服务这个前所未有的重大活动保障任务，压力和困难不言而喻。可是随着北京 2022 年冬奥会和冬奥会取得圆满成功，气象保障服务获得了比历届冬奥气象保障更高评价，原来的困难和压力好像没有发生，一切的成功和成绩都是那么自然，有种水到渠成的感觉。但是我深深知道，这些成功背后有太多的艰辛和不易。

成功源自细之又细的“方案体系”

在冬奥筹办举办的过程中，我们制订了运行方案、组建方案、应急预案、疫情防控方案、测试赛保障方案等一系列的方案制度体系，将筹办任务压实到单位、落实到个人，将工作措施细化到月、精确到天。随着冬奥会筹办工作的不断深入推进，各类方案一版一版更新，越改越细致，越改越科学，越修改，操作性越强。我印象最深的是，为了厘清冬奥气象保障全业务流程，从观测资料收集到前端产品支撑、从业务系统支撑到服务产品制发，我们一个单位、一个单位座谈，一个节点、一个节点梳理，将所有业务链条展示到一张“业务流程图”上，最终确保了冬奥气象保障服务各领域工作万无一失。

成功源自实之又实的“运行机制”

在冬奥筹办进入全力冲刺阶段以后，我们建立了冬奥气象保障任务动态管理机制，根据每次工作会议安排，梳理制订任务清单并实行动态管理，确保所有任务无延迟、无遗漏、全落实；在冬奥会和冬残奥会正赛期间，针对赛事高影响天气，我们每天制作“赛事风险”，这成了张家口赛区各场馆主任每天一上班必须具备的“掌中宝”；我们建立了日运行图机制和每日午餐碰头会机制，组内13名同志分散在不同岗位，逐点位收集信息，逐一反馈整理，充分发挥了“参谋部”和“信息处”作用，确保了冬奥气象保障工作运行的高效顺畅。

成功源自精之又精的“人员队伍”

从前方工作组内部看，8个专项工作组分工合理、配合默契，所有参战人员忠诚担当、精神饱满、追求精益求精；从我们组内部看，13位同志各尽其职，特别是在运行指挥部调度中心、省冬奥办和各竞赛场馆运行团队工作的同事，确保了我们的预报服务能够直达赛事筹办和场馆运行的决策核心，最大程度发挥了气象服务信息的效益；同时还能及时汇总反馈信息，便于改进服务，确保了冬奥气象保障服务精彩、出彩。

我参加过2008年北京奥运会、庆祝中华人民共和国成立70周年、庆祝中国共产党成立100周年等一系列重点活动保障，对比历次保障任务，这是第一次国、省、市、县四级高效协调联动，观测、预报、服务、人影全业务深度参与的重大活动保障任务；对比历次保障任务，这次也是气象服务受重视程度前所未有、获得肯定前所未有的一次，更是准备工作最充分，最能体现气象人担当精神的一次，所以才有了这非凡卓越的看似“水到渠成”的圆满。

北京冬奥精神，传承有我

闫 巍

作者简介：闫巍，1980年11月出生，来自北京市延庆区气象局，冬奥北京气象中心延庆区气象服务组组长。

2022年4月8日是个难忘的日子。虽然没在现场聆听习近平总书记讲话，但我还是及时收看了视频，打印了讲话。“北京冬奥精神”“胸怀大局、自信开放、迎难而上、追求卓越、共创未来”“气象工作者”……每一个关键词都足以让我热泪盈眶！一幕幕场景不断地又浮现在眼前。

胸怀大局，唯有心系祖国才能肩负重任。那一天我永远无法忘记！2014 年 9 月 1 日，我接到了参与申办冬奥的正式通知，事实上前期也有参与。那晚，我整夜未眠，开始想到海陀山上能不能办冬奥，想到山上现在没有自动站……最后又想到满山的自动站，也想到了闭幕式。我预感到，冬奥一定会申办成功！我深知海陀山气候复杂。从此，冬奥就成为我肩上最幸福的重担。“必须马上建立自动气象站！”这句话是我给领导说的，态度很坚定！从申办、筹办到举办，我一直把冬奥放在心中最重的位置，从没敢想过放下担子歇一歇，因为这是国家的大事！

自信开放，唯有执着前行才能意气风发。7 年来，我一有空就看海陀山，然后看观测数据，想象山顶的情况。碰到来单位的人，我就带他们远眺海陀山。2014 年，我们就组建了个小团队，开始报海陀山天气。再后来，中国气象局和北京市气象局都开始行动了，组建了团队，尤其是预报团队和探测团队。有了“三维、秒级、多要素”和“百米级、分钟级”后，准确率大大提高了！人、财、物、技术基础都很牢！当然还有很多！一次次测试赛保障的成功，极大地鼓舞了气势、增强了信心！这都是我们从容走向战场的底气！

迎难而上，唯有勠力同心才能风雨无阻。刚开始，山上没水没电没路没通信，每次爬山都是一整天，不光干活还要背东西，再加上大风低温，没有信念肯定坚持不下来！建了站后，还要配合赛道施工调整，有一个都迁了七八次，其实迁站比建站更难！取数据、修站、维护，再到海陀山雷达建设，国外专家考察保障，汛期施工保障、测试赛。疫情后，难度更大！无数次彻夜奋战，无数次顶风冒雪，但延庆气象团队从未因为疫情冲击而停止奋斗的脚步，从未因为困难重重而动摇必胜的信念！

追求卓越，唯有勇于创新才能精益求精。我理解，冬奥气象保障就是气象人不断追求卓越的过程，有机制、技术、设备、方法的不断创新，也有精神的不断创新。观测上，自动站从北斗到 5G、自动加热，从单站到双备份；预报上，从点到面再到立体，预报时效从 1 天到 10 天；服务上，要素增加，英文显示，分级分区分类的专报，甚至表达一句话都要讨论好久。赛时期间，我每天早晚至少向“延庆最高指挥群”汇报 2 次，从最初 5 分钟到后来的 1 分钟，这并不是天气原因，而是把要害点和关注点结合到一起，不断精炼完善！这一切都源于实践，加上不断创新和反复实践。

共创未来，唯有凝心聚力才能再创辉煌。成功的那一刻，我们都不由之主地相拥而庆！七年多的付出最终迎来收获，一路拼搏，一路跋涉，处处彰显着气象人在新时代的使命和担当。他们当中，有闭环的预报员和探测人员、默默奉献的科技人员、夜以继日的城市气象服务人员、守护系统的技术人员、不辞劳苦的管理人员，也有厨师、司机、清洁工。涓涓细流，汇成大海；点点星光，照亮银河。没有人生来就是英雄，但总有人用平凡成就伟大。然而，这一切都是因为汇聚了众人的微薄之力，才凝聚成无法阻挡的磅礴之力！伟大的事业孕育伟大的精神。北京冬奥精神正是在以习近平同志为核心的党中央坚强领导下，广大参与者用辛勤付出、坚强毅力、巨大勇气培育出来的精神成果，是激励我们实现中华民族伟大复兴的强大精神动力。气象工作者更要大力发扬我们参与实践的北京冬奥精神，凝心聚力，以更加坚定的自信和勇气，为再创气象事业新辉煌而不懈奋斗！

脚踏实地勇往直前，不负使命保障冬奥

杨光焰

作者简介：杨光焰，1987 年 11 月出生，来自北京市延庆区气象局，国家雪车雪橇中心技术经理。

感恩

我们这一代人是幸运的，生逢盛世，见证了 2008 年夏奥会的成功举办，更幸运的是能够亲身参与冬奥，体验奥林匹克的无上荣光。但这背后离不开党的领导下一代代革命前辈们为了新中国的诞生和发展所进行的艰苦卓绝的斗争和努力，没有他们的付出，就没有今天的国家的独立与富强，更没有“双奥之城”举世无双的辉煌。

我自己也是幸运的，自 2013 年在延庆区气象局参加工作，2014 年便有幸参加了冬奥申办期气象观测站的建设。在气象局各级领导的信任和支持下，有幸于 2016 年被选调至北京冬奥组委延庆运行中心，更为直接、深入地参与了冬奥的筹办、举办。这八年一路走来，在工作中，在生活上，气象局以及运行中心的领导们都给予我无微不至的指导与关怀，使我从一个刚毕业的懵懂少年成长为一个有一定工作能力和为人处世经验的合格冬奥人，经受住了奥运筹办、举办严峻考验和历练。

感慨

2014 年 9 月，我们第一次爬海陀山建站，肩背人扛牲口驮，天没亮就出发了，天黑才下山，一天累得够呛。在惊叹于海陀山雄伟险峻的同时，隐约听说这个地方可能要办冬奥，心里不禁犯嘀咕，这荒山野岭的，路都没有，更别说水电了，咋建场馆？

随后几年间，我亲身参与并见证了赛道的选址、设计、植被迁移、表土剥离、进场路通车、货运缆车运行，数千人风餐露宿，顶风冒雪，扎根山林，克服了无数艰难险阻，从最开始的肩背人扛到各类大型设备进场，从荒山野岭到一座座现代化场馆拔地而起，从最开始的 4 套气象观测站到赛区立体、全要素气象观测体系的建立，赛区发生了天翻地覆的变化。国际奥委会和单项体育联合会专家每年都会到赛区考察几次，每一次到现场，都情不自禁地竖起大拇指称赞：中国速度让人难以置信！

这一切让我也深深感受到我们国家综合国力强大和集中力量办大事的体制优势，冬奥会所取得的成就也是我们每一个中国人民用勤劳汗水和勇敢智慧换来的。如果说 2008 年夏奥会是让世界认识中国的崛起的话，2022 年冬奥会则是充分向世界证明了我们的强大与担当。

感受

冬奥赛时，我的岗位是场馆技术经理，负责场馆通信、成绩处理、信息、音视频、有线电视、网络安全等工作，为竞赛、转播、新闻媒体等关键客户群及 30 余个业务领域提供服务。许多领导和同事都开玩笑问我：你一个搞气象的，能干好技术这么重要且专业的活吗？我说没问题，都是相通的。首先，气象和技术的工作性质都属于服务保障，根据不同客户群的需求来提供相应的服务，比如交通关注道路结冰和能见度，种植业关注各类气象灾害预警，我们就提供相应的预报服务，在场馆也一样，竞赛关注成绩，观众需要较好的观赛体验，我们就提供成绩、大屏和电视，归根到底，就是对接好需求，在力所能及的服务范围内提供优质的针对性服务；其次，二者都要求极高的精确性，冬奥气象预报要求“百米级、分钟级”，车橇场馆成绩需要精确到千分之一秒，虽然最终展现在大家面前都只是一串数字，但无论温度还是成绩，都需要有先进的观测、探测设备作为支持，更需要有一个庞大且专业的团队在后台进行保障；最后，气象和技术都需要高度的责任心才能干好，很多预报员都有职业病，报了晚上有雨，不下睡不着，下了更睡不着；技术也是，九大类系统数千件设备出现故障难免，比赛期间出了问题就都是大事，技术经理是场馆最为提心吊胆的岗位之一，但其中，都是对工作的投入担当，只有胸怀工作，才能把事干好。

感想

这些年，有喜悦有兴奋，也有紧张有失落，但更多还是收获。我和许多优秀的领导和同事共事，从他们身上学到了很多东西，有些东西值得一生去追求，有的需要自己今后不断去改进。今后无论在什么环境，什么岗位，我也将继续一步一个脚印，踏实做事，坦诚做人，为国家，为社会，作出自己应有的贡献。

宝剑锋从磨砺出，梅花香自苦寒来

秦宝国

作者简介：秦宝国，1978 年 12 月出生，来自河北省气象局科技与预报处，冬奥河北气象中心张家口赛区预报服务团队副队长。

冬奥会与气象密切相关，历届冬奥会因为天气原因调整竞赛日程屡见不鲜，甚至取消比赛。习近平总书记要求北京冬奥会的每块奖牌都要发出去，做好北京冬奥会举办期间的赛事运行气象预报责任重大。

张家口赛区地形复杂，沟壑纵横，局地小气候特征非常明显。山里的风飘忽不定，山顶山底不一样，每个山沟跟每个山沟也不一样。气温变化也超出一般人的认识，有时上午一个小时气温能升高 8～9 ℃。当时除了云顶密苑滑雪场，之前就是一片荒山，也没有足够的气象资料来分析这些复杂天气情况。气象工作者对这片荒山一无所知。另外，赛事气象预报需求不同于我们日常天气预报业务。预报员对定点气温，精细到米的阵风风速预报没有足够的业务经验。

这就是当时摆在 36 人的冬奥赛事服务团队面前的挑战。团队迎难而上，从 2018 年开启了历经 5 个雪季的磨炼。

瞄准短板，恶补专业知识。我们国家在山地气象这方面没有成熟的学术研究。在中国气象局的支持下，团队分批参加美国的 COMET 项目去学习山地气象学知识。后来受疫情影响，这个培训计划进行了一半就中断了。队员们克服困难，就把英文版《山地气象学》翻译成中文，一起讨论学习。

坚持自学，突破语言难关。半数队员都要在每场比赛的前一天参加领队会，用英文报告比赛时间段的天气预报并回答各个国家队领队的提问。队员都是学气象专业的，英语就是四六级水平，口语普遍很差。五年时间，他们坚持自学，每天打卡。

坚持实训，积累预报经验。从 2018 年开始，团队每年 11 月到次年 3 月都到崇礼区气象局集训，每天分析天气形势，一点一滴地积累预报经验。为了尽快熟悉这个地方的天气特点，越是刮风下雪，他们越是要往山上跑，崇礼冬天的最低气温能达到 −30 ℃，他们把每条沟、每座山都走了无数遍。

经过五年的训练和学习，队员们对张家口赛区天气基本上了然于胸。随着北京冬奥会开幕，真正检验他们的时刻来了。

团队准确预报了冬奥会和残奥会期间降雪、大风、低温等 8 次对赛事有高影响的天气过程，张家口赛区共有 13 个比赛和训练根据我们的天气预报调整时间。张家口赛区赛事运行总负责人佟立新部长专门到预报员的工位上说：“这场雪是预报多少就下多少，预报几点就几点下”。国际奥委会体育部部长吉特•麦克康奈尔表示：“日程调整非常成功，气象预报非常可靠！”还有一个国家队领队给我们的队员发信息称赞“冬奥会历史上最好的气象服务”。北京冬奥组委副主席杨树安讲到北京冬奥会前半程竞赛组织有“一流的气象服务保障”。

赞美的背后除了每一位队员的努力，还有他们的付出。5 个冬天，他们不能陪伴孩子、照顾老人，完全放弃了家庭生活。

内蒙古自治区呼伦贝尔市气象局的一位队员是一个年轻的妈妈，2021 年 10 月来崇礼的时候，孩子刚刚 5 个月大。她的工作总结里写了这样一段话：“选择是艰难的，在机会面前，我选择了完成冬奥会气象保障的使命！工作之余的时间也是艰难的，在女儿成长的关键时期，我缺失了对她的陪伴和悉心的照顾，感谢家人的全力支持和付出！”在她面前，我们说出“孩子”两个字，她就掉眼泪。还有一位队员写道：“在姥姥、爷爷先后生病去世时，身为孙女的我没有在他们的病床前尽孝一天，这是我一生的憾事。”

张家口赛区实行封闭管理的前一天，崇礼区的食品、被褥被抢购一空。张家口市气象局的一名司机想尽办法弄到一些被褥和食品。队员们为了带上工作用的台式机，在唯一能进入闭环的皮卡车上只载了几箱方便面。司机说这帮人不是傻子也是书呆子。后来他跟我说队员们真是好样的，他说“上战场不拿枪打什么仗”。

团队队员们都比较年轻，但是他们身上有舍小家、为大家的奉献精神，有迎难而上、潜心钻研的敬业精神，有顶风冒雪、翻山越岭的艰苦奋斗精神，有胸怀国之大者的家国情怀。

满腔热血献冬奥，砥砺奋进再前行

姬雪帅

作者简介：姬雪帅，1991 年 6 月出生，来自河北省张家口市气象局，冬奥河北气象中心张家口赛区云顶场馆群闭环外指挥室气象秘书。

转眼间，北京 2022 年冬奥会和冬残奥会已经胜利闭幕。无数的气象服务保障人员为冬奥奉献，得到了众多业务领域的好评。自 2014 年以来，我亲历并见证了北京冬奥会从申办到筹办再到成功举办，作为这一伟大历史事件的参与人，深感无比幸运与光荣。

兢兢业业，做好冬奥气象服务筹备工作

2014 年 10 月，我参与了崇礼赛事核心区第一批自动气象站，特别是位于海拔 2100 米的气象站金花阁站的建设。虽然是 10 月份，但建站当天风速持续加大、气温持续降低、雨夹雪的天气让大家睁不开眼，但团队一起克服寒冷和冰冻，仅用一天时间就完成了自动站安装，填补了云顶雪场气象观测的空白。

2017 年，我作为首批核心人员加入河北赛区气象预报服务团队，每年冬季在崇礼驻训开展相关研究，改进预报方法，提升预报能力。开展夜间野外观测，利用 X 波段双偏振雷达、电子显微镜和系留汽艇开展实验，为做好冬奥气象服务保障积累经验。

2019 年是冬奥会张家口赛区建设任务比较重的一年。为保障冬奥赛区平安度汛，我主动要求进驻崇礼区气象局，整个汛期预报预警及时到位，保障赛事核心区的汛期建设有序进行。

稳扎稳打，做好“相约北京”赛事各项保障

2020 年 4 月底，我进入张家口市政府“6+1”赛会服务保障融合推进中心，工作职责从专业服务逐渐转向综合协调。全业务、全流程参加赛事组委会组织的 3 次测试活动实战演练，负责编制了《张家口赛区气象实战演练方案》《气象保障日运行计划》，参与制作了服务材料标准模板。作为指挥部气象服务组联络员，报送的气象服务材料多次获得组委会领导批示。

2021 年下半年，北京冬奥会已经进入决战决胜的关键时期。8 月 3 日，我正式进入崇礼赛事一线办公，工作中面临很多挑战，特别是“相约北京”赛事临近，工作任务艰巨，经常挑灯夜战，加班至后半夜。路虽远，行则将至；事虽难，做则必成。经过 120 多天的夙兴夜寐，终于迎来了张家口赛区国际赛事的顺利开始。我继续作为张家口赛区分指挥部联络员，全程参与了测试活动的服务保障工作，负责向分指挥部提供气象服务信息，确保了测试赛气象服务保障顺利开展。

全力以赴，做好云顶场馆群指挥室服务保障

根据冬奥会气象服务的需求，云顶场馆指挥室选派两名气象秘书为主任层提供专职气象服务。作为闭环外指挥室成员，我于 2021 年 12 月赴云顶场馆群报到。在指挥室工作期间，制订的《云顶场馆群指挥部气象服务方案》获得了云顶场馆群秘书长马轩批示。自场馆转入大闭环后，每天张贴气象服务材料，每次重大天气过程及时向指挥室带班领导进行汇报，参与并制作了 4 期《天气高影响提示》信息，场馆执行主任李莉多次给予批示。

作为闭环外指挥室成员，还参与指挥室的值班值守。闭环外指挥室人少事多，接待任务繁重，每日值班都是双人双岗，24 小时在岗，每三天一个夜班。作为气象服务保障团队中闭环外的唯一成员，还承担了与闭环外各领域的协调工作，仅利用一天时间办理了装备保障团队的车证，直接协助装备保障团队完成车辆更换。

回首自己参与的整个冬奥服务保障历程，最重要的还是要道一声“感谢”，首先要感谢组织的信任、各级领导的大力支持。五年来，从整体布局谋划到细节精雕细琢，为冬奥气象服务保障的成功奠定了基础，特别是感谢张家口市气象局党组对我的信任，一直让我在冬奥服务保障的各个岗位不断锻炼，提升能力；其次要感谢几年来我所在的各个服务保障团队，感谢各个团队的包容理解，感谢同事的支持帮助，使我的专业技术和综合协调能力得到了全方位的提高；最后我还要感谢我的家人们，正是因为有你们在背后默默支持，我才能一往无前。通过参与冬奥会，我经受了考验、收获了成长、实现了价值，做了一件一生都会为之自豪的事情。

第八章　探测运维

冬奥“孤勇者”，守护“千里眼”

马文明

作者简介：马文明，1986年10月出生，来自中国华云气象科技集团北京敏视达雷达有限公司，冬奥河北气象中心张家口赛区外围张家口康保国家天气雷达站驻站保障人员。

我十分荣幸参加了北京2022冬奥会和冬残奥会气象保障工作，感谢集团和公司领导对我的信任。2022年冬奥会及冬残奥会气象保障有两只“千里眼”——北京海陀山S波段天气雷达和河北张家口康保S波段天气雷达，这两部雷达的建设和验收，我均有幸参与。S波段天气雷达可以立体监测雷达站中心方圆460千米内的对流云层的生成和变化，直观地反映出降水云系的变化和移动的过程信息，从而提高天气预测的精确度，张家口康保天气雷达站位于张家口和北京冬奥赛场气象观测的上游，能提前观测到上游的天气变化，为赛场内的预警和赛事调整争取时间，所以冬奥会及冬残奥会期间，康保天气雷达保障工作的意义和责任都十分重大。当得知公司派我独自守护张家口康保S波段天气雷达，在保障工作开始之前，我心里也是忐忑不安，既有一些承担重大工作的“勇敢”，又有一些远离大部队的“孤寂”，在领导的鼓励和动员下，了解到冬奥气象团队现场保障工作的统筹安排和精心部署后，我坚定了信心，一定能够出色地完成本次任务。

冬奥会开始前的保障时期，由于疫情防控的原因，康保县宾馆对从北京入康人员有严格管控措施，所以只能住在距离雷达站较远的张家口市区，每天往返康保雷达站需要5个小时的车程。我到达康保雷达站的首日，就对康保天气雷达进行了全方位的“体检”，排查隐患，以确保康保天气雷达能够工作在最佳状态，为冬奥赛场提供准确的气象观测信息。当天工作结束的时候天色已晚，我出了雷达楼才发现，外面雪花纷飞，而且路上已经结冰，经过3个多小时小心翼翼地长途跋涉，才终于回到了张家口市区。之后的十几天，我们保障团队每天往返于张家口市区和康保天气雷达站之间。期间，有过所住宾馆因为春节临近，停止营业，所以夜里拖着行李箱在张家口市区到处找宾馆的窘境；也有过保障间隙在气象雷达楼外表演泼水成冰的乐趣。每天在往返张家口与康保的路上，我都能看到成片的光伏发电场和风电场，正是这些电场，让北京冬奥会成为历史上首届100%使用绿色清洁电能的奥运会，也向世界展示了中国可再生能源产业和科技产业的发展和壮大。中国以实际行动兑现了“绿色办奥”的庄严承诺。

在开幕式的当天，我们进驻到了位于康保县城40千米之外的村庄里康保雷达站。时值春节期间，我们保障团队所住的雷达楼和村庄里的万家灯火通明相比有些孤独，但是团队选择用饱满的工作热情和积极昂扬的工作态度投入到紧张的保障工作中。团队实行了分批次、全天候监视，时刻关注天气雷达的指标、运行以及数据传输状态，确保万无一失。在冬奥会和冬残奥会的两周间歇期中，由于疫情防控的需要，我不能回到北京，只能继续在康保县待命，期间我们的保障工作并未放松，趁着间歇期，我们又对雷达进行了一次大检查，以保证在冬残奥会期间雷达能继续正常运行。我们的保障工作是紧张的、孤独的、甚至是有些枯燥的，但是我们的保障团队充分发扬了气象人吃苦耐劳、甘于奉献、不畏艰难、勇于挑战的精神，最终在团队的精心呵护下，康保天气雷达这台“千里眼”，在冬奥会和冬残奥会期间零故障，一直稳定运行，为气象预报工作提供了精准的气象数据。

近两个月的冬奥会和冬残奥会保障工作，我积累了丰富的重大赛事保障工作的经验，践行了“冬奥有我，请党放心”的铮铮誓言，能够亲眼见证、亲身经历、亲自参与这一伟大盛事，我感到无比骄傲、无上光荣，更为伟大的党、伟大的祖国感到自豪。经过冬奥保障工作的洗礼，我会以更加昂扬的姿态投入到今后的工作中，为推动气象高质量发展贡献出自己微薄但是坚定的力量。

奥雪之战

幺伦韬

作者简介：幺伦韬，1979年10月出生，来自河北省气象技术装备中心，冬奥河北气象中心张家口赛区气象装备保障团队队长。

冬奥气象保障工作结束至今已经3个月了，冬残奥会结束时，所有压力已放下，但我心中不静，始终无法下笔写下人生这段经历。经过三个月时间的清洗，心已平静。恰此时，用平常之心客观回看过去，为后续的工作留下些许经验。

2021年10月18日，张家口赛区气象装备保障团队首次齐聚崇礼，开启了这场保障之战，也开始了这段极不平凡的人生之旅。保障团队共17人，正式注册C类人员16人，作为队长未能注册，有点尴尬，但功成必定有我，足矣！团队组队和场馆进驻经过多次谋划和演练，最终4名厂家技术人员、4名专业保障人员、2名省气象局保障人员、4名张家口保障人员、2名司机组队并均分两个场馆群。我驻守在崇礼，做好协调支撑。

本次保障采用“主预防 简维修”原则。考虑赛时场馆管控，我们把精力主要放在预防上，充分考虑、模拟各种可能出现的故障隐患情况，采用优化设备、改造供电、备份站、替代机制等措施提高预防效率。再好的预防也不能保证设备无故障，又提出了“简维修”。我们在赛前维护时，已考虑到如何快速简捷维修，调整安装方式、接线等，确保故障时能快速、简单地得到维修。每日的运行分析、现场维护、再分析、再维护，让“主预防”的功效发挥到极致，取得了赛时零故障的战绩。

保障团队到达赛区时，留给团队工作的时间太少，除去测试赛和场馆管控等各种原因，可以工作的时间不足 50 天。常说十年磨一剑，但我们没有磨剑的时间，我们也无须磨剑，作为装备保障人员，本领是日常应该练好的，是时刻准备出发的！我们的每一名队员都具备着独立面对挑战、解决问题的能力。但 50 天，把我们准备工作时间压缩到极限。在此期间，保障团队跑遍了张家口赛区的每个角落，44 个核心站均去过 3 次以上，对每个站进行拍照、维护、调整、改造……在漫山风雪中肩扛手提、安装了 12 套备份站。所有的工作，都为保障成功奠定了坚实的基础。期间的艰辛太多，气象报上的"攀登者"没有夸大其词，仅为一隅。因无风，−26 ℃下改造设备时未感觉太冷，只感觉脚下比较凉，在雪地里站了 4 个多小时，后来读现场数据才发现如此低温，也让我心生余悸，第二天让大家休息了半天，确认没有冻伤情况。后来随身带了一个电子测温计，但经常会超出量程；工兵铲挖断，挖出了 2 米多深的雪洞，钻进去工作；在坡度 60° 的雪壁上，用一根安全绳在攀爬……在此期间，几乎每名队员都摔过跤，身上擦伤、耳朵冻伤时有发生，对我们的考验已不仅是精湛技术了。我能感受到，这次工作的艰辛应该是他们有生以来吃苦最大的一次，作为农村出来的我，也很久未经历如此艰辛的工作了。

对我来说，前期确实压力较大，毕竟是国际赛事，几乎每天晚上 12 点通过软件看一遍所有站点是否运行正常后才睡觉。凌晨 4 点起来又看一遍，再回到床上睡一会儿。后来，设备一直稳定运行，让我越来越自信，正确的保障原则和前期的扎实准备发挥了作用，确保了赛时设备的零故障。唯一遗憾的是，没能陪同我的队员们进驻核心区共同战斗，他们在核心区吃住、工作都极为不便，承受着疫情、工作和孤独的多重压力。但是他们顶住了压力，以顽强的斗争精神确保工作圆满完成，设备零故障是对装备保障人员最高的赞誉，他们做到了，在此衷心感谢他们对我工作的全力支持和为保障工作付出的艰辛与努力。

就到这里吧，以一首《定风波》结尾，表达我的心境：

寒极陡峻雪啸声，冬奥急奏赛前铃。饮尽担当豪情壮，行动，一铲风雪任君行。

疫伤孤冷测天况，使命，无论艰辛与功名。百日征战圣火烬，归去，亦现彩虹亦温情。

践行党员使命担当，保障冬奥气象雷达

王　栋

作者简介：王栋，1976 年 8 月出生，来自中国华云气象科技集团北京敏视达雷达有限公司，冬奥北京气象中心延庆赛区高山滑雪中心场馆探测运维保障团队队员。

北京 2022 年冬奥会和冬残奥会胜利闭幕。华云集团敏视达公司承担了北京海陀山、张家口康保天气雷达站和激光测风雷达的建设任务，周期短、任务重、建设难，但我们在冬奥气象中心的指导下圆满完成了天气雷达、激光测风雷达的建设和服务保障任务，为这次冰雪盛会的天气雷达和激光测风雷达保障提交了合格答卷。

作为天气雷达现场保障人员，我光荣参加并圆满完成 2021 年冬奥测试赛以及 2022 年冬

奥会和冬残奥会正式比赛的保障任务，整个保障过程时间跨度久、保障任务重，即便对我这名“老”党员来说，在心理、身体和技术上都是一次大考验。公司能够把这么重要的任务交给我，是对我的信任。出征前，我心里暗自发誓一定要践行党员使命担当——不辱使命，不负众望；关键时刻应该有党员的样子——看我的，跟我来。

回首天气雷达保障过程的点点滴滴，岗位虽然平凡，没有做出惊天动地的成绩，但是积沙成塔，通过认真坚持和严格落实天气雷达日检查、周定期功能检查和月维护制度，换来了圆满、成功的高质量天气雷达赛事保障。

2022 年 1 月 26 日，天气雷达的屏幕上突然出现了强电磁干扰回波。天气雷达是观测天气降水过程的“千里眼”。2 月 4 日是冬奥会开幕式，我们必须抢在开幕式前排查清楚强电磁干扰问题，不能影响开幕式天气预报的数据质量和预报精准度。我和现场保障团队成员——北京市气象局探测中心高工张治国进行紧急磋商。时不待我，我俩决定立即上山，分头准备所需工具、器材、仪器、仪表和零备件，一切就绪后我俩穿上冰爪，戴上安全头盔，每人身背 50 多斤（1 斤 =500 克，下同）重的雷达备件和笔记本电脑等，开始向雷达山顶出发。

到达雷达工作现场，我们立即展开工作，按照操作流程和操作规范，从发射机到接收机、再到天线伺服系统和 RDA 控制软件，仔细地测试着每一个参数，并确保所有参数值都在大纲要求和规定的额定值范围之内……紧张而有序地测试、分析和判断，我们最终确定了电磁干扰的源头来自正北和正东两个方向的同频强电磁干扰，是外界的强电磁干扰所致。

随着问题的水落石出，紧张而忙碌的气氛终于松了口气。当我们把雷达重新开机，确认雷达正常运行后，将机房收拾干净，准备下山时，出门一看太阳已经落山，这时缆车早已停运。我俩只能背着工具、仪表和备件等设备步行下山，在冰冷刺骨的寒风中，深一脚浅一脚地在没过膝盖的积雪中缓慢前行，有好几次我被积雪下的石头和树杈绊倒在雪地里……经过近两个小时的艰难徒步山路，终于到达了山脚。

北京 2022 年冬奥会和冬残奥会的保障任务虽然结束了，但是我们气象人这种可歌可泣的服务事迹，奉献、牺牲、忘我的工作精神应该得到传承和发扬，气象工作者爱党报国、服务人民、保障冬奥、爱岗敬业、精益求精的工作态度深受冬奥组委高度评价。华云集团和敏视达公司做到了领导重视，部门协同，提前谋划，上下齐心协力，大局观念强，工作思路清晰，保障团队得力。敏视达公司天气雷达服务保障工作小组，对北京、河北、天津、山西的 7 部 S 波段、10 部 X 波段、2 部 C 波段共 19 部天气雷达开展了专项定标检查和巡检维护工作，建立“1 小时内响应，6 小时内恢复”的应急响应机制。尤其是海陀山雷达工作环境海拔高、气候环境恶劣多变，从元器件采购、组件加工、整机出厂调试、现场安装、现场调试、一直到正式运行，每一个步骤、每一个环节都有专人检查和把关，做到不留死角、不留隐患。它经受住了高海拔严酷恶劣工作环境的考验。实践证明“磨刀不误砍柴工”——扎实的前期工作为雷达系统稳定运行打下了坚实的基础。过硬的产品质量，是雷达可靠稳定运行的品质保证。

乘风破浪会有时，直挂云帆济沧海

王彦朝

作者简介：王彦朝，1997 年 1 月出生，来自河北省沧州市气象局，冬奥河北气象中心张家口赛区国家跳台滑雪中心装备保障队员。

冬奥会是国家盛事，此次能参与冬奥会的气象装备保障任务，让我成为冬奥会的一份子，我倍感荣幸。

张家口赛区气象装备保障团队于 2021 年 10 月正式成立，成立后，我们在河北省气象局装备中心副主任幺伦韬的带领下，用了两周的时间，深入赛区，对赛区内所有自动气象站进行了一次巡检，并对每个自动气象站制订了“一站一策”，确保在自动气象站出现故障时，能第一时间找到问题所在。同时在历次巡检过程中，也发现了很多问题，我们及时进行了整改，消除了隐患。

从 2021 年 10 月下旬开始，至 2022 年 1 月 3 日，我们团队分组进驻崇礼，承担赛区内自动气象站的维护维修工作。这期间团队持续对自动气象站进行巡检，及时解决发现的问题，并不断完善“一站一策”。在此期间，我们还制订了备份站机制，对比较重要的站点，我们都安装了便携式自动气象站作为备份，当主站出现故障时，备份站可以立即启用，能够确保观测数据的连续性。给云顶 1 号站安装便携式自动气象站的经历令我印象深刻，云顶 1 号站是维护难度最大的一个站，周围坡度超过 45 度，又陡又滑，那天我们每人背着 20 多斤重的装备，在没过脚踝的积雪中艰难行进，爬到山顶，到达山顶后就没有路了，我们就通过安全绳从一个 60 度的坡面下到站点，这一段路我们用了一个多小时。还有一回，我们去维护云顶 11 号站，由于造雪和赛道塑形，这个站整体被积雪掩埋，我们需要挖开 6 米深的雪才能将整个站挖出来，在缺少专业工具的情况下，我们冒着低温和寒风，耗时三个半小时才将这个站挖出来，干完活后，我们的脚已经没有知觉了，手都冻得僵硬了。

1 月 4 日，团队全体人员进驻崇礼，因为赛区内一直在造雪，我们又对赛区内的自动气象站进行了一次巡检，对有积雪覆盖的传感器进行了清理，同时，让每一位队员再次熟悉自己赛时所负责的站点，确保大家都对自己所负责的站点心里有数，这样，即使赛时出了故障，大家也不会慌张。

1 月 22 日，我们正式进驻赛区开始了封闭生活，内心既激动又忐忑。我负责跳台场馆群周围的气象观测站，每天在比赛之前执行巡检任务，绝不留下一丝隐患。1 月 31 日早晨，除夕当天，接到维修任务，跳台 K 点站出现问题，数据时断时续。我们立即与场馆联系，征得场馆同意后，携带备件前往维修。那天上午风大气温低，即使戴着手套，手在外面也一会儿就冻得没有了知觉；我们就轮流干，换下一个人上，让这个人休息一下缓一缓。就这样，持续到下午两点，跳台 K 点站终于在寒风中维修好了，我们心中这才长舒了一口气。

付出总有回报，赛时期间，跳台场馆群自动气象站运行一切正常，这是对我们前期准备工作最大的肯定，我内心十分骄傲与自豪。

今年的春节，我因为工作的原因，坚守岗位，一直持续到冬奥会结束。春节期间，单位领导十分关心我们，与我们一起喜迎新春，喜迎冬奥，让我在异地感受到了家的温暖，使我能够集中精力全力以赴地工作。同时，我的家人对我的工作也十分支持，他们嘱咐我一定要认真工作，为成功举办冬奥会贡献自己的一份力。

心中有梦想，脚下有力量，未来有方向。能够作为保障团队的一份子参与到2022年北京冬奥会这一历史性事件中去，是历史赋予的重任，是我一生的骄傲。这次冬奥之行，我不仅锻炼了自己的业务能力，还与我们团队的其他人结下了深厚的友谊，我也从他们身上学到了很多，这次经历将是我一生的财富。我会不断从中汲取力量，去克服未来工作生活中遇到的困难。

“乘风破浪会有时，直挂云帆济沧海”，崇礼再见，冬奥再见！

冬奥有我，我们在行动

伏　鹏

作者简介：伏鹏，1982年12月出生，来自北京万云易博达信息技术有限公司，冬奥北京气象中心延庆赛区气象探测保障团队队员。

2021年11月，我和张冠鹤有幸加入冬奥气象探测保障团队，并承担北京2022年冬奥会和冬残奥会进行气象探测设备的保障工作。同时，由于疫情原因，我们坚持从2022年1月1日起不离京（张冠鹤老家河北），并隔天进行核酸检测，为进入冬奥闭环工作做好一切准备。

随着2022年1月22日，所有气象探测保障团队成员冒着大雪在延庆区气象局集结，以及7位成员进入闭环，北京2022年冬奥会气象探测保障工作已然正式落在我们肩上。

回想七年前，第一套长虫沟自动气象站在海陀山地区建站时的情景还历历在目。那时的海陀山地区没有路、没有信号，我和各领域的气象精英一起跋山涉水，穿梭林海，徒步两三个小时才能到达气象站，对设备进行维护、维修。

同时，为了此次盛会，国家和中国气象局对延庆海陀山地区的气象站建设投入了大量的人力和物力，在延庆海陀山赛区建立了完善的气象观测体系。所以，我们要拼尽全力保障设备的正常运行，为赛事预报和赛事服务提供有力的数据支撑。

虽然我们已经经历了“十四冬”和“相约北京”赛事的保障工作，并且为赛事保障工作积累了一定的经验，但当冬奥会真切地来到眼前的时候，我们依然既兴奋又紧张。兴奋的是冬奥会真的来了，而且我们已做好准备。紧张的是在保障过程中如果出现不可控的问题，影响到预报的准确性，并直接影响赛事的进行。但是，我们有信心、有责任，依靠我们的能力把气象探测保障工作做到最好。

身为北京万云易博达信息技术有限公司的运维人员，我和张冠鹤为能加入到冬奥气象探测保障团队中，并亲身经历2022年冬奥会和冬残奥会的气象探测设备保障工作，感到非常荣幸。从公司领导到每一名运维人员，都十分重视这次难得的机会，都在全力支持此次的保障工作。

由于闭环内工作的特殊性，以及气象探测保障工作的重要性，2022 年的春节我们依然战斗在工作岗位上。在进入闭环前，各级领导为我们准备了生活物资，解决了我们的生活所需。大年初二领导打来慰问电话，并嘱咐我们注意安全，有什么困难及时沟通，为我们解决后顾之忧。

作为 7 名闭环队员的替补，虽然我最终没能进入赛区亲身经历现场保障工作，但我们在后方也在竭尽所能，全力支持前方队友们的工作，为前方团队的维修、维护工作提供强有力的保障。每天早上 7 点前我会完成数据排查、故障原因分析等工作，将信息汇总发送团队队长，以便他们能更好地安排当天工作。

2022 年 2 月 13 日，延庆海陀山地区出现暴雪，我和华云升达的赵军冒雪凌晨 4 点到达延庆区气象局，逐个站点分析、进行数据排查。发现可疑问题后，再次对历史数据进行对比分析，还把发现的问题及时通报给闭环内的保障同事。并且，全天一直坚守在监控平台前，实时关注赛场各站点的数据变化。当降雪天气过程结束，监控所有站点都恢复正常后，我们拖着疲惫的身躯在午夜 11 点多回到集中住宿点，同时一颗悬着的心也放下了。

通过此次气象探测保障工作，我深切地感受到观测数据的及时、准确，对预报团队的数据支撑起着重要的作用。当气象探测设备出现故障或可疑数据的时候，我们竭尽全力，尽快分析原因，为现场保障团队的维修提供数据支撑和解决方案。在故障排除后，及时观测数据的正确率，确保故障的排除。

团队成员在此次保障中，发扬了不怕苦不怕累的优良传统，团结一致，克服大风低温等恶劣天气，确保了气象观测数据的及时、准确，并圆满地完成了此次冬奥赛事的气象探测设备保障工作。我们是一支可以“打硬仗”的队伍，为“科技冬奥”提供了强有力的保障。

作为亲身经历冬奥保障的人员，我感到非常自豪。因为我们是气象数据的守护者，为精准的气象预报提供了强有力的支持与保障。冬奥有我，我们在行动。

冬奥之行一零八

李　哲

作者简介：李哲，1992 年 12 月出生，来自中环天仪（天津）气象仪器有限公司，冬奥河北气象中心国家跳台滑雪中心气象保障队员。

108 是我在崇礼度过的天数。在这期间，我遇到了热情好客的崇礼人民，感受到了气象局有条不紊的安排部署，体会到了来自气象局及公司领导的关怀问候，被气象同行的专业素养所惊艳。如果没有他们的帮助支持，我的冬奥之行不会如此顺利。回顾这段心路历程，我有期待，有感动，有喜悦，也有着无奈，但更多的是来自内心深处不断涌出的自豪感。

回到最初的起点，在报名之初，我也曾有过犹豫。一方面此次出差时间较长，中间还隔了春节假期，“每逢佳节倍思亲”嘛；另一方面担忧会受到疫情的影响，会承受着冬奥会一线工作的压力。不过在得到了家人们的支持之后，再联想到我们中国的防疫成果，这些顾虑就随之消散了。回忆部门领导把此次冬奥任务交给我的那天，特别感谢领导的信任，才让我后来领略了多姿多彩的冬奥之行。

在闭环前的准备期间，“一站一策”资料的筹备、备份站的建立以及常规站的巡检与改造都让我感到充实而兴奋。而在一次巡检时摔倒受伤之后，我又多了一份细致和谨慎。在这期间，我受到了天津疫情的影响从而失去了闭环前回家的机会，导致工作资料、随身行李都尚未准备齐全。虽然有着不舍与遗憾，不过领导与同事的无私帮助却温暖了我的心。

接下来就是闭环的日子了，我们每日的工作是对气象设备进行巡检与维护。早上 6 点起床，是常规的工作时间。如果遇到下雪、大风、寒潮、大雾等恶劣天气导致设备故障，即使半夜也得上山，不过所幸没有遇到这种最坏的情况，记忆中情况最恶劣的一次是去跳台进行设备维修。还记得那天室外温度在 −20 ℃以下，外加前一天夜里下了不小的雪，我们背着 20 多公斤（1 公斤 =1 千克，下同）重的设备，即使准备了登山杖，走起来还是步履维艰，有时不得不手脚并用。经过了两个多小时的排查和维修，终于将自动站的数据恢复成功。但由于室外温度太低，严重影响了笔记本电脑的工作，我们换了三台笔记本电脑才最终完成采集器更换。为了确保数据传输正常，又在凛冽的寒风中原地待命了十来分钟，在得到后台收到准确数据的答复后才下山。说来惭愧，回去之后我还不小心感冒发烧了，享受了一次隔离单间的待遇。不过每日的核酸检测和营地人员细致的服务让我的心安定不少，这次隔离经历还是挺让人难忘的。

随着冬奥会的结束，接下来的 21 天健康隔离观察是最难熬的。不禁让我回忆起 2020 年我的家乡宝坻封城时的场景，虽然衣食无忧但无法走出自己房间，对平日里消磨时光的游戏和电影也渐渐提不起兴趣。每天几乎成了吃和睡的循环，还好有同屋的伙伴可以聊天打趣，我压抑的心情才得以缓解。在此期间，让人印象深刻的是在楼里不断奔波的服务人员，他们才是真的辛苦，每天早六晚十的工作日常在我们进入闭环之前便是如此，在我们隔离时，他们还要穿着防护服来回奔波。相比于他们，我的难熬时光也不过尔尔了。

回首冬奥时光，我是抱有遗憾的。由于防疫要求，虽近在咫尺却无法领略运动员的风采，无法去特许商品店买心爱的冰墩墩和雪容融，也没有办法继续服务于残奥会。不过我也是满足的，因为我成功完成了此次气象保障的任务，没有辜负单位领导和气象局领导的期望。想来在未来的时光我也会骄傲地跟晚辈说，北京 2022 年冬奥会也有我的一份力。这次经历是我铭记终生的，我为能参与此次冬奥气象保障感到骄傲和自豪。我是李哲，我为冬奥会国家跳台滑雪中心提供气象保障服务。

奋斗正当时，一起向未来

杨　津

作者简历：杨津，1996 年 2 月出生，来自无锡市航天新气象科技有限公司，冬奥河北气象中心张家口赛区古杨树场馆群冬季两项中心气象保障队员。

3 月 13 日，伴随五彩缤纷的烟花在鸟巢上空绽放，意味着 2022 年冬残奥会也已经完美

冬奥气象保障竞技场延续优良传统

张冠鹤

作者简介：张冠鹤，1988 年 4 月出生，来自北京市万云易博达信息技术有限公司，冬奥北京气象中心延庆赛区气象探测保障团队队员。

冬奥会是世界规模最大的冬季综合性运动会，北京冬奥会是我国重要历史节点的重大标志性活动，是展现国家形象、促进国家发展、振奋民族精神的重要契机。参加冬奥会是无数人心中的终极梦想，也是大家无比向往的事，我也一样充满向往，没想到幸福来得太快了，我以冬奥气象保障人员的身份全程参与这个期盼已久的盛会。2022 年 1 月 22 日，我和团队的小伙伴们怀揣梦想，秉持公司气象保障工作一丝不苟、精益高效的原则开启了这段冬奥之旅。本届冬奥正值新冠肺炎疫情肆虐全球，冬奥气象保障工作在我国也是首次开展，我们团队目标是零感染、气象保障工作零失误，大家不由得倍感压力。

我们仔细地了解冬奥会的防疫要求和我们的各个工作环节，开始工作前，团队细致地研究了工作过程中可能发生的感染隐患，对重点环节和重要工作区域制订了内部的控制措施。按照冬奥组委会防疫要求严格执行核酸采集工作，每日出发登山保障时，按照要求佩戴 N95 口罩、手套、防护面具等必备防疫物资。参与本次保障任务的人员共有 7 人，为了避免交叉感染，特分为两小组，在物资和备件交换时，两组人员各自对其进行消毒处理后统一放置到固定存储点。

冬奥会期间，每天 5 点闹铃响起，我们准时洗漱、吃饭、准备工具备件，上山巡检维护都要头戴头盔，脚穿冰爪，背负几十斤重的设备，气象站都在赛道旁边斜坡，积雪松软、只能四肢着地趴着爬陡峭的山坡，一次次滑倒，一次次相互搀扶着继续前进。在将近 −20 ℃的野外，大家尽管眉毛沾满了白霜，口罩结上了冰，寒风撕扯着脸颊，脚步也依然没有停下来。笔记本电脑经常因为天气过于寒冷而无法开机，需放自己怀抱暖一下才能勉强工作。有一次，一个同事在攀爬过程中不小心从几米高的陡坡摔下雪道，但仍然继续咬牙坚持。放风杆更换传感器对我们也是一个挑战，人员有限，基础机箱被大雪覆盖，只能用现场简易工具把深埋的设备和基础螺丝挖出来才能进行放风杆作业和现场维护抢修作业，完成当天巡检与保障任务。我们经常赶不上食堂饭点，只能在现场啃一口冰冷的面包，喝一口温水。每天工作结束后回到酒店已是傍晚六七点，稍作休息，进行工作总结，研究讨论问题，安排第二天工作任务，制订突发维护抢修方案，为设备正常运转提供有力保障。

2022 年的春节我们虽然未能与家人团聚，但来自北京市气象局及延庆区气象局领导、集团及公司领导深切关心问候和大力支持，让我们再次深深地感受到大家庭的温暖。按照冬奥防疫要求，冬残奥会后集中隔离 7 天至 2022 年 3 月 20 日结束闭环管理生活，继续进行居家 14 天健康监测，冬奥保障工作圆满结束了。冬奥气象保障要求高、时效性强，但是在公司周密谋划和团队的高效执行下，我们在冬奥气象保障这个竞赛场地交出了气象工作者应有的答卷，大家都为冬奥能够圆满举办感到高兴，为服务冬奥而自豪。

冬奥缘，海陀情，气象魂

张　曼

作者简介：张曼，1980 年 2 月出生，来自北京市延庆区气象局，冬奥北京气象中心高山场馆探测保障人员，延庆区气象服务组副组长、外围气象服务团队队长。

2022 年 3 月，举世瞩目的北京冬奥会和冬残奥会成功落下了帷幕，我深深震撼于祖国的强大，感受着中国力量，激动于自己也参与其中。在工作的第 19 个年头，我自豪地享受到了这份终生难忘的历练，让我有机会感受和继承气象人的精神。

探测蓄力七年，平凡中诠释了气象人攻坚克难、勇于担当的优良品质

2014 年，第一次爬海陀山选址时，没路、没水、没电和没网的真实感受还记忆犹新，9 月，随着海陀山西大庄科自动站的开工建设，我们探测人保障冬奥会申办、筹办和举办的序幕也拉开了。7 年间，有抢建到天黑下山迷路的，有迁站被高温晒伤晕倒的，有被巨虫蚊咬得全身红肿的，有扛着沉重设备几次摔倒滚落都不放弃的，有为了争取抢建时间 200 斤体重也多次登到海拔 2198 米山顶的，也有嘴上“抱怨”心里还在盘算怎么从技术上改进供电系统、采集算法、组建结构和传输机制的……2019 年 7 月，我们又无缝转到山顶雷达站的建设任务中，3 个月的山顶驻场，大风、冰雹和雷雨是我们的陪伴，严把雷达建设标准、督导工程进度、协调解决疑难问题是我们的任务，按时保质建成是我们的目标。2020 年陆续开始的冬奥系列测试赛，我和团队在现场累计完成维护 74 次、抢修 56 站次，雪温观测 51 次。七年的付出，我们实现了海陀山监测站网从无到有，从有到优。气象探测团队更是勠力同心，经受住了每一次体能极限的考验和从天黑干到黎明的技术攻克，经受住了测试赛的实战检验，以最佳的状态迎接着“大考”。

2022 年 1 月 22 日，延庆赛区探测运维团队到了亮剑的时刻，我们携带着完备的保障方案、过硬的技术能力和完善的应急预案，满怀信心踏上征程，按照“7+3”工作模式内外高效联动，有序指挥，形成合力，累计编制运行分析日报 53 期、组织技术会商 20 余次，徒步攀爬海陀山 100 千米，完成巡检维护 61 站次，应急抢修 20 站次，成功保障了冬奥监测系统的稳定运行，为信息系统提供了及时、准确的气象实况数据，为精准预报提供了坚实可靠的数据支撑。

一线挂职一年，增阅历，强本领，在实战中提升了综合能力

2021 年，感谢组织和领导的信任，我有幸到延庆区气象局挂职锻炼。副局长的经历，让我开阔了眼界，拓宽了思路，学习了经验，提升了站位。延庆赛区外围气象服务团队队长的身份，不仅让我的探测技术得到了提升，更是首次参与到冬奥气象的具体服务当中，从 1 月 4 日开始，我和同志们连续在岗坚守，准确把握天气，严格把关服务材料。尤其在残奥会期

间，作为汇报人在延庆场馆群指挥调度例会上首个发言。提供专报 659 期，为场馆群指挥中心的决策部署、指挥调度提供了科学的气象依据。驻场非竞赛场馆的精细现场服务，为赛区扫雪铲冰和应急装备的科学部署提供了强有力的支撑。

参与冬奥工作八年，认真履职，增强党性修养，用实际行动践行了一名党员的忠诚和担当

在中国气象局和北京市气象局党组的坚强领导下，我们每一位党员都在冬奥保障的战线上冲锋在前，勇于担当，无私奉献。从申奥开始，每一场硬仗都全力以赴。作为一名党员干部，我更是时时刻刻被大家感动、影响和鞭策着。延庆赛区气象探测保障团队临时党支部的成立，更是增加了我们的责任感和使命感，面对困难，我们没有退缩，我们用敬业的态度和专业的精神，表明了对党的忠诚。

感谢组织和领导的信任和关心支持，让我有机会深入一线实践锻炼，不仅探测专业技术得到了训练和提升，更是有机会站到气象服务的前沿积累宝贵经验，最珍贵的是让我精神上得到了洗礼，思想上得到了淬炼，更加坚定了我的理想信念和对气象的自信，在未来的道路上，我会继续拼搏奉献，不负韶华，和同志们一起在新时代彰显气象人的使命担当。

助力冬奥，不负韶华

陈　泽

作者简介：陈泽，1986 年 12 月出生，来自中国华云气象科技集团华云升达（北京）气象科技有限责任公司，冬奥北京气象中心延庆赛区高山滑雪中心场馆探测保障团队队员。

首先要感谢组织对我的信任，让我参加此次冬奥会和冬残奥会现场气象保障工作，实属人生之幸。七年多的北京冬奥气象设备的安装和运维经历，既被前期各位领导及同事的工作付出而感动，也为能够亲身见证冬奥会和冬残奥会的圆满成功而激动。

关于冬奥会和冬残奥会气象服务保障的经历，我想用十个字来概括，那就是“兴奋、紧张、担当、团结、开心”。兴奋的是我们怀着热情全身心地投入其中，紧张的是我们要争分夺秒维护、维修、排除设备隐患，担当的是我们永远走在冬奥气象服务保障最前线，团结的是我们上下一心，为同一个目标一起努力，开心的是我们能为北京 2022 年冬奥会和冬残奥会出一份力、尽一份心。

兴奋。我们第一次上山进驻位于赛道旁的小办公室，当天气温 −20 ℃，办公室窗户上全是冰。在这样的环境里，我们进行了“挂牌”活动，那时候每个人兴高采烈地忙活着，用尺子和笔进行测量和标注位置，将气象服务的标识工整地张贴在办公室的墙壁上，兴奋之情溢于言表。

紧张。在我们进驻后的第一个巡检日，恶劣的天气就给了我们迎头痛击，降温降雪引起风传感器结冰。为了尽快恢复数据的正常采集，只能进行人工除冰。在海拔 2000 多米的海陀山上，气温达到 −20 ℃。顶着 5～6 级的大风进行设备维护时，从坡上走，人都站不稳。登高的人需要被固定住才能开展作业。我们就采取两人抱腿，以人扶人的方式完成了除冰工作。每次降雪天气对设备来说都是一次考验。每当碰到降雪天时，办公室的氛围都很严肃，每个人都默默地等待着，只要命令一到随时投入到设备的抢修与维护当中。

担当。冬奥会的保障很顺利，疫情防控要求高，每天我们都要与外国友人“友好地相遇”。面对防疫和常规巡检维护工作的双重压力，时间太久了，每个人后来都是硬撑着在工作。我记得当时由于赛道的供电问题，我们要对设备进行更换蓄电池的工作，小组的 7 个人负重 150 公斤徒步行走 2000 米山坡路，去完成更换电池的工作，即便如此也严格按照防疫要求佩戴护具。冬残奥保障期间，一个站点风传感器出现了故障，需要登高对设备进行更换。由于爬山疲劳，更换设备时小组的一个成员在雪坡上没站稳摔了下去，回来的时候看大腿都摔紫了，也依然坚持着参加了后面的全部工作，真正做到了轻伤不下火线。

团结。2022 年 2 月 12 日我们经历了一场大雪，大雪持续了两天。此次降雪对设备的影响很大。全部设备的太阳能系统都被雪覆盖，导致设备存在亏电隐患。保障团队的领导组紧急召开会议部署维护任务。由于涉及全部设备，任何一个环节出现执行不到位的情况都会对接下来的数据造成直接影响。在执行中，我们使用对讲机实时沟通，根据实际情况随时做出合理调整，充分发挥出团队协作的能动性，保障组全体动员，最终历时 8 个小时保质保量地完成了此次维护作业。

开心。冬奥会和冬残奥会都要结束了，保障工作顺利完成，感觉很开心，工作得到了领导及各方的认可也开心。

通过本次现场保障工作，我学习到了更多关于山地小气候的相关知识，同样通过山地小气候环境中，气象探测设备的选用与技术在实战中得到不断地改进，也见证了气象人兢兢业业无私奉献的精神，为我在未来参与此类观测活动时，对于设备的建造与应用提供了难得的宝贵经验，也对未来气象服务保障工作更加充满信心。

我会带着这些宝贵的经验投入到未来的工作当中，更加努力积极地工作与学习，为祖国的气象设施建设添砖加瓦，贡献自己的力量。最后祝愿祖国的气象事业蒸蒸日上，愿所有的气象人携手共进，“一起向未来”。

当虎年新春遇上燃情冬奥，我们不说再见

金　龙

作者简介：金龙，1989 年 12 月出生，来自河北省气象技术装备中心，冬奥河北气象中心张家口赛区云顶场馆群装备保障队员。

随着 2022 年 3 月 11 日最后一次播报响彻云顶滑雪公园，赛场的装备保障工作也完美落下帷幕。从北京冬奥会伊始到冬残奥会结束，我们做到了气象观测数据的连续可靠、气象观测设备的零故障。我们用最出色的工作向世界彰显了气象人最出色的一面。现在再回想这段难忘的经历，有遇到困难时的惆怅，有完成任务时的喜悦，也有翻山越岭顶风冒雪时的艰辛。

正是有了这次难忘的经历，让我再一次对工作和生活有了更深入的思考。

自2015年入职河北省气象技术装备中心以来，参加并圆满完成过如中国人民抗日战争暨世界反法西斯战争胜利70周年阅兵式和庆祝中国共产党成立100周年大会阅兵式等重大活动保障工作，但这些都为天气雷达驻站保障。而本次冬奥会的赛场保障经历，则是在一段时间范围内、连续高强度、极寒条件下、翻山越岭式户外自动气象观测站现场保障。加之疫情防控和实战经验匮乏，使得保障难度增大，不确定因素增多。

在本次保障工作开展过程中，我个人认为在以下方面做得较为出色：（1）组建队伍。抽调河北省内各市气象局业务骨干和厂家技术人员组成一支专业的装备保障队伍，队员均来自业务一线，熟练知晓业务规范，熟练掌握业务技能。结合赛场情况和队员特长合理分组分工。（2）设备核查。充分掌握设备具体信息，实地勘察明确前往路线，制订设备“一站一策”文档，多次现场核查设备运行情况并完善文档。（3）明确级别。结合预报需求和设备分布点位，将设备划分级别，分级保障，主次分明。（4）备件配备。统筹储备备件并合理分配，既做到资源集约又能把效益最大化发挥。（5）备份机制。实行设备硬备份与数据软备份相结合的方式，部分站点同址设立便携站作为备份站点，相邻站点作为数据备份替代，建立了软硬结合的备份机制。（6）方案制订执行。明确人员分工，周全考虑赛时可能发生的任何情况，制订并严格执行赛时保障方案，做到处变不惊，应对自如。（7）总结反思。在每一次处置过程结束后，分析记录并总结反思，不断优化处置过程提高处置效率。（8）汇报制度。重大活动保障过程中任何一个细节任何一件小事均须在第一时间进行汇报，并与领导保持沟通。

当然通过实际工作的开展，还暴露出以下的不足。一是经验匮乏。虽已做好了极寒天气的思想准备，但低温野外实际环境下工作经验不足，维护维修难度远比想象中的大。二是考虑不周。部分设备的安装方式不考虑维护维修，不考虑后期拆除，造成维护维修等难度增大，效率降低。三是需求导向。部分站点的设立（点位、要素等）没有以预报服务需求为导向，造成无代表性、要素缺失或要素浪费等。

针对本次保障工作所暴露出的问题我认为是技术保障人员与预报服务人员间沟通相对欠缺，需求导向不够明确，造成了装备不懂预报而预报不理解装备的窘境，无法达到共赢。

冬奥会的举办恰逢虎年春节，每每想到不能回家过年，心情也变得复杂起来。这是我第一次在外地过年，不能陪伴家人，不免有些愧疚。同时我也深深感受到家人对我的支持和无私奉献。母亲心脏不好，在我来崇礼前刚做了心脏造影检查，术后手肿得像馒头一样无法用力，但依然坚持帮我照看孩子，每次打电话都说“孩子很乖，手已经没事了，家里一切都好”。同样，每次爱人的电话也是报喜不报忧，说“家里一切有我，你在赛场前线安心工作”。尤其当孩子抱着手机第一次关切地对我说“爸爸你冷不冷，吃饭了没有”时，心里那种喜悦又辛酸的滋味久久难以平静。好在我们装备保障团队也像一个大家庭给了我温暖，帮助并鼓励着我前行。

最后，我会怀念云顶滑雪公园每天的第一束阳光和赛场最美的夕阳。就像云顶滑雪公园最后一次播报的那样：“我们仰望星空不是为了得到星空，而是为了感受在追逐星空路上踏过的每一条河，翻过的每一座山。这一段难忘的回忆我们会永远铭记。再见，2022北京冬奥会。再见，2022北京冬残奥会。再见，冰墩墩、雪容融。再见，张家口赛区云顶滑雪公园。而我们，我们不说再见！”

2022 冬奥会，我们一直在努力

赵 军

作者简介：赵军，1979 年 9 月出生，来自中国华云气象科技集团华云升达（北京）气象科技有限责任公司，冬奥北京气象中心延庆赛区高山滑雪中心场馆探测保障团队队员。

2017—2018 年，随着赛道位置初步确定，开始在延庆先后建设 9 套地面自动站。延庆站点安装位置需要确定，我们就和北京市气象局的同事，一遍遍地爬山寻找合适的位置。早上 6 点，我们从海陀山脚下大海陀村出发，克服大风、低温严寒的天气，在根本没有路的山上攀爬两个多小时到 2100 多米的山顶。而冬季日照时间短，要求在天黑前两小时就必须下山。时间紧，工作多，仅就站点位置选择，我们就前前后后爬了 9 次海陀山。

位置确定好，就开始场地平整和设备安装。当时的山上“无水、无路、无通信设备”。设备上山需要靠人力和骡马运输，全体人员克服各种困难，顺利地完成了设备的安装。仅登山鞋就穿坏两双，爬山次数更是无法统计。在 2017 年 11 月竞速 1 号站安装完成后，我和北京市气象局探测中心常晨等四位同事一起下山。由于路况不熟而迷路，手机没信号无法确认自己的位置，也联系不到其他人员。大家商量一下，就沿着山里的河道往下走。天黑了，看不到路，就深一脚浅一脚地在雪地里艰难地行走，最终在救援队出发前找到了山脚下的出发点。

设备安装的过程，我深深体会到高山气象站建设工作的艰辛和团队合作的重要，每个人都是尽可能地多带一些工具和设备，为其他同事减轻一点负担。

气象站设备随着气象预报服务的要求变化和赛道位置的变化而升级改造，先后迁站达 7 次，其中竞速 8 号站迁站 3 次。2019 年 7 月，室外温度到达 35 ℃以上。为了尽快把竞速 8 号站迁移到新的位置上，全体人员一起拆除、运输和安装设备。技术服务中心新来的同事莫涛，出现中暑现象，四肢抽搐，大家立刻轮流把他从山上背到山脚下的医疗救护站，万幸没有出现大问题。“十四冬”气象保障、2021 年“相约北京”赛事的保障任务中，发现我们的设备还存在一些问题。为了更好地适应冬奥会比赛的要求，在公司和领导协调安排下，分别对海陀山上的 12 套站点进行了升级改造。冬季的山上低温大风，气温白天也能到 −27 ℃，改造电源时接线的手冻得拿不住线，调试的笔记本电脑开机几分钟就关机，渴了只能喝冻成冰坨的矿泉水，饿了吃冻成砖头一样的面包。有时感觉真的累，体力到了极限的时候，就是全靠意志力的坚持。大家互相扶持、鼓励，帮助彼此分担一点负重，我和同事们还是坚持着按时完成了对设备的改造工作。

作为华云升达技术服务人员，我为能加入冬奥气象探测保障团队，并亲身经历 2022 年冬奥会和冬残奥会的气象探测设备保障工作，感到非常荣幸。从公司领导到每一名技术人员，都十分重视这次难得的机会，都在全力支持此次的保障工作。由于闭环内工作的特殊性，以及气象探测保障工作的重要性，2022 年的春节，我们依然战斗在工作岗位上。在进入闭环前，各级领导为我们准备了生活物资，解决了我们的生活所需。新年第一天，领导打来慰问电话，并嘱咐我们注意安全，有什么困难及时沟通，为我们解决后顾之忧。闭环的 58 天保障工作，我负责数据的监控和分析，发现有问题的站点，第一时间分析原因，然后通知山上现场保障人员准备备件和工具。2 月 13 日大雪预警特殊天气，我早上 4 点到达延庆区气象局，监控站点数据，分析问题原因，实时支持现场人员维修站点，直到晚上 11 点，天气现象结束才返回住宿酒店。

站点建设、维护和冬奥会保障工作已经结束，深深体会到冬奥气象设备建设工作的不容易。从公司领导到各位同事，在七年的建设和保障维护工作中，大家付出了太多的辛苦和汗水，我们的设备也经受了世界大赛的考验。为了中国的气象事业，华云升达人，我们一直在努力。

沧海桑田，勇往直前

郗云翔

作者简介：郗云翔，1993 年 5 月出生，来自航天新气象科技有限公司，冬奥河北气象中心张家口赛区云顶场馆群装备保障队员。

时光荏苒，白驹过隙。从 2017 年 10 月第一次参与第 24 届北京冬奥张家口赛区的气象设备建设，到 2021 年底的正式驻点维护，不知不觉就已经过去了四年。

沧海桑田，这四年的时间，不仅极大地改变了张家口赛区的周围环境。也让我们的设备在经受时光岁月考验的时候，暴露出一些问题。虽然设备整体运行稳定，数据可靠，但是冬天因为天气寒冷，加上人工造雪，使得风向风速设备容易冻结，重要的观测数据会缺失。

2021 年 6 月，根据设备四年来的使用情况，结合当地气候环境，提出了设备改造需求。对不同设备提出了不同的改造方案，并且在 9 月对设备开始了改造。在 2021 年 10 月初，赛区进行了风向风速设备改造，使得风向风速设备在降雪和人为造雪的情况下，能够通过市电进行加热除冻，保障风向风速设备的正常运行。有效解决了风向风速设备的冻结问题。

2021 年 11 月中旬，张家口赛区测试赛期间，由于造雪、场馆封禁等原因，出现了部分站点因为太阳能板被雪覆盖，导致亏电掉线的情况。结合现场环境和实际操作等因素，张家口赛区气象设备保障组，提出了部分站点改造市电工作的需求。经过研讨，确定了方案，现场增加了开关电源和充电保护模块，通过太阳能以及市电对电池进行充电，保障了设备能够在造雪、场馆封禁期间正常运行。同时，张家口赛区气象设备保障组提出了备份站点安装需求，在重要站点附近搭建便携站，当原先设备故障时，可以快速切换备份站点，保障数据的连续性和有效性。我们考虑到便携式自动站太阳能板功率较低，而且又有造雪的影响，提出需要对现场便携式自动站供电系统进行改造，主电路使用市电工作，同时使用原先站点的雪深电源充当备份电源。这样，保障了设备的长期运行，同时还可以监控站点的市电是否有故障。共搭建了 8 套便携式五要素备份站点、3 套单风传感器备份站点。

由于比赛封禁场馆，比赛结束后需要进行消杀工作，工作进度被极大地拖延。气象设备保障团队的队员们在 2021 年 12 月初，才开始了改造及加装改造。在不到两个星期的时间里，完成了大部分站点的改造工作。有时候时间过得很快，一眨眼北京冬奥会已经结束了，一切仿佛还是刚刚来时的模样；有时候时间过得很慢，慢得让我们在气温 −30 ℃时困在没过大腿的雪地里寸步难行，思考需要多久才能到达站点。零下二三十摄氏度的天气里，眼镜呼气成冰，口罩也坚持不到 1 小时就会形成冰膜，时间稍久，口罩上形成的冰珠顺着口罩滴到衣服上，在衣服上形成“冰衣”，每次回到驻地，大家衣服的前襟都是冰。

从 2017 年 9 月第一次参与到北京冬奥会张家口赛区站点的建设，到 2021 年 8 月参与到冬奥保障工作中来，前后已经在崇礼这个北方冰雪小城待了超过 200 天。这一次最为长久，从 8 月到保障任务结束已经 157 天。还记得刚刚入驻云顶场馆群的时候，紧绷的心态，惶恐不安的情绪。既害怕设备的故障，数据的异常，导致预报贻误；也害怕赛区疫情的肆虐，导致身体的不适。但随着比赛的结束，心态也终于趋于平和，可以放松身心，不用再提心吊胆地生活了。某种意义上说来，这比赛结束后隔离的生活，更像是一种比赛后的平稳过渡，让我们可以更好地回归日常的生活。

纵有千般不舍，这一切都已经结束了。过去的经历只是在我们心中永远珍藏，但我们不能一直缅怀过去，我们活在当下，还需面对新的挑战，迎接未来。

风雨之后见彩虹

殷学舟

作者简介：殷学舟，1992 年 9 月出生，来自中环天仪（天津）气象仪器有限公司，冬奥河北气象中心张家口赛区云顶场馆群装备保障队员。

北京 2022 年冬奥会和冬残奥会已经结束了，3 个多月的气象装备保障工作也结束了。回想这段时间的经历，感受颇多。

我是 2021 年 10 月加入到装备保障团队，参加了第一次的保障演练，这也是第一次团队集合。虽然之前也很多次来崇礼，可是这次过来就明显感觉冬奥会就要开始了。我们将所有的自动站都巡检了一遍，云顶的每条赛道我们都走过一遍。在演练期间的每一天都很充实，上午去现场检查气象站，调取站点信息，将参数和设备信息都记录好；下午统一整理资料，做到“一站一策”，务必做到每个站尽可能细致，一旦出现问题，马上就能准备好设备进行维修。

2021 年 12 月 31 日，赶在了一年的最后一天，我出发前往了崇礼。天津已经寒风凛冽，但是张家口的风更是刺骨。进入崇礼的经历也比较坎坷，在张家口等着能进崇，进崇后，天津又出现了疫情，我又被单独隔离。解除隔离后就开始准备闭环了。在我进入崇礼起就准备备品、备件，整理各站点信息，以保证赛事期间气象服务保障准确、及时。

2022 年 1 月 22 日开始往赛区里运送行李、设备和物资，腰累疼了好几天。住宿条件很艰苦，伙食条件更是差。我们住在还没有装修好的上下铺六人间里，设备和各种防疫物资摆满了整个宿舍。几乎没有下脚的地方，物资准备得很充分。食堂做的都是大锅饭，虽然每餐准备的饭菜很多，可是味道却一言难尽。

但一想到我来这里的目的，所有的苦都可以忘却。团队每天实时关注数据、巡检、学习、总结。因为大部分保障人员都是党员，我们还有组织地定期上党课，相互交流，学习时事政治。崇礼的冬天不止夜晚冷，白天都有 −20 ℃。有时候去巡检脱了手套，一小会儿手指头就没有知觉了，回到屋里整个手都在发麻。风雪中我们巡检，寒风中我们维护，寒风暴雪中我们坚守。

崇礼处在风口上，风雪很大。一旦下雪，我们去站点就更费劲了，从赛道下去到观测点雪都会没过膝盖。最让我们头疼的还是爬山，在赛道起点的站点，我们爬上去要很久的时间，云顶山顶站从山底爬上去要两个半小时，我们上山还需要背着各种工具。可能有人会问"不是有缆车和雪地摩托嘛，为什么还要爬上山呢？"因为我们时刻把防疫规定牢记心间，缆车和雪地摩托都是运动员或者重要技术人员们使用的，而且他们大多都是外国友人。我们就尽可能地不接触、不交叉，做好防疫工作，保护好自己及团队其他人。防疫工作也是我们保障工作之一。

预报团队要求做到"百米级、分钟级"的预报服务，这对我们保障团队的要求更是严格、困难。我们没有因为困难说过一句抱怨的话，都是默默拿出所有的热情投入到工作中，务必将每一次巡检、维修工作做到完美，保证了每个站的数据上传率和准确率。

经历风雨才能感受彩虹的美丽，经历风雪才能感受阳光的温暖。经历了冬奥气象装备保障，我感觉自己更成熟了。能参加冬奥会气象保障，我是真心感受到了祖国的日益强大，真正为实现中华民族伟大复兴在努力。顶风冒雪上山巡检、寒风矗立观察天气，我们仰望星空，同时也脚踏实地。做好自己的工作，做好疫情的防护，为气象事业作贡献，为社会主义建设添砖加瓦。

此次冬奥会气象装备保障工作是一次非常好的工作经历，前后历经两三年的时间。向领导们学习工作管理的经验，向同事们学习工作方法，总结了工作上的不足、改进方式。更优良的工作作风，更端正的工作态度将是我未来工作的努力方向。

紧张的比赛和紧张的我们都是冬奥会组成部分。能为冬奥会贡献自己的力量，我感到非常骄傲。能作为一名中环天仪（天津）气象仪器有限公司的员工参与这么重大的国际赛事活动，我更是骄傲。希望未来能多与河北省气象局合作，能更多参与到各大赛事气象保障活动中，进而增长我们的见识，拓宽我们的眼界。也希望以后能有更多机会与领导同事们一起工作，向师长和老大哥们学习。

坚守海陀之巅，兑现八年之约

高　猛

作者简介：高猛，1987 年 11 月出生，来自北京市延庆区气象局，冬奥北京气象中心延庆区气象服务组外围气象服务团队副队长。

自 2014 年冬奥会申办筹办以来，我一直参与海陀山冬奥气象综合监测系统的规划布局，尤其是梯度自动气象站网的布局。山路崎岖、杂草丛生、气候恶劣，我们克服困难，多次攀爬海陀山现场，站址遴选、检定维护、维修抢修以及迁建实施，为“三维、秒级、多要素的冬奥气象综合监测系统”建设按时保质完成贡献自己力量。最终，在海陀山地区完成建设23套自动站，协助建设1套海陀山S波段天气雷达等。

在建站过程中，由于当时海陀山处于“三无”阶段（无路、无电、无通信），我们通过人背肩扛的方式，翻越陡峭的山路，徒步将设备运输至海陀山各个点位。为了尽快完成任务，我们天不亮就出发，天黑了才回家。尽管如此，每次在山上有效工作时间仅仅不超过5小时，时间宝贵，所以我们每次完成任务后，下山回到单位才有时间吃饭。自动气象站出现紧急故障时，为保证冬奥气象综合监测系统的稳定运行，不论严寒酷暑、刮风下雨、大风冰雹，都会第一时间奔赴海陀山自动气象站现场排查故障，完成抢修，保障冬奥气象数据连续性和准确性，为达到“百米级、分钟级”的气象预报服务提供有力数据支撑。同时也为高山滑雪赛道调整及防风、缆车等配套设施建设的顺利完成提供了宝贵的气象资料。有一次，冬奥延庆赛区竞技赛道结束区自动气象站无数据返回，此时正值延庆区暴雪预警中，为保障数据连续，我们立即赶赴现场处理故障。半路由于打滑，车辆无法前行，我果断跳下车和同事徒手搬运重达60斤的蓄电池，深一脚浅一脚，又拉又推地爬过高达30米落差、覆盖了乱石和冰雪的陡坡。滑下去了就再来，终于把备件搬运到了故障站点。到达站点后，我们不敢休息，马上诊断排查，更换备件，用最短的时间修复了故障。由于气象设备很多螺丝精密细小，戴着手套根本没有办法操作，当时没有犹豫，用牙齿咬下手套开始认真地维修操作，直到下山时才发现手指僵硬肿大了一圈，手背冻紫了好几处，胳膊也因为长时间搬运重物而不停颤抖，鞋子里面全是雪水，里面的衣服也早就被汗水浸湿，在站立维修的过程中由于大风和低温冻上了一层冰。除了做好气象基础设施建设和运维保障外，在“十四冬”期间，积极协调做好面向奥组委等多部门的气象现场服务保障。国家雪车雪橇中心场地预认证期间正是疫情当前，我作为延庆区第一批工作人员接种新冠疫苗，接受集中封闭管理，参与现场服务保障，每天定期巡检维护自动气象站、监控采集气象数据，为气象预报服务提供高质量的数据支撑。

冬奥会举办期间，我和6名现场观测保障人员，接受连续58天闭环管理。克服山高、坡陡、路滑、备件重等困难，多次在室外连续耗时4小时以上时间，维修维护气象站。特别是在1月28日维修竞速5号站时，7人背负总重量接近300斤的蓄电池和工具，在低温和大风天气情况下，攀爬垂直高度近100米，步行距离1500米的雪道，经过4个多小时完成修复任务，在冬奥会开幕前，确保海陀山所有自动气象站运行正常。

冬奥会已经结束了，我们保障人员也已经回到各自的岗位中。我相信，成功保障本次冬奥会后，我们一定会将这次宝贵的服务经验运用到日常工作中，为服务地方经济发展贡献自己的力量！

不负重托，保障圆满

郭金河

作者简介：郭金河，1980年9月出生，来自河北省张家口市气象局，冬奥河北气象中心张家口赛区云顶场馆群装备保障队员。

2014 年，申冬奥工作启动，那时我的内心就有一个坚定的信念：我一定要全力以赴，参与到冬奥会气象服务保障工作中，为冬奥会贡献自己的一份力量。也就从那时起，我参与了张家口赛区气象保障规划编写和项目建设工作。10 月中旬，接到中国气象局建设 8 套气象站的任务，要求 10 月底完成。时间紧，施工难度大。设备安装又赶上雨夹雪和强降温，大家衣服都冻住了。这些站填补了冬奥赛区气象记录的空白。

2015 年 7 月 31 日，北京携手张家口赢得了 2022 年冬奥会举办权。从那一刻开始，张家口气象服务工作踏入了“冬奥时间”。历时七年，张家口赛区共建成 44 个赛事核心区气象站。大部分建站任务都在冬季，天寒地冻，因运输不便，我们用肩扛、用骡驮，克服了重重困难，圆满完成了气象站的建设任务。

2021 年 10 月，装备保障团队进驻张家口赛区，完成赛事核心区观测设备巡检维护和实战演练。对位于云顶场馆群和古杨树场馆群的 44 套自动气象站和 2 套航空气象站设备进行现场维护和模拟故障抢修演练。对各站点基本信息、仪器设备信息、维护维修方法和维修路线等进行了详细排查和记录。在此基础上，制订和完善“一站一策”保障方案，确保出现故障第一时间解决。11 月起，保障团队分批次进驻张家口崇礼开展日常工作，切实做好核心区 44 套核心赛区自动气象站和 2 套航空气象站的现场维护保障工作。通过监控管理平台对核心区 44 个观测站点数据进行定时和不定时监控。对站点运行情况分析，发现异常，及时上报，并立即启动维修程序，快速响应，赶赴现场进行维修。在保证站点数据连续性的问题上，大家群策群力，最终确定在关键站点安装备份站。由于降雪或人工造雪，导致太阳能板被雪覆盖而影响电池的直流供电，我们引入市电接入蓄电池充电，以此确保站点能够全天候正常工作。

2022 年 1 月 22 日，团队 9 人进驻云顶场馆群赛区。随着疫情防控形势越发严峻，云顶场馆赛区进行闭环管理，保障队员按防疫要求做好个人防护的同时开展工作。为确保云顶竞赛场地内的 22 个自动气象站运行良好，每天天刚亮，承担着冬奥会云顶场馆群气象装备保障工作的队员们，顶着北风、冒着低温，对每个自动气象站进行巡检和维护。赛区自动气象站不是建在山顶就是建在半山腰上，积雪路滑，最远的得走上两三个小时。每到达一个气象站，我们立即开始清理设备上的积雪，查看电压、电量及运行状态，确保各气象要素数据采集和传输正常。

2022 年 1 月 31 日除夕，正是家人团聚的日子，离家在外的 9 名保障队员只能聚在一起共度除夕。次日 10 时，赛事核心区云顶 14 号气象站无法上传数据到中心站。接到通知，我们徒步上山，立即投入抢修工作中。太阳能板及采集器等部件被雪掩埋出现故障，我们挖开 1 米多深的积雪，查找故障原因。在争分夺秒地抢修中，克服了重重困难，历时 6 个小时，于 16 时云顶 14 号气象站数据恢复正常。

2 月的崇礼，蓝天白云、风和日丽，皑皑白雪，处处焕发春的生机与活力。2 月 4 日，北京 2022 年冬奥会开幕了，这是全世界的一场冰雪盛会。作为气象保障人员，能这么近距离地参加这场盛会，全体队员的心情都异常激动、兴奋，尤其是当从电脑上看到中国体育代表团进入鸟巢国家体育场时，我们沸腾了，自豪感油然而生！

2月20日，北京2022年冬奥会闭幕式结束了，但大家的心情并没有放松下来。为了保驾护航接下来的冬残奥会，我们继续进行着保障工作，直到3月13日北京2022年冬残奥会闭幕式落下帷幕，我们心中的石头才彻底落了地。气象装备保障团队不负重托，圆满出色地完成了所负责的冬奥会张家口云顶场馆群气象装备保障任务。

多年来，我不怕苦、不怕累，为冬奥会流下了艰辛的汗水，也锤炼出了过硬的保障技术。冬奥会圆满结束了，我会把奥运精神延续下去，将冬奥保障工作中相关经验带回本单位，为气象事业贡献自己的一份力量。

为冬奥盛会添彩

常 晨

作者简介：常晨，1981年12月出生，来自北京市气象探测中心，冬奥北京气象中心延庆赛区高山滑雪中心场馆探测运维保障团队队员。

随着北京冬奥会、冬残奥会的成功举办，北京成为首座“双奥之城”，作为一名现场保障人员，深知成果来之不易，意义重大。

冬奥会开始前，气象部门先后在海陀山地区新建和改造各类气象探测设备，形成24小时“三维、秒级、多要素”的立体天气监测体系。延庆赛区承担着高山滑雪和雪车雪橇比赛项目，其中海拔最高的是竞速赛道1号新站，位于竞速赛道山顶出发区，海拔2190米。由于存在海拔高、局部气候特殊等特点，气象条件是保障比赛顺利举办的关键因素。在冬奥组委指南中明确赛事高影响天气包括：大风、低能见度、降雪、雪面温度等气象要素。对于气象服务保障要求高、难度大，一支由北京市气象探测中心、延庆区气象局、设备生产厂家组成的保障队伍就承担起本次赛区气象探测设备运行保障任务。

本次气象现场保障有三个难点：一是疫情防控形势十分严峻，我们现场保障人员始终紧绷疫情防控这根弦，接受闭环管理58天，抓实抓细各项疫情防控措施，严格落实各项应急预案，做到了防疫情与气象保障两手抓；二是海陀山地区极端天气较多，这对气象探测设备保障提出了更高的要求；三是赛时赛场交通及赛时人员的管控，无法及时到达预计点位。

冬奥气象探测装备高效稳定运行的前提和基础是设备日常维护工作。在本次比赛过程中，受寒潮天气影响，多次出现传感器被雪覆盖等情况，我们多次赴赛区检修维护自动气象站。上山的路并不顺利，积雪没过小腿，在阵风12级、最低气温零下二十几摄氏度的情况下，脸颊被冻得麻木、眼镜上结出冰霜。为了方便维修还需要摘下手套，双手被冻得通红并毫无知觉。在这种复杂天气下，顺利完成气象设备日常维护工作。大家的辛苦在看到数据正常传输的那一刻全都变成了微笑和自豪，因为我们知道冬奥会顺利举行的背后，有我们气象人的身影。

根据《北京2022年冬奥会气象运行保障工作方案》，团队建立起运行监控、技术支持和现场保障的三维应急机制，通过“监督”配合完成赛事期间设备监控、现场巡查、数据分析、检定供应、应急保障和信息报送等工作，制订冬奥工作方案、应急预案及风险隐患防范清单，强化各项应急反应处置能力。实际冬奥会保障中，运行监控团队负责冬奥观测站网设备的运行监控，确保第一时间发现设备运行异常情况并及时报告，技术支持团队负责故障技术分析、数据核实，现场保障团队负责现场维护维修、站点巡查和信息报送。

本次冬奥现场保障团队累计徒步百余千米、搬运更换备件几百公斤，完成几十站次的维护保障任务，确保赛场自动气象站、测风雷达和天气雷达等观测设备的稳定运行，为冬奥气象服务官方网站等 8 个信息系统和冬奥组委在极端天气条件下，赛事时间调整及决策，提供了及时、准确的实况气象数据。“重任在肩，使命必达”是保障团队出征前的铮铮誓言，“冬奥有我，请党放心”更是作为一名共产党员对组织的庄严承诺。在本次闭环期间，我们成立了临时党支部，7 名闭环人员有 5 名党员。在实际保障中，党员发挥了先锋模范带头作用，总是冲在最前面，临时党支部发挥了战斗堡垒作用。冬奥会虽然已经结束，未来海陀山气象站探测设备可以弥补山区复杂探测环境下实时气象观测设备和手段的空白，为开展复杂山区微尺度天气分析研究提供设备和数据支撑。

最后也要感谢北京市气象探测中心、延庆区气象局、北京市气象局等每一个后方气象工作者的支持，有你们的支持，我们才能专心地做好现场保障任务，为冬奥盛会添彩。作为首都气象人，要继续不忘初心、牢记使命，在新时代做一名有担当作为、干事创业的人。

气象保障，助力冬奥，一起向未来

蒋　涛

作者简介：蒋涛，1982 年 4 月出生，来自河北省气象技术装备中心，冬奥河北气象中心张家口赛区国家跳台滑雪中心装备保障队员。

“宝剑锋从磨砺出，梅花香自苦寒来”。在这个寒冷的冬季，我们践行自我，以优秀的保障人才和完善的保障机制为基础，用不惧艰险、勇往直前的态度为冬奥会气象服务保驾护航。随着北京 2022 年冬奥会和冬残奥会成功闭幕，张家口赛区气象装备保障团队的保障任务也圆满完成。从 2020 年初开始参与冬奥保障工作到现在冬残奥会成功闭幕以来，作为冬奥会现场气象装备保障人员，我感受颇深，有艰险、有困难、有感动、有成就。

赛前：高度重视，准备充分

为了做好冬奥会气象保障工作，在前期做了充分的准备。装备中心高度重视，自 2020 年初在河北省气象技术装备中心幺伦韬副主任的带领下，开始起草冬奥会张家口赛区气象装备保障团队组建方案和气象装备保障工作实施方案等多项方案。团队成立后，组织队员开展全方位巡检工作，尤其对赛区的核心站点分时段进行了多次的巡检，排查各类设备存在的故障风险隐患，在实践中不断提高队员对设备故障的研判和维修能力。并且针对重要站点增加市电和备份站双套运行的保障机制来提高站点运行的稳定性。通过这些实战经验形成了最终站点设备的“一站一策”保障方案和操作维护手册等，这些都是每位成员辛勤汗水的结晶，也成为我们以后工作中的宝贵经验财富。

赛时：不畏艰难，快速响应

进入核心区闭环管理以来，在严格执行场馆内部的疫情防控政策同时，积极开展全方位巡检，力争赛时期间设备运行稳定。赛时期间针对突发问题快速响应，争分夺秒进行抢修，为预报服务做好保障。自 2022 年 1 月 22 日进场到冬奥会比赛结束期间，我们古杨树场馆群装备保障团队一共进入场馆站点巡检 14 次、完成应急抢修 5 次。印象最深的是 1 月 31 日除夕当天对跳台 K 点的抢修，上午 10 点进场冒着 −20 ℃以下的严寒，顶着大风，非常艰难地爬到故障站点后进行故障排查，对采集器进行调试更换，在 −20 ℃以下的低温下坚持了 4 个多小时，用了 3 个低温笔记本，从早上 10 点到下午 2 点确保数据传输准确无误后才离开。在进行抢修过程中，尽管大家眉毛睫毛都已结冰，身体被冻僵，但没有一位同志有怨言，而是心中都充满了成就感，所以我们的这支保障队伍能够经得起各方面的考验。

赛后：斗志昂扬，再创辉煌

这是首次抽调全省装备骨干力量组成的一支装备保障队伍，成员来自河北省气象局、各地市气象局和中环天仪、航天新气象两个厂家。这是我入职以来经历的规模最大的一次现场气象保障，尤其是闭环内的一个多月的日子里，大家都精神饱满，团结协作，遇到困难毫无畏惧，迎难而上。在此期间，大家结下了深厚的兄弟情谊，我们每个人都会牢记那段一起并肩战斗的难忘时光。

心中有梦想，脚下有力量，未来有方向。正是无数的冬奥场馆建设者、冬奥会志愿者和服务保障人员坚守在各自的岗位上，无私奉献，大家一起舍小家为大家，守护、保障了北京冬奥会的顺利开展。能够作为气象保障团队的一份子参与到北京 2022 年冬奥会和冬残奥会这一历史性事件中去，是历史赋予的重任，是我一生的骄傲。我定励志前行，严于律己，精益求精。在此感谢河北省气象局党组、局领导、感谢河北省气象技术装备中心、感谢张家口市气象局、崇礼区气象局和前方工作组各位同事对我的关心厚爱，感谢我的家人的支持和理解。随着冬残奥会成功闭幕，冬奥保障任务圆满结束，我们每一位成员即将回归各自的岗位。我会将本次的冬奥保障经验传承下去，继续发扬冬奥保障不畏艰难的工作作风，继续为河北气象事业作出自己的贡献，让我们“一起向未来”，再创辉煌。

近 20 次。存档雪花形状图片、气温、能见度、天空状况、雪深等要素数据。观测仪器升级为专业显微、成像、测距设备，随时记录照片并自动显示拍照时间，能够进行粒子尺寸测量，最终获得粒子图片共计近 5000 张，为研究赛区山地降雪机理和雪深预报积累了观测基础。通过对雪水比研究分析，改进雪深预报，在 2022 年 2 月 12—13 日两次降雪过程中开展雪深服务提示，为赛事运行、赛程调整提供有力保障。

奔赴赛道一线，四年积累终亮剑

经过四年训练和准备，最终我们进入云顶场馆，站在赛道最前方！赛事期间，经历了 2 月 4—5 日大风天气，12—13 日降雪天气，17—19 日降雪与大风天气以及 3 月 4 日大风、沙尘等多次高影响天气过程，在赛前准备、赛事调整、比赛进行各环节，都能见到我们气象人的身影，听到气象服务的声音，真正发挥了气象的作用！

我们的服务是意义非凡的，最终接到“无论我们什么时候要天气材料，不论在哪，永远可以找得到人，拿得到材料”的肯定。当领队会上听到掌声与感谢，听到各方对气象服务发出“very helpful”“precise”“best weather service ever”的高度赞扬，骄傲和自豪充满心胸，我们不负热爱，无悔青春！

最后，在全程的驻训与服务过程中，受到各位首席与同事的无私指导与帮助，在工作上倾囊相授、不吝赐教；在生活上关心开导、不断鼓励。感谢赛时前方同志们的相互扶持，感谢后方团队强大有力的支撑，最后也感谢自己一路的坚持！

冬奥虽结束，我们的工作不停。这些研究与积累，作为冬奥的科技遗产，将继续服务后冬奥时代的气象与国家建设事业，我们将继续勇往直前，一起向未来！

用青春和热血让冬奥雪花燃烧

刘昊野

作者简介：刘昊野，1992 年 1 月出生，来自河北省秦皇岛市气象局，冬奥河北气象中心张家口赛区古杨树场馆群国家跳台滑雪中心 WIC 预报员。

2022 年 2 月 4 日，北京冬奥会的雪花火炬燃烧的那一刻，我看到了自己六年的青春时光一闪而过又历历在目。

2017 年 10 月，我正式加入北京 2022 年冬奥会张家口赛区气象服务团队。五年里，对张家口赛区复杂地形下小尺度预报规律有了更加充分的理解，对张家口赛区精细化预报有了更大的信心。从 2018 年冬季到 2020 年冬季，我们连续三年设计古杨树赛场冷池观测试验，并进行赛场探勘并安装观测设备。多次深入冬季两项、越野赛场取回数据并进行分析，揭示特殊地形条件下夜间冷池现象的出现与打破规律。

此外，在备战冬奥的过程中，我发挥自身优势，制作多种软件以优化工作流程，制作包括机器学习客观预报方法软件、实时检验评分系统、风的实况产品绘图程序及秒级风显示平台等。通过机器学习的方法，制作河北客观风的预报，冬奥期间平均风的准确率可达

89.1%，阵风准确率为 64.5%。

2021 年 11 月 12 日开始，我作为短期补充 P2 人员正式加入国家跳台滑雪中心体育团队，进行国际雪联跳台滑雪和北欧两项洲际杯的筹备工作。2021 年 12 月 3—5 日，国际雪联跳台滑雪和北欧两项洲际杯公开训练和比赛正式进行，我每日根据最新天气形势及数值预报，针对跳台内比赛，得出最新的预报结论，为赛事做服务。

12 月 5 日，跳台的技术代表助理 Reed 找到我们，希望增加赛场内风旗数量，在赛道边缘增加 4 个风旗，用来监测风传导性，以便更好地找到运动员进行比赛的窗口期。由于时间有限，我们与体育主管取得联系，在得到允许后，亲身到赛场进行钻洞、安放旗杆等工作。工作完成后，得到技术代表助理的赞许。

2022 年 2 月 3 日开始，国家跳台滑雪中心迎来了北京 2022 年冬奥会第一场官方训练，也拉开了冬奥会的帷幕。针对赛时服务需求，我们紧急编写了服务产品下载合成软件，将此项工作流程时间大幅缩短到 10 秒。比赛期间，我们每日对天气进行分析并研判赛时风险。赛时在经历了 2 月 4 日的大风、12—13 日降雪、15—16 日低温等诸多极端天气后，国家跳台滑雪中心成为张家口赛区唯一没有进行赛程调整的场馆。比赛筹备期及赛时，我共翻译并制作场馆通报 30 余份，每日定时定点向竞赛办公室发送天气预报及场馆通报 60 余期。此外，每日制作并向竞赛办公室发送天气预报信息 28 份，制作并整理 6 期跳台风险预判、赛事预报效果、现场情况通报，并在 3 场领队会中进行英文天气简报汇报发言。

记得我于 2017 年 10 月加入冬奥气象服务团队。在筹备冬奥的六年里，我曾去美国学习冬奥气象服务，学习山地气象学，研究了复杂地形下精细化预报，学习了编程，还针对冷池现象及夜间升温做了三年试验。还因为冬奥，遇到了想一起走完一辈子的那个她。

如今，北京 2022 年冬奥会和冬残奥会终于圆满结束，“双奥之城”开启了崭新的冰雪新篇章。作为冬奥会的亲历者与见证者，能近距离感受冬奥的精彩，我深感使命光荣，责任重大。每每看着各国运动员从“雪如意”上跳下，听着风划过衣服的呼啸声，看着挥舞的风旗，我用自己的精细化天气预报为他们的平安着陆以及获得优异成绩保驾护航。我深知自己的责任，尤其是为了站在领队会的发言台上，为了让大家听得明白，我反复打磨发言稿，练习英文发言。没有人因为天气原因受伤或者未能完成比赛，我甚感欣慰，听到技术代表及各国代表队领队对天气预报服务的赞许，我甚感欣喜。

在以后的工作生活中，我会铭记这段难忘的经历，坚定政治信念，加强理论学习，用全部青春和热血，为气象事业的发展贡献自己的一份力量，写下我的人生中浓墨重彩的一笔，努力成为一名合格的气象人。

五年磨一剑，实践出真知

杜　佳

作者简介：杜佳，1988 年 2 月出生，来自北京市气象台，冬奥北京气象中心北京赛区首钢滑雪大跳台场馆现场预报服务团队队长。

首钢滑雪大跳台现场预报服务团队是成立最早的冬奥气象服务核心团队之一。作为其中一员，五年间我经历了迷惑和忐忑，付出辛劳和汗水，带着自信来到赛事开始的地方。面对紧张的赛事、严峻的疫情和闭环的艰辛，两人小队以最坚定的决心、最无畏的态度、最周全的准备和最高的标准出色完成了首钢滑雪大跳台现场气象保障各项任务，最终收获了圆满和喜悦。这次特殊的经历也带给我很多感想和思考。

五年磨砺是现场服务从容不迫的底气

现场服务团队的历练从实地考察开始，沉浸式体验首钢滑雪大跳台的气象微环境为气象团队的冬奥会筹备工作奠定基础。通过赛事演练积累实战经验，通过预报测试提升精细化预报准确率，通过天气研究实现从无到有的科学认知，通过针对性培训提升国际化气象服务水平。时间的脚步走过五年冬训，曾经冬奥总结里的每一项工作都在我们的场馆预报和服务中落到了实处，成就了我们领队会上的从容不迫。

和我们共同走过成长之路的，还有我们的后方团队，观测资料的不断丰富，客观方法的不断进步，模式水平的不断提高，让我们前行得更快更稳。

细心主动是连接预报服务的纽带

细节决定成败，做足了预报技术的前期准备，能否圆满完成现场保障任务就取决于滚动预报和沟通服务。

首钢滑雪大跳台现场气象服务团队在进入闭环之初就积极与竞赛主管、竞赛长、竞赛团队沟通天气对比赛运行的影响，在预报中就高影响天气加强关注，提早沟通。2022 年 2 月 3 日第一次领队会上，团队就对 2 月 4—5 日的大风、低温以及后期升温天气做出提示，以便运动员提前准备，调整打蜡策略并做好根据风向风力调整动作的准备。2 月 7 日自由式滑雪大跳台的资格赛结束后，谷爱凌接受采访时提到她第二跳动作失误是因为受到了风的影响。团队通过风向风力的精细化分析，敏感意识到中午前后的偏东风对运动员做出高水平动作有不利影响，当天下午就对第二天的偏东风做出提示。8 日的风向证明，团队提供了准确的天气预报，团队以精准的天气预报为中国选手加油。随后与竞赛主管就风向影响进行详细沟通，他明确表示偏东风使运动员滑行时遭遇迎面风，减缓运动员起跳的速度，不利于运动员的高水平发挥并且可能带来更多危险，证实了团队前期的细心分析完全契合赛事需求。自由式滑雪大跳台决赛期依旧受到了偏东风的影响，风向的准确预报振奋人心，中国选手再次获得一枚金牌，精准天气预报助力首钢滑雪大跳台成为双金场馆。

针对 2 月 13—14 日降雪过程，团队从 2 月 3 日开始就“盯上”了此次过程，提前 9 天便与技术代表沟通此次降雪过程。随着降雪过程的临近，降水相态和降水量更加明确，2 月 9 日提示技术主管累积降雪量可能超过 5 毫米，他对预报员实时跟进调整预报表示肯定。基于团队前期的积极沟通，场馆运行团队也做了充足准备，场馆对观众席的座椅都做了覆盖，二次塑形专家也做好了赛道除雪、压雪的应对准备。在降雪服务中，还细心发现外国运动队对降雪的降水量预报理解存在偏差，团队积极调整服务策略，及时在领队会上做出调整，将降雪预报以积雪深度表述。13 日白天随着降雪开始，紧盯实况，观测雪花形态，实时更新积雪深度和降雪结束时间预报，为二次塑形专家整理雪道的时间安排提供帮助。

团队细心主动积极实践，最终出色完成首钢滑雪大跳台气象预报服务各项保障任务，得到场馆各级工作人员的肯定。来自国际雪联的技术代表对气象工作给出了“amazing”“helpful”和“professional”的高度评价。我也为自己的工作感到骄傲和自豪。

持续思考延续冬奥成果

我们已经步入后冬奥时代，除了预报技术、预报平台的延续与应用，难得的经历也带给我很多思考。预报服务在防灾减灾体系、重大活动保障体系中起到不可替代的作用，但同样的预报产品针对不同的服务对象发挥作用的方向不同。我想预报产品如何转化为社会效益是我们可以持续努力的方向，这需要气象部门和其他单位的共同合作和努力。

在学习和实践中提高预报水平

李江波

作者简介，李江波，1968 年 4 月出生，来自河北省气象台，冬奥河北气象中心张家口赛区首席预报员。

北京 2022 年冬奥会和冬残奥会落下帷幕，在中国气象局、河北省气象局、北京市气象局各级领导的统筹部署和指挥下，冬奥预报团队经过六年的努力、探索和实践，在冬奥会和冬残奥会气象服务中取得了骄人的成绩，受到了广泛的赞誉，作为预报团队中的一员，我由衷感到骄傲。

我是冬奥预报团队中年龄最大的一名预报员，今年已经 53 岁。2017 年冬天随河北省气象局冬奥预报团队进驻张家口，开始冬奥天气预报的探索和实践。2018 年中国气象局冬奥预报团队成立，预报员队伍壮大，进驻冬奥赛区崇礼正式开始冬训。2019 年秋季赴美国参加 COMET 项目培训，开始为期 20 天的山地气象知识学习。经历 2020—2021 半年冬训的测试赛后，开启了 2021—2022 年冬奥会预报服务实战。

回首过去的六年，因为参与冬奥，预报水平、知识结构、科研能力都取得了长足进步。一是系统学习了山地气象的相关知识，并和张家口赛区的预报实践相结合，在动热力和地形驱动的风、地形降水、山谷盆地冷池、山地低能见度预报等方面认知程度和预报水平明显提高。二是完成了预报从面到点的精细化转换。在此之前，预报范围是整个河北省，预报时效以天为单位。来到崇礼之后，预报转为赛区的单个站点，预报时效最短为 1 小时，经过几年的摸索、学习、交流与实践，形成了一套比较完善的山地站点预报流程和方法。三是组织团队成员完成了张家口赛区预报技术手册。系统地研究了赛区高影响天气如寒潮、大风、沙尘、高温、低能见度、强降雪等灾害性天气及气象要素如温度、降水、风向风速、湿度等特征和预报；应用数值预报产品、结合机器学习等方法实现了降水、温度、风、湿度等气象要素的客观预报，预报准确率较数值预报有明显提升，成为预报员的重要参考工具。四是依托科研项目，开展观测试验，把山地气象理论和实际观测及预报相结合，提升了科研能力。五是老中青预报员相互配合，优势互补，相互学习，共同进步。

冰雪梦，冬奥梦，中国梦！办好北京冬奥会、冬残奥会是党和国家的一件大事！很荣幸，自己能亲眼见证、亲身经历，为冬奥会贡献自己作为气象人的一份绵薄之力。

我是 2018 年被选派加入北京冬奥会延庆赛区现场气象服务团队的，这是组织对我的期望和信任，更是新时代赋予的责任使命。回望历时四年的备战生活，有困难有挑战，但很充实，收获颇丰。

见证气象科技能力迅猛发展

借着冬奥会的东风，中国气象局加大对数值模式的集中攻关力度，我深切感受到近几年气象预报科技支撑能力的迅猛发展。记得 2019 年刚开始冬训时，预报员主要是参考 EC 模式。随后，我国自主研发的针对赛区局地地形的客观预报产品越来越多，预报性能也越来越好，为预报员提供了有力的支撑。

2022 年 2 月 10 日，延庆赛区高山滑雪男子全能比赛如不能按时进行，将直接取消。赛区竞速赛道第三起跳点的瞬时风速和风向是关键影响因素。在这次赛事的短临预报服务中，睿思 67 米模式准确刻画出了热力驱动的山谷风环流特征及风的逐小时变化趋势和变幅。预报员结合经验进行订正，得出“当天中午前后第三起跳点的风速呈减弱趋势，最大阵风小于 8 米 / 秒”的结论，精准抓住了窗口期，保障比赛顺利完赛。

正是有了强有力的科技支撑，预报员在冬奥会赛事服务中更有信心，“百米级、分钟级”天气预报服务的底气来源于此。

优秀团队凝心聚力服务冬奥

2017 年下半年，中国气象局集中力量办大事，从全国各地抽调人员并组建了冬奥预报服务团队，而且在团队内部形成合力，大家心往一处想、劲往一处使。

从 2021 年 10 月冬训开始到 2022 年 3 月 13 日冬残奥会保障结束，延庆赛区现场气象服务团队所有同志一直坚守岗位，没有回过一天家。尤其在赛时期间，工作强度很高、压力很大。在延庆气象服务分中心的预报员值一天休一天。值班时，每天凌晨 4 点到岗，逐小时滚动发布预报，直到 23 时比赛完成，连续工作至少 19 个小时。由于心里记挂着事情，即使不值班，也是凌晨 3 点多就自然醒。当有重大天气过程时，即使不轮值的同志也会自发到值班平台看看天气，参加讨论。但没有一个人说累，因为我们都有一个共同的目标——做好冬奥气象保障服务。

当冬残奥会高山滑雪最后一场比赛圆满结束的那一刻，我突然意识到，我们团队 11 名预报员围坐在一起、热火朝天讨论天气的日子已经一去不复返了；一起进赛区爬山体验天气、相互扶持，一起为着某个时次的预报结论据理力争的时光，就这么成了回忆了。心里很舍不得我们“延庆一家人”，舍不得每一位优秀的队友。

与冬奥共成长，同时代共奋进

冬奥会期间，延庆赛区高山滑雪中心的官方训练、比赛因天气原因，赛程共调整 8 次。每一次调整，预报员们都承受着非常大的心理压力。特别是 2 月 19 日，冬奥会最后一场比赛由于风大，决定延期。此前 2 月 6 日延庆赛区高山滑雪首场比赛就因为天气原因推迟了，到最后一场比赛了，再次给了我们一个大考验。幸得，有惊无险，到了20日冬奥会最后一天，风的情况与我们预期的一致，对比赛无不利影响，比赛顺利完赛。

通过此次服务，我更深刻体会到对接服务需求的重要性。此前风对高山滑雪赛事的影响阈值是参考温哥华、平昌冬奥会的标准，即阵风17米/秒。但在正式服务中，出于对运动员安全性和比赛公平性的考虑，风在比赛时段的平稳性亦同样重要。这也是2月6日高山滑雪首场比赛延期的主要原因。当时赛场风速情况和我们预报的基本一致，“风速不大，总体低于10米/秒”。而且仲裁人员在赛道上感受到的风速确实不大，但是偶尔会有较大的阵风，最后决定将比赛延期至2月7日进行。

冬奥会气象保障服务虽然任务重、压力大，但是这一路的经历，推动着我们快速成长，不仅预报服务能力得到提升，在关键时候的抗压能力也明显增强，这些都是冬奥会留给我们每个人的一笔宝贵财富！

筑梦冬奥，气象同行

李禧亮

作者简介：李禧亮，1986年3月出生，来自河北省石家庄市气象局，冬奥河北气象中心张家口赛区古杨树场馆群WFC首席预报员。

冬奥会期间张家口赛区冷空气活动频繁，大到暴雪、低能见度、大风和低温天气较多，冬残奥会期间雨雪转换、快速回温、春季大风和沙尘等天气时常出现。2017年我有幸加入张家口赛区气象服务团队，开启了为期五年的驻训保障工作。

党建引领　匠心护航——从“内化”到“行动”

2017年临时党支部成立，我们认真学习习近平总书记关于冬奥会筹办的重要讲话精神。冬奥会申办成功以来，总书记高度重视冬奥会筹办工作，亲自指挥、亲自部署，并多次前往赛场考察建设以及运动员备战等情况。按照总书记的部署和“简约、安全、精彩”的办赛要求，团队每月都会组织学习最新理论成果。

“我志愿加入中国共产党，拥护党的纲领……”2021年10月团队前往国家跳台中心进行党员集体宣誓活动。

四年驻地训练——从“无”到“有”

2017年的赛区观测资料欠缺，预报员们面对赛场预报摸不着头脑，监测精密是当下的第一步。面对困境，我和团队其他成员前往赛区及周边摸索、考察，车载或人扛完成了一个个冬奥参考站的布设。

2018年的赛区资料已积累，预报见雏形，但预报准确度还较低。为了解决这一困境，我一半时间加强理论学习和预报研究，另一半时间前往赛场实地观测，亲身感受预报的成与否，建立起预报与检验相结合的工作模式。

2019 年赛场数据已完善、各个赛道的气象要素规律已建立，我对赛区的天气预报把握更胸有成竹，但模式以及预报员对高影响天气的把握并不能做到游刃有余。高影响天气为雪上项目能否举行的关键命脉，我和同事们开始对各种模式进行“本地化”分析。

2020 年在地面观测资料完备、高空观测相对不足的情况下，我开始解决高空观测时间空间分辨率较低的问题，激光雷达、风廓线雷达、微波辐射计、超声风等一系列设备的架设与资料处理，让赛区的高空有了更精细更精准的监测和应用。

一腔热血迎战——从“多面”到“一面”

2021 年，我与团队成员合力服务了“相约北京”赛事，能力得到印证。

冬奥会开赛后 2022 年 2 月 12 日和 13 日，赛区出现降雪天气，并伴有低能见度，团队提前一周做了精细预报。降雪过后，温度回升“乏力”。14 日对 15 日 16 时至 19 时 50 分北欧两项男子个人大跳台和越野滑雪 10 公里比赛时段温度进行细致分析，考虑越野滑雪期间（19 时至 19 时 50 分）场馆温度将低于 −20 ℃，赛事委员会将 15 日北欧两项越野滑雪部分赛前官方训练及比赛时间调整至 17—19 时。16 日冷空气势力减弱，风速也减小，傍晚国家越野滑雪中心会出现“冷池”，原计划比赛时间为 17 时至 20 时 20 分，考虑赛事期间（18 时 30 分至 20 时 20 分）场馆温度将低于 −20 ℃，赛事委员会将 16 日越野滑雪资格赛和决赛比赛时间调整至 15 时至 18 时 30 分。19—20 日预计赛区会出现大风天气，大风使古杨树场馆群越野滑雪 19 日和 20 日 2 项比赛提前 2～3 个小时进行，冬季两项 1 项比赛提前 1 天进行。准确的预报为赛事的调整提供了重要的依据，使得古杨树场馆群最后的比赛项目得以全部完赛。

一流的气象服务保障，得到了国家奥委会、北京冬奥组委、国家体育总局冬季运动管理中心等各个部门或官员的高度认可。

未来可期，不负韶华

五年时光悄然结束，五年来收获了友谊，来自全国各地的 36 名兄弟姐妹因冬奥“结缘”。通过与他们的学习，自己也成了山地气象预报的专业人士。五年来，我们各司其职，协同互助，每个人都在自己的岗位上奉献自己的聪明才智；五年来，也得到了各级领导关心和帮助，使得自己很快熟悉自己的工作岗位，同时领导们极力帮我解决了家里的困难，使我安心工作；五年来，家人的默默付出与鼓励，使我更有信心和勇气完成这项历史任务。

冬奥的大考已经结束，我会将冬奥所学应用到今后的工作中去。唯有努力和认真、唯有对工作的一丝不苟，才能落实习近平总书记“监测精密、预报精准、服务精细”的要求。

我和我的冬奥故事

杨　玥

作者简介：杨玥，1992 年 8 月出生，来自河北省张家口市气象局（现石家庄市气象局），冬奥河北气象中心张家口赛区古杨树场馆群国家跳台滑雪中心 WIC 预报员。

2022 年 3 月 13 日，冬残奥会的闭幕，为我们五年备战和服务冬奥的时光画上了圆满的句号。昔日熙熙攘攘的会商室，如今收拾得干干净净，仿佛从未有人来过。结束的这一刻，突然觉得五年时光像一场奇幻又精彩的梦境，其中的艰辛与困难、快乐与成就，都变成回忆里的一颗颗珍珠，成为我人生的经验宝藏。

初入职场，双线成长

我的冬奥之旅始于 2017。这一年，我初入职场，有幸加入了冬奥预报服务团队。那时的我，是个没什么工作经验的“萌新小白”，就像当时的冬奥会赛场，还是一片秃山……

万事开头难，在加入团队的第一年，面对高要求的预报服务任务，我的内心充满压力。场馆观测资料与复杂地形预报技术的缺乏，也让我们的工作充满未知与挑战。这一年，就从学习山地气象开始，积累预报知识的同时，学习了英语。前往赛区实地考察，了解气象站的布局，让我对赛场的天气有了一些直观认识。

接下来的每一年，我都是在日常值班中学习“天气怎么报”，在冬奥团队的赛场精细预报中，学习独特地形的特殊天气规律，经历了报不好的挫折，也在一点一滴的进步中得到小小的满足。预报做不明白时，去请教团队里的前辈们，让我吸收了更多成长的养料。冬奥会给了我一个机会，让我在日常值班与团队工作中，双线学习，更加迅速地成长起来。

现场保障，迎接挑战

2021 年 2 月，国家跳台滑雪中心迎来了第一次测试赛——“相约北京”赛事，也迎来我第一次的现场考验，我的主要职责是在领队会上讲解天气、与外籍专家沟通等。

这次测试活动，赛场出现了大风、高温融雪和降雪等高影响天气，给比赛和赛事运行带来了困难。比赛现场的工作经验让我发现，有针对性的气象服务与幕后的天气预报工作有很大的不同。当你在做预报的时候，你需要的是跟自己的同行、同事们讨论天气，做出预报结论；而服务时，要把天气讲给各种知识背景的人，还要有侧重地、精确地讲出天气可能带来的风险。所以，做预报，是要得出一种科学的结论，追求数据上的准确性，而做服务，更看重对现实事件的参考意义。现场服务时，我常常觉得“天气复杂，现实事件比天气更加复杂”！测试活动提供了一次完美的演练机会，让我们在现场工作中不断总结反思气象服务的重点，形成了与各个部门良好的沟通合作机制，为冬奥会的气象服务工作提供了重要的参考。

冬奥圆梦，笃行致远

2022 年 2 月，跳台现场服务组圆满完成了国家跳台滑雪中心场馆的 25 场决赛、资格赛、官方训练的现场气象保障和 12 场领队会的现场汇报。精准预报、精细服务，“人努力、天帮忙”，国家跳台滑雪中心的气象保障工作圆满完成。

冬奥会期间，经历了降雪、低温、大风等高影响天气过程，我们的服务团队均给出了精准的预报，为雪道压雪、道路清废和赛事安排争取了宝贵的安排部署时间。

除了参加会商、发布天气、参加领队会，服务山地运行团队的外籍专家是我的一项重要工作。2021 年 11 月 2 日至 2022 年 2 月 20 日，近 4 个月的时间，我每日在山地运行团队气象信息群里发送古杨树场馆群 3 个场馆的英文预报。如果预报有降雪或大风天气，我会第一时间进行预报服务，详细沟通高影响天气出现的时间和强度。冬奥会赛事结束后，外籍专家 John Aalberg 对我们的预报信息给予了高度的评价。

回顾感恩，迎接未来

5 个冬季的冬奥驻训时光，不仅让我收获了知识、积累了经验，最重要的是收获了友谊和温暖，仿佛是另一种大学生活，这一段独特的经历和收获的友谊是我一生难以忘记的宝贵财富。感谢所有领导、同事五年来对我的帮助、陪伴和照顾！

最后，对于 2022 年冬奥会跳台场馆气象工作的心得与收获，我想说："扎扎实实、高质量地完成了冬奥会跳台场馆的各项气象保障任务，是我一生的荣耀。"未来，我会将冬奥所学应用到今后的工作中去，继续认真地对待人生中每一个风景与挑战。

把脉气象风云，倾力护航冬奥

杨　杰

作者简介：杨杰，1988 年 2 月出生，来自河北省承德市气象局，冬奥河北气象中心张家口赛区云顶场馆群 WFC 首席预报员。

2022 年 3 月 13 日晚，北京 2022 年冬残奥会主火炬熄灭，标志着北京 2022 年冬奥会和冬残奥会胜利闭幕。北京成为全球首个"双奥之城"，举世瞩目。这也是历史上少有的在大陆性季风气候带举办的冬奥会。举办一届"精彩、非凡、卓越"的冬奥盛会是中国对世界许下的承诺，我们做到了。而在成功举办北京冬奥会的背后，凝结着各条战线的辛勤付出和智慧汗水，这其中就有中国气象人的身影。

探索赛区山地气象特征，增强山区局地天气认识

2017 年冬季，冬奥气象预报服务团队开始组建后的第一次驻训。我们通过自学、集体讨论以及轮流授课的形式开展了山地气象学理论学习和英语口语学习。驻训期间，我深入学习山地气象学理论资料，几乎走遍了崇礼的每一条山沟、爬遍了赛区的每一条雪道，现场实地查看赛区地形地貌以及自动气象站周围环境及地形特点。为了能够将理论与实际结合，我与团队其他成员一起对赛区的温度、风向、风速、降雪等数据进行精细化统计分析，对赛区天气特点、气象要素分布特征和局地天气发生发展规律有了全面了解，构建了赛区气象要素分布模型和预报概念模型。

积累山地气象预报经验，提升山地气象预报能力

由于我国首次举办冬奥会，新建设的赛场地处山区，气象观测资料不足，预报难度大。我们常冒着刺骨的寒风进行野外观测试验，为精细化预报研究积累了大量的第一手数据。通过对典型个例分析，揭示了山地中小尺度环流特征以及变化发展规律，增强预报员对赛区典型天气的了解和认识。

冬奥气象预报服务团队在开展一系列科研活动的同时，还为国际雪联举办的单板滑雪、雪上技巧等雪上项目的世界杯赛、“相约北京”赛事等大型国际比赛活动进行了气象服务保障，服务赛事的同时进一步了解赛区复杂地形条件下冬季天气特征，摸索不同赛道的天气规律，积累大风、降雪、气温等气象要素的预报经验，通过赛事服务不断提升气象服务水平和积累山地气象预报经验。2021 年“相约北京”赛事期间，张家口赛区经历了大风降温、明显升温、沙尘、降雪、低能见度、冰冻等几乎所有可能对赛事造成高影响的天气，冬奥气象预报服务团队在恶劣天气下实现了高影响天气“零漏报”，服务保障“零差错”。

驻训期间，我们爬雪道、钻山沟、翻山岭、顶着寒风、踏冰卧雪，进行了一次又一次的野外观测试验，建立了“冷湖效应”“夜间升温”“地形降雪”“人工造雪气象阈值”等山地天气预报模型和指标，为冬奥期间的精准预报服务奠定了基础。

圆满完成冬奥保障任务，气象预报工作取得成功

在北京 2022 年冬奥会和冬残奥会期间，我担任云顶场馆群预报组组长和首席预报员，带领云顶场馆群预报员与现场气象服务人员密切协作，提供了精准的赛事气象预报产品。云顶场馆群精准预报出 2022 年 2 月 4—5 日的大风天气、2 月 12—13 日和 2 月 17 日的降雪过程及其伴随的低能见度事件、3 月 3 日夜间到 4 日上午的大风沙尘天气、3 月 8—10 日的明显升温和高温融雪风险、3 月 11—12 日的雨雪天气过程以及会对赛区交通、雪道等产生影响的 6 次零星降雪天气，为北京 2022 年冬奥会和冬残奥会张家口赛区竞赛组织工作提供了气象信息支撑和保障，确保了各项赛事的顺利进行。

精准的预报得到了北京冬奥组委、国际雪联、国际奥林匹克公司以及场馆各保障团队的高度评价，云顶场馆群预报组圆满完成了各项赛事的气象保障任务，气象预报工作取得成功。

共筑冰雪梦，一起向未来

杨宜昌

作者简介：杨宜昌，1993 年 8 月出生，来自河北省气候中心，冬奥河北气象中心张家口赛区云顶场馆群雪务服务队员。

在我刚刚起步的职业生涯里，从未想过，会拥有这样一场梦。在梦里，有连绵的山，下不完的雪；有人类的惺惺相惜、拥抱、欢呼、呐喊。在梦里，我短暂地拥抱了冬日。感谢这段经历，让我在被疫情偷走的时光里还能拥有这些真实的回忆，感恩相遇的一切，在我脑海中记住的远比表达出的要多得多。

我作为来自于河北省气象局气候中心的一员，负责冬奥会云顶场馆群雪务保障的赛道雪质监测工作。赛道雪质监测是为赛事提供赛道的雪表含水率、雪表温度、雪表密度等实况雪特性参数以及雪类型现状，目的是用来保障气象预报团队中的专项雪质预报的初始场条件确定。针对赛事期间可能出现的升温过程（均温超过 2 ℃升温过程）对赛道雪状态造成的影响进行评估与预报。通过不同赛道点位不同深度的实时雪质参数监测，结合实时气象参数进行雪质参数模拟，对赛道的雪质风险等级给出实时判定以及未来变化趋势的预测。为了获取比赛场地一手的雪特性专项数据，为模型建立提供支撑，从 2018 年冬天开始，连续 3 个雪季我都进驻到云顶滑雪公园进行观测。这个过程是漫长且充满挑战的，但我的内心始终被保质保量完成任务的使命感与责任感所充盈。模型一步步地完善，经历了冬奥系列测试赛的检验，我内心的自信感愈发强烈，只待冬奥会正赛的考验！

正是前期的充分准备才得以在最终考验来临之时从容应对并且交上了完美的答卷。从 2022 年 1 月 23 日进入冬奥闭环开始工作状态直到 3 月 11 日冬残奥会云顶场馆群最后一项比赛结束，整整 48 天，1152 个小时，我们以零失误的成绩圆满完成了冬奥会和冬残奥会雪务保障工作。在此期间，不管白天、晚上，还是晴天、暴雪，我真真切切地体会到了崇礼的冷，但也有幸看到了，在这个盛大的聚会背后，每一个为此付出的鲜活的生命个体。

这个冬天对于所有中国人来说，内心一定是非常自豪与满足的。因为在这样一个纷繁复杂的时代背景下，在这样一个冬天里，作为一名奋战在一线的冬奥赛事气象保障工作人员，能够在“家门口”挥洒自己的汗水与热情，参与到冬奥会和冬残奥会的服务保障工作中来，有无数个温情、感动以及自豪的瞬间将会在我的心中一直铭记，永远都不会忘记。我不会忘记，云顶每天的第一束阳光和傍晚最美的夕阳。当每个比赛日落下帷幕，白天的热闹与欢呼在夜色里渐渐隐去，张家口云顶的冬夜洁白、清寒而秩序井然，似在无声与平静中孕育着无限的希望。有人说，我们仰望星空不是为了得到星空，而是为了感受在追逐星空路上踏过的每一条河、翻过的每一座山。感谢祖国繁荣昌盛和党英明领导所给予的强大支持，感谢河北省气象局领导和气候中心领导、同事对我的信任以及工作期间无微不至的关怀与照顾，感谢那个努力奋斗过的自己。漫天雪花，飘飘洒洒，每一朵雪花都是在讲述一个冰雪故事，大雪如席，也无法遮住我沸腾的心底。这段难忘的回忆，我将永远铭记。

冬奥会结束了，我也将重新回到原本的生活当中。能够在人生当中经历一次我们自己国家举办的奥运会并参与其中，这种感觉无与伦比。记得当年萨马兰奇先生宣布北京成为 2008 年奥运会举办地的时候，我还在读小学一年级，一家人都在一起，欢呼雀跃。在小升初的时候，初中一年级新生所有人都在学校综合楼面前站好，每个年级辅导员对我们说要努力学习，以后有机会去北京看奥运会。一眨眼这么多年过去了，我没能去北京看（夏季）奥运会，但是能从事我所热爱的气象事业，更加幸运的是能参与到（冬季）奥运会的服务保障中来。坚信为所热爱的事业奉献的这份热情将会一直陪伴着我，冬奥精神将会一直陪伴着我，一直陪伴在我生命过程中的每一个时刻，而且会历久弥新，愈发醇香、愈发浓烈、愈发绵长。

再见，北京 2022 年冬奥会和冬残奥会。

未来，梦想永不落幕，奔赴下一场山海。

五心同圆，一起向未来

时少英

作者简介：时少英，1970 年 1 月出生，来自北京市气象台，冬奥北京气象中心延庆赛区冬奥现场预报服务团队队长，延庆高山滑雪中心场馆现场服务人员。

2022 年 3 月 13 日是一个永远值得纪念的日子。此时此刻，我正在高山滑雪中心竞技赛道结束区，周边都是欢呼的人群。是啊，所有冬奥会和冬残奥会高山滑雪比赛顺利结束了！这是一件多么不容易和令人骄傲的事情！

记得 2017 年 11 月 10 日延庆赛区冬奥现场服务团队入驻延庆。自此，每年大雁南归，团队北上；11 位同志从相识到相知，心往一处想，劲往一处使，目标就一个，把海陀山的天气报好。

2022 年 1 月 22 日进入冬奥会闭环服务阶段。荆浩和我，在高山滑雪中心场馆代表中国气象提供现场气象服务。整整 50 天，前后方团队团结协作，恪尽职守，没有辜负党和国家的信任，顺利完成了现场气象服务任务。回首这 50 天的高强度服务，心绪翻腾，感慨万千，尝试着从不同角度写下我的服务感受。

古语云，有家为安。虽然荆浩和我冲在一线，困难有，压力大，但背靠大山，有咱中国气象局这样一个大家庭为强大后盾，就会感到安心。自动站、雷达、卫星等立体探测数据不间断；信息网络高速稳定，现场无差别调用系统和数据。遇到赛事高影响天气，加密预报会商，加密观测……你看，不是你一个人在战斗！

因疫情等客观原因，我们没有经历过世界杯级别的测试赛，就直接面对冬奥会这样高级别赛事。赛事技术官员也是第一次到延庆高山滑雪中心，对这里地形地貌及天气特点等也不了解。都是第一次，但这是冬奥会，大家都想着一切顺利完成。2 月 6 日是冬奥高山男子滑降第一个比赛日。前一天还对第二天的比赛比较乐观，因为预报赛时阶段风速低于 10 米 / 秒。6 日一大早，男子竞赛主任马库斯和仲裁维克多从赛道上滑下来，到气象办公室了解当前至 15 时的风速。根据预报，风速会不断下降，但 09 时仲裁赛道体验说不行，10 时说有阵风，等到 12 时，还是把当天比赛延期。从早晨到中午，真是熬心！我当时非常不解，这风速都很小了啊，都不超过 10 米 / 秒。但仲裁表示蜜糖跳至海陀碗段赛道上有呼的一下的阵风，这样的风速会影响高水平运动员的成绩，进而可能影响比赛公平性。仲裁委员会期望比赛期间是没有风的好天气，但这样的要求对于海陀山来说太难了。第一天惊心动魄的服务经历使得我们了解了滑降官方训练和正式比赛对风速要求的差异，有助于提高接下来赛事服务的针对性。7 日预报风小果然就风小，比赛效果非常好。准确的预报消除了国际雪联技术专家对海陀山天气不熟悉而带来的不安。

2 月 19 日团体比赛，本以为赛道短，风速大些也可以轻松应对。但明显的上坡风使得旗门往坡上方倒伏，运动员向下滑行存在安全风险。19 日上午因大风，比赛一再推迟。20 日冬奥会闭幕，虽预计风速有所下降，但是否能达到比赛要求，还是没有百分之百的把握。19

日 3 次加密会商，22 时中央气象台、北京市气象台、延庆赛区和现场四方加密研判。第二天从早晨到上午，如我们所预期，早晨相对平稳，仲裁赛道体验会很好，跟着上午风速缓慢增加。比赛窗口期抓住了，所有比赛项目全部完赛，没有留下遗憾。

之前没有接触过这么高水平的竞赛组织管理，也是第一次如此长时间贴身跟进现场服务。荆浩和我也是跟进了解冬奥会不同比赛项目对气象条件的要求。预报不总是那么完美，比如 2 月 14 日和 16 日以及 3 月 5 日场馆风速比我们预期的时间更早些快速降下来；2 月 13 日强降雪，提前 10 天做了很好的预报服务，各方面应对及时，措施有力，但大气温度层结更有利于大雪花生成，赛道积雪厚度达 30 厘米。我们还有很多经验可以总结。

这一路走来，深切感受到了什么是举全国之力精心服务。从中央气象台国家级精细化单点要素预报产品、中国气象局公共气象服务中心智能文字提取到国家气象数值预报中心无缝隙数值模式预报产品、北京城市气象研究院睿思精细预报产品、北京市气象台机器学习预报产品到团队 5 年山地预报经验积累，大家齐心助力冬奥会气象服务在惊涛骇浪中最终渡过道道难关，护航所有项目完赛。

安心、熬心、信心、虚心、精心，五心同圆，一起向未来，未来可期。

当好气象“传令兵、沟通员”，助力冬奥竞赛日程变更

吴宏议

作者简介：吴宏议，1978 年 5 月出生，来自北京市气象台，冬奥会和冬残奥会运行指挥部调度中心前方工作组成员。

2022 年 1 月 19 日，我正式进驻位于北京冬奥村（冬残奥村）的北京冬奥会和冬残奥会运行指挥部调度中心前方工作组，开启闭环内的气象服务保障工作。竞赛日程变更的最终结果，就是在这里由各个相关机构进行多轮会商“出炉”的。我非常荣幸可以代表气象部门加入，发挥气象部门在闭环内“传令兵、沟通员”的职责作用；为北京冬奥组委杨树安副主席提供定制化贴身气象服务，向北京冬奥组委竞赛指挥组、国际奥委会（国际残奥委会）体育部等提供精细化气象信息、天气解读和咨询，为赛事运行指挥调度，以及竞赛日程变更寻找合适“窗口期”提供科学支持。

竞赛日程变更需要考虑到方方面面，首先是气象条件，这是至关重要的因素。必须保证运动员的安全和比赛的公平，北京 2022 年冬奥会和冬残奥会绝大部分竞赛日程变更是因为天气原因造成的；其次是赛事的总体安排，当某个竞赛单元的时间调整可能会影响到同场馆其他竞赛单元，需要整体协调；第三，要保证运动员在两场比赛之间有足够的休息时间，有的运动员还有兼项的情况，不能出现时间上的冲突；第四，要考虑场馆综合保障运行能力，比如设备、人员转场时间是否来得及；第五，要考虑国际奥林匹克转播公司的利益，比如关注度高的两个项目在时间上尽量避免重叠，以免影响收视率；等等。

竞赛日程变更的提出、讨论、确定过程，好比给病人诊断和治疗。气象部门通过卫星、雷达、自动站等探测设备和数值模式预报等对每个竞赛单元进行“体检”，通过天气会商进

行“会诊”，根据该竞赛单元的比赛时间、对气象要素的敏感阈值，研判气象条件会不会影响赛事的正常运行。如果会影响，则根据“病因”，进行相应“治疗”。比如预计有明显降雪，则提前安排人员和设备对赛道进行清雪。如果预计将出现高温融雪，则提前对赛道进行压雪或撒盐处理。如果常规“治疗”不能解决问题，那就需要“手术”，即对竞赛日程进行调整。北京冬奥组委竞赛指挥组、国际奥委会（国际残奥委会）、国际冬季体育单项联合会、国际奥林匹克转播公司等通过多轮视频会商，最终确认“手术”方案，即确定竞赛日程变更时间。我作为竞赛指挥组的一员，同时也代表气象部门在前方工作组履行职责，全程参加竞赛日程变更委员会工作会议，提供竞赛场馆未来几天精细化天气信息和咨询。

冬奥会和冬残奥会期间，因天气原因，北京冬奥组委竞赛指挥组等一起共召开竞赛日程变更委员会会议十余次，竞赛和官方训练单元调整约 30 项。冬奥会和冬残奥会期间，在这个季节可能出现的高影响天气都来了个遍，大风、极端低温、强降雪、低能见度、雨雪转换、沙尘、升温融雪。气象团队均提前给出精准的预报预警，同时加强与北京冬奥组委竞赛指挥组、国际奥委会（国际残奥委会）等沟通和研讨，配合竞赛日程变更委员会科学高效地完成北京冬奥会和冬残奥会竞赛日程调整工作。对此，国际奥委会体育部、国际奥林匹克转播公司、国际雪联、国际冬季两项联盟和北京冬奥组委给予了气象部门高度评价，认为精准的天气预报为调整竞赛日程提供了重要支持。

在气象部门的全力配合下，竞赛日程变更委员会科学统筹竞赛日程安排，北京 2022 年冬奥会 109 个、冬残奥会 78 个小项全部顺利完赛。作为气象人的一员，我有幸参加冬奥会和冬残奥会气象服务保障工作，做好气象“传令兵、沟通员”，提供赛程变更气象依据，我深感骄傲和自豪。感谢冬奥气象中心、北京市气象局领导、北京市气象台领导对我的信任和关心，感谢 MOC 首席和三个赛区预报服务团队的支持和帮助，感谢家人的理解和支持，让我无后顾之忧，全心投入两个冬奥会气象保障工作，圆满完成领导交给我的任务。

砥砺前行保冬奥，共同奋斗向未来

邱贵强

作者简介：邱贵强，1986 年 1 月生，来自山西省气象台，冬奥北京气象中心延庆赛区现场预报服务团队首席预报员。

随着北京 2022 年冬奥会和冬残奥会圆满落下帷幕，我们团队的“冬奥气象服务保障之旅”也进入尾声。回想起四年来的驻训生涯，心中涌现出太多的感慨。从接受使命时的欣喜、激动与期待，到驻训期间的茫然、努力和坚持，再到赛时服务中的拼搏与自信。这四年，是我接受锤炼和快速成长的四年，这四年，是我弥足珍贵的工作经历。

备战几年来，团队成员始终不忘初心、牢记使命，不断迎艰克难，砥砺前行，最终不辱使命，顺利圆满完成冬奥会气象服务保障任务。

积极备战，不忘初心

冬奥预报不同于常规预报，延庆赛区复杂的山地地形给精准预报带来了极大的挑战，再加上以往可借鉴的山地预报经验较少，使得冬奥气象服务保障任务变得更加艰巨。刚参加驻训时，遥望海陀山，感觉一脸茫然，究竟山顶、山腰、山谷的风速差异有多大？逆温层厚度有多高？云高在哪个层次？这些难题都一一摆在了我们面前。道阻且长，行则将至！为了不断提高预报业务技能，团队进行了一系列“充电”工作：每逢有天气来袭时，我们便会带上干粮，手脚并用，一步步爬到海陀山的不同高度处去亲身感受气流的变化情况，衣服磨破、流血流汗是常事，可没有一个人叫苦，一个冬季下来，曾经陌生的海陀山逐渐在我们面前变得清晰；山地气象理论的学习与应用、抽丝剥茧式的过程复盘分析，使我们渐渐构建起不同天气过程的概念模型；为了增加预报服务时的底气和自信，即使不值班，我们也会投入到客观预报技术的研发中，一次次地探索尝试，一次次地推翻又重来，最终由我们一线预报人员牵头研发的延庆赛区气温和极大风客观预报平台投入使用。这所有的一切，都是为了顺利完成我们的初心和使命，那就是全力“看”好海陀山的天，为冬奥会和冬残奥会的顺利进行提供最优质的气象服务！

砥砺前行，不辱使命

团队人员少，工作强度大。延庆赛区后方预报团队基本上值一休一，值班时凌晨 3 点多起床，连续工作 18 个小时左右才能彻底结束一天的工作。这样的工作强度对每一名队员来说，都是一个极大的挑战，面对挑战，大家迎艰克难，心往一处想，劲往一处使，背靠中国气象局的坚强领导，最终没有一个人倒下，每个人都发扬出了特别能坚守、特别能忍耐、特别能战斗、特别能奉献的精神。

除了迎接身体上的挑战外，还面临着许多预报上的尖锐难题。2 月 19 日上午，竞技 3 号站附近风速持续较大，导致团体比赛迟迟无法进行。20 日上午风速究竟如何？究竟有没有比赛的“窗口期”？这些关键问题就成为当天值班工作的重点。我们顶住压力，连夜会商研讨，最终达成预报意见：“20 日上午天气条件适合比赛。”也因此赛事决策方将比赛调整至 20 日上午并顺利完赛。这样惊心动魄的时刻还有很多，我想对于团队的每一名成员而言，都会有类似成功预报的惊险经历。“台上一分钟，台下十年功”，五年的辛苦没有白费，付出终于有了回报，在这一刻，我们的内心是最欣慰、最自豪的！在赛事保障期间，我们不辱使命，多次准确预报出了寒潮、大风、暴雪、回暖、降雨等关键天气过程，为顺利完赛提供了重要的决策参考。

成功保障，家人助力

成功的背后，离不开无数个家庭的默默支持。2019 年，刚参加完“十四冬”气象服务保障调研工作，我便匆忙回家举行了一场“浓缩式”的婚礼，婚礼过后便即刻返程继续参加驻训。我妈妈说“你来回路上的时间比在家时间都要长”。2020 年，妻子怀孕时，我正参加第三次驻训工作。2021 年，孩子刚出生 6 个月，我又踏上了第四次驻训旅程。四年来，是妻子扛下了所有，担下了整个家庭，在他们最需要我的时候，我却总是缺席，心中充满着遗憾与愧疚。

冬奥会的结束意味着新的开始。山西地形复杂，沟壑纵横，高质量的精细化气象预报服务需求迫切。在后续的工作中，我会尽力将冬奥会预报服务经验和成果在山西落地生根，让冬奥气象遗产发挥持续化、最大化的服务效益，为气象高质量发展不断贡献自己的力量！让我们带着这段难忘的经历，开启新的征程，共同奋斗向未来！

用心服务“冬奥大脑”，助力精彩奥运举行

何　娜

作者简介：何娜，1984 年 1 月出生，来自北京市气象台，北京冬奥组委主运行中心（MOC）首席预报团队组长。

作为 2017 年首批加入中国气象局冬奥气象服务团队的成员，我感到无比骄傲自豪。经过五年集训，50 天实战，出色圆满完成了两个冬奥的气象服务保障任务，获得了冬奥气象服务保障的“金牌”。四个感受、三个感谢、两个期望、一个梦想是我要谈的体会。

四个感受

责任。习近平总书记要求要办成一届“简约、安全、精彩”的奥运盛会。气象保障就要做到“简约不简单”“安全无盲区”“精彩不打折”。我一直在被称为“冬奥大脑”的冬奥主运行中心（MOC）工作，在这里，我感受到了举全国之力的制度优势，牺牲小我的奉献精神。北京冬奥会遇到了全球新冠肺炎疫情以及复杂的国际局势，给原本正常赛事的组织增加了难度。我下定决心不能再让负责的天气给冬奥成功举办“添乱”。为确保赛事的正常举行，MOC 每天的调度会都会统筹协调解决遇到的各种棘手问题。这让我深受震撼，从更高的政治站位去看待我参与的冬奥气象服务保障，深刻理解奥运会顺利举办的重大意义及奥运精神的深刻内涵。

感动。冬奥期间有很多令我感动的瞬间。负责探测运维的小伙子们，冒着大雪严寒赴海陀山处理设备故障；一个个披星戴月在会商室里研判天气的预报员身影以及幕后默默无闻的无名英雄；大家都用各自的方式为冬奥奉献着一切。由于 MOC 的气象服务保障工作涉及三个赛区和城市运行的方方面面，一天连着参加十几个会商调度是常态，有时是这个会商还没结束，那个会商又开始了。同一个时间要制作分发多项预报服务产品，一个人根本忙不过来。这时，团队成员毫无怨言主动牺牲休息时间到岗工作，赛事全速运行 50 天的时间里，每个人都在全力以赴。

信任。一种信任来自气象部门的领导。作为一支年轻的队伍，领导们选择了对我们毫无保留的信任，将冬奥这“国之大者”气象服务重任交到我们手中。另外一种信任来自于服务对象，每一份精准的预报都让服务对象对我们气象团队更加地信任。北京冬奥组委提出的五个一流中“一流的气象服务”，就是对精彩气象服务保障工作的高度评价。

温暖。战斗在一线的我们，经常能收到来自领导和同事们的关心和关怀。来自团队大后

方的余勇副局长带队来调度中心亲切慰问我们。北京市气象局调度会上，张祖强局长也时常叮嘱我们注意身体，确保安全。曲晓波副局长每天一大早就在调度中心和我们一起听会商，讨论天气。还有来自后方领导和同事们的微信、电话问候，都让战斗在一线的我们心存温暖，奋力向前。

三个感谢

感谢领导们的充分信任。从选拔青年同志进入冬奥气象服务保障团队到正式参加服务保障工作，离不开领导的信任。能够在职业生涯中承担“国之大者”重任，我荣耀终身。

感谢团队之间的默契配合。虽然参加一线服务的只有几十名预报员，但我们身后有成千上万气象人的支持，感谢每一位一起奋斗的同志。正是由于我们的团结一致，勇往直前，才会用精准预报、精细服务交出两个冬奥气象服务的满意答卷。

感谢家人们的鼎力支持。正是得到了妻子的帮助、丈夫的呵护、父母的包容、儿女的理解，才能让我们无后顾之忧、披荆斩棘为奥运会全情投入。军功章上有他们的一半。

两个期望

第一个期望，坚信会有更多的高水平国际赛事将会在中国举行，我们积累的宝贵经验也会有更多的用武之地，为我国冰雪经济的发展贡献自己的力量。

第二个期望，能争取到更多跨行业合作的项目支持，为体育赛事提供更精细、更精准的预报服务，将我们的气象科技成果推出中国、走向世界！

一个梦想

我们为“简约、安全、精彩”的奥运盛会画上完美句号作出了应有的贡献，未来我会将冬奥积累的经验运用到气象预报服务中去！共筑强国梦，一起向未来！

圆梦冰雪，精准预报赛事“窗口期”

张　宇

作者简介：张宇，1986 年 3 月出生，来自黑龙江省气象台，冬奥河北气象中心张家口赛区古杨树场馆群 WFC 预报员。

从 2018 年开始，经过了五年的不懈努力，回望两场盛会，以“零失误”的“比任何一届冬奥会都好”的“一流气象服务保障”，切实践行了习近平总书记提出的“简约、安全、精彩”办赛要求和“监测精密、预报精准、服务精细”的重要指示，生动诠释了“更高、更快、更强、更团结”的奥林匹克精神和“准确、及时、创新、奉献”的气象精神，向全世界展示了中国气象人的风采，不负党和人民重托。

一般来说，赛事是不会调整的，因为涉及很多利益相关方。当然，赛事官员和裁判会考虑运动员身体情况，冬季比赛项目，低温、大风、能见度等会影响运动员的安全，有一些阈值，超过阈值就不能比赛了。冬奥会我们是第 24 届，此前的 23 届只有 6 届赛事金牌全部颁发，我们要做第 7 届。取消比赛最主要的情况就是天气不允许。

北京冬奥会期间，古杨树场馆群共有 2 场官方训练和 10 场比赛调整。因为前期天气条件比较好，都适合比赛，出现调整的比赛都在 2 月 13 日之后。有 8 场比赛是提前的，这充分说明赛事组织方面对我们天气预报的信任。这里有两场比赛调整的小故事，给大家分享。

其一，2 月 16 日的越野滑雪女子 / 男子团体短距离资格赛和决赛，按照计划资格赛结束后，经短暂休整进行决赛。原计划此次两项比赛时间为 16 日 17 时至 20 时 20 分，我们预计赛事期间（18 时 30 分至 20 时 20 分）恰逢“冷池”现象快速建立时段，场馆温度将低于 −20 ℃。经赛事委员会讨论决议，2 月 16 日资格赛和决赛比赛时间调整至 15 时至 18 时 30 分之前进行。比赛大约持续 1 个小时，我们都也看着电视直播，运动员呼着哈气，为了不影响速度，鼻涕口水也不擦擦，就一直往前滑，都冻住了。我们心里也很忐忑，要是气温低于 −20 ℃，发生冻伤情况就不好了。当比赛结束，气温是 −19.9 ℃时，我们也松了一口气。赛后有小伙伴开玩笑说，预报竟然有 0.1 ℃之大的温差，我们都会心地笑了。

其二，就是 2 月 20 日的最后一场越野滑雪女子 30 公里集体出发比赛，按照惯例，这个比赛的奖牌要在闭幕式上颁发，如果这个不能颁奖，那影响就很大了。原定比赛开始时间是 20 日 14 时 30 分，比赛大约持续不到 1 个小时，赛后运动员就会去北京参加闭幕式。根据我们的预报，14 时 30 分左右，越野赛场的风会很大，不适宜比赛，最终赛事调整到 11 时开始。从实况来看，11 时的阵风是 12.5 米 / 秒，到 14 时的阵风是 16.8 米 / 秒，就是不适宜比赛了，所以说赛事调整得非常成功。

组织有力，体制优势，能办大事。张家口赛区气象保障人员有 173 人，预报团队有 36 人。在我们这，大家的感觉可能是，组建这样一个团队很轻松，只要上级、领导一声令下，团队就组建成功了。要是有缺人的地方，再找人也来得及。但大家要想想，在国外，这可不是一件容易的事情。说起来，我们历来就有集中力量办大事的优势，从“两弹一星”到北斗天宫，从抗震到抗疫。我们的体制优势体现得非常明显。

预报团队的平均年龄是 37.4 岁，80 后是主力，也有 90 后。经过冬奥会和冬残奥会淬炼的同事，未来必然能克服更大的困难，完成更大的挑战。

从 2018 年出发到回家，团队成员都离家超过 20 个月。有的队员孩子长高了很多；有的队员产假还没休完，就奔赴崇礼了；像我这样孩子很小的也有好几位。我们这些普通人的家国情怀，职责所在，使命担当，促使我们圆满完成了任务。我们的职责就是为冬奥会做好气象服务，没有办法，奥运会不在家门口，就得长时间离开家里。

因为疫情的原因，赛区实行闭环管理，我们后方预报人员在闭环外的崇礼区气象局办公，距离赛场有 20 多千米。进入赛场要经过重重关卡，一天内，只有两位队员有机会进赛场看比赛，其余的队员压根儿进不去，就是那么近却又那么远呀！

服务冬奥的珍贵经历，是一生难忘的。回顾这一段经历，加入一个专业的团队，认识一群优秀的人，学习一些职业技能，努力提升，成为更优秀的自己。

圆梦冬奥会，一起向未来

张晓瑞

作者简介：张晓瑞，1994 年 10 月出生，来自河北省人工影响天气中心，冬奥河北气象中心张家口赛区云顶场馆群 C 区 WIC 预报员。

时光荏苒，仿佛还能看到五年前那个毛遂自荐参加冬奥服务团队的小姑娘，从当时的懵懂无知到如今有条不紊，五年里我学到很多，与伙伴共同经历了很多，而当紧张忙碌的冬奥工作期真的结束了，万千感想聚在心头，有激动兴奋也有辛酸感慨。

见贤思齐，同舟共济

记得第一次进入场馆工作，初接触完全陌生的工作环境，一切都亟待沟通对接，同时也迫切希望能够让场馆同事认可气象工作，而有限的工作经验和心理承受能力都在处处限制着自己。庆幸李宗涛和孔凡超两位队长一路陪伴着不算成熟的我们，在遇到工作上的质疑、沟通的难题时，他们冲在前面，教导我们应该如何更好地处理。感恩朝夕相处的五个小伙伴，在遇到生活工作中的迷茫困惑时，如亲人般陪伴彼此，相互耐心纾解那些无法自我消化的小情绪。

8 个月的朝夕相处，高度紧张的工作环境和日程安排，让我学会适时与队友换位思考，给予更多理解和支持。我庆幸能够遇到这样优秀的前辈和伙伴，从他们身上学到的东西使我的眼界更加开阔。

愚公移山，攻坚克难

五年间，除了获得山地气象知识和更新工作理念外，使我感触最深的便是那些对工作充满热忱的前辈们，时时激励着年轻一代的我们。

抱着“每个冬季不放松，一次过程不放过”的理念，人工加密观测雪花形态、密度和量级，加密布设用于“冷池”研究的温湿探测仪，借助无人机和系留汽艇探测山地山坡风和背风波的发展演变，在烈风酷寒中进行一次次场外试验，在深夜凌晨一丝不苟地为了 1 米 / 秒和 1 ℃的误差勇往直前。出于连续观测的要求，彻夜在户外进行半小时至一小时的高频次观测是常态。克服低于 −20 ℃的低温困难，完成雪花采集一系列看似简单却并不轻松的流程，制作张家口赛区地面降雪粒子图谱。以愚公移山的精神，用自己的双手，为填补我国山地气象的精细化预报领域的空白而奋斗。

全力以赴，勇敢无畏

每每场馆有中国队取得奖牌，在现场服务的我们能够第一时间感受到国人的欢欣鼓舞，一同为冠军而欢呼，同样也为那些拼尽全力的运动员而感到骄傲。

机缘巧合的是，在C区比赛日最后一天，空中技巧男子决赛齐广璞夺冠后，正在进行晚例会的我们看到了比赛失误的贾宗洋。当四届老将突然出现在宿舍时，我们都很激动，冷静过后才逐渐意识到他的情绪很低落，尽管他已经获得了混合团体的银牌，但对有夺金实力的选手来说，金牌才是最圆满的结局，大家安静下来一时不知如何安慰。他却眼里含泪，苦笑着先打破寂静说“结束了，都结束了……我的体育生涯结束了”。我突然意识到在灿烂奖牌的背后，还有许许多多这样不完美却依然很美的运动员们，他们带着对运动的热爱，带着一身伤病拼尽最后的力气。奥林匹克精神突然不再抽象，而是这样形象立体地展现在我们眼前，挥手道别后，我们心里久久不能平静。

得到金牌或许可以证明一切，但奥林匹克不只有冠军，在追求卓越的过程中，书写着对自我的突破和对岁月的不屈。即使路上有坎坷，即使走得踉跄，他们依然坚定向前，意气风发。

不忘初心，共赴未来

冬残奥会期间，我有幸被安排到云顶场馆群一线开展服务工作，正式开始了闭环内“朝五晚九”的工作日程。作为预报员的我们除了在现场为竞赛团队及领队会提供气象咨询，为竞赛长、各国领队提供准确及时的预报信息外，还要兼顾服务策略和外联统筹，展现出中国当代青年的责任与担当、气象工作者的拼搏与奉献。当我们勇敢地跳出舒适圈，没有让害怕失败阻止自己变得更好，才有机会在竞技场上感受到生命绽放的魅力，经历这样精彩或遗憾的人生故事，磨炼自己直面风雪的能力。

冬奥篇章已经完结，而冬奥精神的续章将由我们来续写，那是运动员身上的平等竞争，坚韧不拔，队友间的理解包容、友谊团结，场馆同事的恪尽职守，精益求精，让我们带着这些信念与精神，演绎我们的精彩未来。

青春骄“奥”，履行致远

张曦丹

作者简介：张曦丹，1995年3月出生，来自河北省张家口市气象局，冬奥河北气象中心张家口赛区云顶场馆群A区WIC预报员。

作为气象服务团队的一员，我自2017年入职以来就开始参加冬奥气象服务驻训，几年来，收获与感受颇多，现将各方面总结如下。

学习方面：提升理论知识及技能水平

冬奥会张家口赛区赛事举办地在崇礼，这里山地较多，气象条件复杂，学习山地知识并运用到实践中去显得尤为重要。在日常学习中，除了常规天气预报知识，也学习了山地气象知识，提高了对山地不同气象要素变化特征的认识。

为提高对滑雪项目的认识，增加亲身体验，团队共组织了四次滑雪培训，大家从一个初学者成长为可以在中级道甚至高级道上驰骋徜徉。虽然经历了身体上的苦痛以及恶劣天气造成的体感不适，但大家都坚持了下来，不仅提高了滑雪水平，还增强了体质，锻炼了意志力。

此外，冬奥会是一个国际化的赛事，所以对英语水平有一定的要求。而脱离英文环境很久的我们，便更需要去捡基础，添新知。每年的英语培训都让我们重拾信心，获益匪浅。期间，还有幸赴美国参加了 COMET 项目的培训，进一步增长了见识。

同时，我也接触了一些编程的相关知识，并通过自己的研究学习，可以进行一些数据的处理与制图。这些知识一定会让日后的工作、科研更加便捷。

期间，还多次听取了党课及“新资料、新设备”系列专题讲座，不仅提高了政治思想认识，还增长了见识，提高了学习能力，丰富了知识储备。

工作研究方面：将理论知识与观测试验相结合

2018 年，深入赛场，实地勘探场地，了解赛道位置与站点布设情况。由于地形特殊，古杨树场馆会出现冷池效应，大家便开展试验研究，总结其天气特征；筛选大风降温天气过程，分析不同情况下，两个场馆温度的变化特征。各类观测试验均为场馆气象要素的预报打下了基础。

2019 年，在李江波首席的指导下，分析了两次大雾天气过程，对大雾天气有了进一步的认识。还有幸参加了河北省“科技冬奥”项目。

2020 年，与队员一起在赛场进行降雪粒子观测试验，累计记录粒子照片上千张，为研究赛区山地降雪机理和雪深预报积累了观测基础，并通过整理制作了张家口赛区地面降雪粒子图谱，为冬奥科普积累了宝贵素材。

赛事保障方面：将成果运用到赛事保障中

2021 年，前期在驻地制作并发布服务材料，圆满完成“相约北京”赛事服务工作。12 月 20 日开始，作为气象现场服务队员之一，不惧疫情，进入一线，为赛事各领域工作人员和各国运动员团队提供面对面气象服务。

2022 年赛时期间，共承担 8 次领队会发言任务。其中，在单板障碍追逐第一次领队会上，竞赛主任称赞：“Good weather presentation!”由于赛事较多，人员利用率也相对较高，我们经常在 5 点多就到办公室进行服务材料的翻译及推送，之后仍紧盯赛事，及时为大家提供天气咨询服务，直到夜晚结束。有天气变化时，不惧寒冷到室外拍摄天气实况，和后方预报团队及时沟通，使得预报更加精准。在有高影响天气的情况下，为场馆运行及竞赛团队提供天气提示。最终所有赛事圆满结束，气象服务得到了国际雪联、场馆领导及各竞赛运行团队的表扬与感谢。我们也倍感骄傲与自豪！

生活方面：丰富闲暇时光，增进团队感情

驻训期间，多次组织各种活动，大家一起包饺子、唱歌、滑雪、到周边地区游览，不仅丰富了生活，欣赏了景色，也促进了大家的感情交流，我们真正成为一家人。

时光飞逝，这六年里，有过艰难困苦，在雪道上摔跤、在野外挥洒汗水与泪水；有过在寒风中瑟瑟发抖，抱团取暖；也有过荣誉自豪，站在雪场最高点，感受各种预报的天气如约而至，感受来自各方的欢呼与称赞。这几年，虽缺少了对家人的陪伴，却结识了一众兄弟姐妹。感谢冬奥会给我这样一次宝贵的机会、感谢领导对我们的培养与肯定．感谢同事们的关怀与帮助，感谢家人的理解与鼓励，也感谢自己的努力与坚持。冬奥虽已落下帷幕，但我将继续努力，发扬冬奥精神，为气象事业贡献自己的力量。

万丈高楼平地起，苦寒磨砺出风采

陈子健

作者简介：陈子健，1986 年 7 月出生，来自河北省气象台，冬奥河北气象中心张家口赛区古杨树场馆群 WFC 首席预报员。

很荣幸自己能作为北京 2022 年冬奥会和冬残奥会张家口赛区气象服务团队的一员参加到冬奥赛事预报服务中，回首参加冬奥的整个过程，非常辛苦，但也收获颇多。

从 2019 年开始加入团队以来，每年冬季都到崇礼赛场驻训，了解当地的山地气候，学习山地气象，进行实地观测试验，归纳和总结当地的山地气象要素的规律，参与预报模式和模型的建立和检验。赛区地形复杂、气象特征差异巨大，我们从 2017 年开始在场馆及周边建立地面自动气象站和开展精细化三维风场观测试验，截止到 2020 年，张家口赛区已经基本形成一整套覆盖整个赛场的天气尺度—微尺度的三维立体实时综合观测系统。2020 年，团队成立新资料研究应用小组，我很荣幸担任组长，组织大家解析和应用新资料，为冬奥期间预报员预报提供一份科技自信，擦亮预报员的另一双“眼睛”，并研究提出张家口赛区“冷池”现象概念模型，为夜间冷池低温预报提供一定的理论支撑。

面对各种“陌生”的新型高精度三维观测仪器，像三维激光测风雷达、微波辐射计、风廓线雷达、云雷达等，从认识仪器到了解原理，从数据解析到研究应用，几乎每个晚上都要加班学习总结。前期由于赛场的修建，电力很不稳定，线路也偶尔被施工机器挖断，导致我们需要时刻关注仪器的运行状况。有降雪天气时，部分仪器也会受到影响，需要队员雪后立即奔赴现场为仪器“擦亮眼睛”。另外各种新仪器的厂家不一样，数据格式也不一样，需要和厂家沟通和学习数据格式，然后通过 Python 编程，将数据转化为直观的实时更新的图片。新资料的分析以及和目前精细化预报和模式的结合应用更是最重要的环节，也是我们引入新观测仪器的最终目的，也是最困难的环节。团队请来了在新仪器处理和应用方面的权威专家为我们讲解授课。

冬奥赛事期间，进驻崇礼区气象局，我作为古杨树场馆群首席预报员，值班期间积极参与冬奥赛事预报的会商，制作古杨树场馆群三个场馆五个站点的气象预报、场馆通报、C49 报告，根据不同赛事气象阈值挑选适宜比赛的窗口期，为比赛的调整提供气象预报意见。

预报服务保障中最困难的地方，就是决策。当预报员之间结论分歧较大时，或者数值模式预报之间结论分歧较大时，或者数值模式预报与预报员经验之间产生分歧时，就需要大家一起商讨研判，采取更科学可靠的结论。

2022 年 2 月 4 日，冬奥会开幕，正好遇上 4—5 日的大风天气过程，各项比赛的风速都卡到了阈值边缘。5 日，随着预报模式的调整，团队及时组织会商，细致分析新资料，最终更加增强了信心，确定预报结论，为赛事成功举行提供了精准服务。整个冬奥比赛期间，越野共有 4 个项目因为天气原因进行了赛程变更，均完美地卡住了 −20 ℃低温和 12 米 / 秒大风的预报阈值。在预报准确率方面，冬奥会比赛期间各站点 3 天预报准确率相对比于 EC 模式预报准确率，晴雨在特殊地形的越野地点站有 1.7%～1.9% 的提升，温度、平均风和风向预报均有 10%～20% 的提升，特别是阵风，EC 模式基本没有预报能力，预报准确率提升高达 60%～70%。

这些成绩是对我们一步一步艰难走过来的艰辛和付出最好的答复，当然也有很多值得我们总结和继续努力的地方，例如国家越野滑雪中心越野低点站和国家冬季两项中心站位于山谷交会口，对于这种特殊地理位置和地形在偏西风和偏东风时，阵风极值的把握还有所欠佳；国家跳台滑雪中心高点站风力相对低点风力较大，受到高空下沉气流影响的时间较难准确把握；国家跳台滑雪中心低点站平均风速大多时间较小，湍流较为明显，风向难以把握。

冬奥驻训的四年，和家人团聚甚少，但回首每个熬夜的过去，现在都是满满的收获，每次领导视察，为新资料展示点赞肯定时，冬奥赛事期间运动员和官方对预报肯定反馈时，感觉一切的付出都是值得的。风雪是一种磨砺，汗水是一种证明，紧张是一种虔诚，开心是一种感恩，“Together for a shared future!”北京冬奥会也将是我人生中最难忘的经历之一。

回首已是阑珊处，记我的五年冬奥旅程

陈仲榆

作者简介：陈仲榆，1986 年 7 月出生，来自中国气象局公共气象服务中心，冬奥北京气象中心延庆赛区现场预报服务团队首席预报员。

5 年冬奥、完满收官。2022 年 3 月 13 日，随着男子回转赛事顺利完成，北京 2022 年冬残奥会延庆赛区赛事全部圆满结束。这也意味着五年来作为延庆赛区冬奥现场气象服务团队的一员顺利完成了延庆赛区气象服务保障任务。北京 2022 年冬奥会和冬残奥会正如习近平总书记的要求，是一届办出了特色、办出了精彩、办出了独一无二的体育盛会，其中也有我们气象人浓墨重彩的一笔，作为参与其中的一份子，我有下面几点感想。

借力科技，团结一心办大事

最深切的一点感想，就是这次冬奥会和冬残奥会气象保障的成功，是所有参与其中的气象人共同努力的成果。从最前方的现场服务人员到大后方的指挥调度、后勤保障和其他相关工作的同事们，缺一不可。记得作为现场服务团队成员在 2017 年冬季第一次来到延庆赛区驻训时，我们用的还是“土法预报”，靠 EC 模式 850 百帕赛区附近一个格点的要素预报来做高山滑雪中心精细预报；面对山地特有的背风坡弱降雪和赛区复杂天气，我们感到两眼一抹黑，有时候虽然报了微量的弱降水但是无从验证，有时候瞬时风速风向不寻常的变化，百

思不得其解。

面对我们提出的各种各样的难办的需求，气象人们迎难而上。比如我们提出需要精细化赛区要素场，有了“百米级”的睿思模式产品；需要精确的阵风、能见度、气温、湿度、降水站点要素产品，就有了北京2022年冬奥会天气预报示范项目；现场探测运维团队，实现了赛时观测系统维护机制；北京市气象局探测中心和人工影响办公室设计了多风廓线雷达组网的三维风观测系统，把云雷达、微波辐射计、微雨雷达等新型观测仪器数据融入我们的业务平台中；延庆区气象局争取到了公安系统视频监控系统终端的使用权，让我们可以看到赛区各个点位的现场情况；公共气象服务中心的同事们为我们提供了智能写稿的工具；干部学院的英语老师们在零积累的情况下，为我们重新设计了一整套课程；等等。冬奥的精彩，离不开气象人的不懈努力。

宣传、食宿、网络、防疫、交通等方面，都有来自各个单位的同事们的大力支持，让我们只需要集中于现场的预报服务上，无后顾之忧。冬奥气象服务的成功，来自广大气象人在各自岗位上的辛勤付出，正是应了那句话，“一个都不能少”。

冬奥遗产，未来可期

第二点感想，是这次冬奥服务，的的确确是一次“一起向未来”的大型气象保障。各个参与团队高度重视科技提升助力，诚然这次气象保障投入了巨大的人力资源，但更重要的是留下了从观测、预报到运维、服务、后勤、制度各方面的科技手段和组织实施手段上的提升进步和成果积累，这正是能大力提升我们今后气象服务水平的宝贵的“冬奥遗产”。各种新型观测手段，“百米级、分钟级”区域模式和结合机器学习的客观站点格点预报方法、广泛利用的集合模式产品、智能和信息化的业务平台、服务系统及会商系统、打破组织区隔的扁平化组织架构、现场经验凝练的山地气象风和降水概念模型等，种种的技术和方法的创新，都是今后气象服务中可以沿用的宝贵资源；更重要的是这种重视创新和高效管理机制的思维，如果能后续贯彻，那么不管是什么形态的气象服务需求，我想都不会是问题。

宝贵经历，砥砺前行

最后一点感想，还是感谢中国气象局、中国气象局公共气象服务中心和北京市气象局，给了我这次机会，使我能够作为前方气象服务团队的一员，在这个难得的岗位上贡献自己的一份力。北京作为唯一的“双奥之城”，不知道这么意义重大的盛会今后是否还有机会参与，只争朝夕，不负韶华，这句话用在此情此景，我感觉是十分合适的。今后，我也不会辜负这次难得的经验，必定在以后的气象工作中发挥冬奥精神，全力以赴。

以雪为令，共赴未来

陈 涛

作者简介：陈涛，1978年8月出生，来自国家气象中心，北京冬奥组委主运行中心（MOC）首席预报员。

2021 年初，本人荣幸地作为北京冬奥会和冬残奥会天气预报保障团队一员，进入奥组委运行指挥部调度中心（MOC）竞赛指挥组承担气象保障任务。北京冬奥会既是体育竞技的舞台，也是展现中国新时代发展成就、科技发展水平的窗口。在一系列预报服务中，我体会到凝练高影响天气特征，提升“百米级、分钟级”的全要素精细化预报体系和精细化预报产品附加价值，全力保障竞赛日程正常进行是我们 MOC 气象预报服务的关键。

为了解好这道难题，我在赛前就认真进行技术准备。从精确到个位数的风速、气温影响阈值统计分析，到以前较少关注的融雪天气风险，我针对各个场馆的地形和气象要素特征进行梳理总结。雪上项目所在山地场馆天气复杂多变，各项竞赛要求的高影响天气阈值也有极大差异，我们提炼突出对竞赛造成影响的关键性、转折性天气，努力突出预报服务的主动性、针对性、提前量和精细化程度。在接近可预报性极限的情况下，对天气过程提前预报、滚动更新。从测试赛到正式竞赛期间，在多次导致竞赛日程发生提前或延期的极端大风、寒潮低温、强降雪、低能见度和沙尘、持续高温融雪等高影响天气过程中，我所做的 MOC 气象服务为冬奥组委运行提供了精准的天气预报，对赛事组织决策、场馆运行保障起到重要作用。

2022 年 2 月 12 日夜间至 13 日，赛区出现强降雪过程，我们早在 2 月 4 日的气象专报中就对此次降雪和后期低温天气过程进行了提示，但由于天气系统复杂多变，赛区关键时段关键要素的精细变化成为每一次会商讨论和预报服务材料的焦点。在一次次的滚动更新预报中，对各个赛区的降雪量、降雪起止时间以及气温、风、能见度预报在细节上进行逐步完善，为 MOC 竞赛指挥组进行赛程调整提供了充分的决策空间。很难忘记在降雪前的 2 月 12 日从早晨到夜间，我们 MOC 预报团队三位首席，与前方和后方的多个预报服务团队进行预报分析、会商研讨。12 日深夜，我完成值班任务后走出任务大厅，北京的冬夜月明星稀，延庆和张家口赛区的预报讨论群也都报告了晴空，距离降雪预测开始时间已经不足 5 个小时，大家还在讨论数值预报的各种可能性。但是我充满信心，河套气旋虽然还没有明显降雪但动力系统正在发展加强，而来自渤海湾的湿冷东风已经在天津、河北形成降雪，此次过程完全在预报员的掌握之中。以雪为令，根据我们气象专家组的预报，所有赛区的竞赛组织、场馆运行、城市保障等队伍已经按照调度要求，在寒夜中整装待发。13 日凌晨，降雪如期而至。13 日上午至中午降雪达到最强阶段。在充分准备的降雪应对预案实施下，赛区各项工作总体顺利进行，我们精准的预报得到了各方的高度评价。赛程过半之际，北京冬奥组委副主席杨树安以“一流的气象服务保障”来评价北京冬奥气象服务，我个人以及所属的 MOC 预报团队也感到非常光荣。

北京冬奥气象保障期间，我与 MOC 竞赛指挥组各位同事，以及专业体育、场馆运行、交通保障等不同领域团队保持密切合作，建立了深厚友谊。工作期间，我们共同探讨天气预报的潜在影响和应用价值，我经常感叹于其他专业领域的先进工作流程和管理经验，拓宽了知识眼界。2022 年 3 月 14 日，我在 MOC 执行最后一天值班任务，漫步在办公园区中，发现群明湖畔垂柳返青，山桃悄然绽放，北京正在悄然等待又一场春雪的来临。“没有一个冬天不会过去，没有一个春天不会到来”，作为荣幸地参与了北京 2008 夏奥、北京 2022 冬奥“双奥”天气预报服务的预报员，“一起向未来”，在今后的工作学习中，也将进一步深入思考，总结用好这期间获得的思想财富，期望为我们国家天气预报事业的高质量发展作出更多贡献。

只争朝夕，不负韶华

陈 雷

作者简介：陈雷，1985年1月出生，来自吉林省气象局，冬奥河北气象中心张家口赛区古杨树场馆群WFC预报员。

北京2022年冬奥会和冬残奥会终于圆满结束，“双奥之城”开启了崭新的冰雪新篇章。在北京冬奥会和冬残奥会上，各国运动员屡创佳绩。我国更创下历史最好成绩，雪上项目获得“大丰收”。有幸成为冬奥会的亲历者与见证者，为此次盛会的胜利举办奉献自己绵薄之力，我深感使命光荣。

2018—2021年，我们开启了为期四年的冬奥会气象服务之旅，先后进行了体育英语、赛事规则与运行、滑雪专项技能等培训项目，并参加了冬奥山地气象预报培训。每年的雪季，我们团队所有人员集聚崇礼，开展实地考察、野外观测试验、气候资料统计分析，预报方法研究、场馆预报服务、预报总结一系列工作。虽然辛苦，但是收获满满。

初到崇礼，从零开始

2018年，经过吉林省气象局推荐，我成为冬奥会张家口赛区气象预报服务团队中的一员。

初到崇礼，为了尽早熟悉场馆地形地貌，我们租借雪服穿梭在云顶滑雪公园。一边用红外测温仪测量雪温，一边记录下数据。用手持气象测量仪测量风速、空气温度、相对湿度等多个项目。各个赛道的不同位置都要测，我们每天要上山工作四五个小时。熟悉每条赛道走向，熟记每个测站位置及周边环境特点。当时大家都不具备滑雪技能，但徒步跋涉中充满了欢声笑语和冲天斗志。

在组长李江波的带领下，我们建成新冬奥业务平台系统并进行试用，每日开展比赛场馆模拟预报，三个小组间定时开展可视会商并进行英文简报发言。此间利用所学山地气象学知识对赛区已有资料进行气候特征分析，特别对冷池现象做了重点研究，而在上述的研究过程中对山地气象学又有了进一步的认识。

“科技冬奥”，助力冬奥

我们开展针对性赛区气象观测和预报研究工作。参加“冬奥赛场定点气象要素客观预报技术研究及应用”研究、参加户外车载雷达观测试验。并在越野场地安装采集设备，以采集上坡风下坡风的实时数据。在此期间知道了“冷池”，并利用所学山地气象学知识对赛区已有资料进行气候特征分析，特别对冷池现象做了重点研究。

经过两年的不断学习，预报方法逐渐成熟、预报技能逐年提高、英语口语水平有了长足的进步，能够很好地把握赛区重大天气过程。

实战检验，马到功成

2021 年，“相约北京”赛事全面开启。我任古杨树场馆群预报员，制作天气和服务产品。成功预报 2 月 15 日、19 日和 20 日场馆天气预报，主要影响比赛的要素为阵风。当时考虑阵风超过 17 米 / 秒，多项比赛延期。

“双奥之城”，圆满成功

2021 年度，我们如期赴崇礼之约。每次重大天气及时复盘，通过每次天气过程的复盘总结，进一步强化对天气系统的认识，熟悉会商制度，强化值班流程和岗位职责。值班中制作比赛场馆和非竞赛场馆颁奖广场的预报产品、测试业务平台，并完成相关总结工作。2022 年 2 月 4 日北京冬奥会正式开幕，作为开幕式在岗预报员，认真收听中央气象台会商，分析天气参与组内会商。预报重点在 4—5 日大风天气过程，针对阵风的极值和出现时间，认真做了场馆预报，当时预报最大阵风 14 米 / 秒，对比实况冬季两项 1 号站，4—5 日最大阵风在 14～15 米 / 秒，偏差在 1 米 / 秒以内。对 12—13 日降雪天气过程进行了准确的预报预测。2 月 19 日，冬奥会进入尾声，预报重点在越野场地风和温度对比赛的影响，经过与前方预报员线上会商研判越野场地的阵风极值在 14～15 米 / 秒。结果在越野测试赛结束时，温度 −19.9 ℃，高于阈值 0.1 ℃。越野决赛结束时风速 14.9 米 / 秒，低于阈值 0.1 米 / 秒。完成一次完美的赛事气象服务预报。

4 年的磨砺，使我得到了长足的进步。无论是政治觉悟还是业务水平都在实践业务中经受住了考验。在今后的工作中，我将会牢记此次经历，铭记这份荣誉，谨记这份责任。鞭策自己坚定信念，强化学习。带着这份磨砺出来的使命感，在实践中磨炼自己，不断提升和完善自我，在未来的工作中更多地奉献自己的光和热，践行北京冬奥精神。

我的四年冬奥旅程

范俊红

作者简介：范俊红，1968 年 5 月出生，来自河北省气象局，北京 2022 年冬奥会和冬残奥会主运行中心调度中心（MCC）气象服务保障团队首席预报员。

随着冬残奥会比赛落幕，我的四年冬奥旅程画上了圆满句号。下面谈一下我在冬奥的收获。

四年冬训储备了山地气象知识、提高了冰雪气象服务技能。2018 年冬天，作为河北冬奥气象服务团队一员，开启了我的冬奥旅程。四年冬训期间，储备山地气象知识和提高英语表达、滑雪等技能，积累张家口赛区场馆预报经验，为做好冬奥气象服务保障打下了坚实基础。

冬训期间，通过多次上山实地考察，参加燃烧烟条、无人机观测等外场试验，逐渐了解张家口赛区气候特点和赛场局地环流特征。为了更好地掌握山地复杂地形下赛区天气变化机理，多次参加团队开展的山地气象知识培训，并且在 2021 年 5 月通过瞩目系统，系统地接受了 COMET 项目老师的远程培训。四年的英语培训加上业余时间自学，英语听、说、写能力有了很大提高，在冬奥会和冬残奥会期间，能轻松自如撰写英文气象专报和口语表述天气预报信息。

另外，参加了河北冬奥气象中心组织的滑雪培训，并逐渐爱上了滑雪运动。随着滑雪技术提高，感受到雪质对滑雪的重要性，体会到降雪、大风、低温、高温等高影响天气对滑雪的影响，提高了对高影响天气的敏感性。

为了加强对张家口赛区冬季降水机理认识，带领降水团队进行了赛区降水特征和复杂地形下地形对降水增幅作用研究，并且从 2019 开始，连续、系统地进行了十几次地面降水粒子形状、雪深和凇附程度观测，积累了 5000 多张图片，总结了崇礼冬季地面降雪粒子微物理特征，以及与大气环境条件的关系，后续还将对图片进行整理分类，制作崇礼冬季地面降水粒子图谱。

全力以赴做好冬奥气象服务保障工作。2022 冬奥和冬残奥测试赛和比赛期间，在运行指挥部调度中心（MCC），为场馆运行组织和竞赛指挥组前方指挥部进行气象服务保障。

了解服务需求，提供针对性和“好用”的气象服务信息。通过参加 MCC 每日早、晚例行调度会，气象与体育部门联合会商，并且随时关注冬奥气象工作群里的信息，了解竞赛日程和各场馆气象服务需求，提供针对性气象服务。比如冬残奥会期间，针对冰壶比赛对湿度条件的高要求，向有关部门提供水立方场馆比赛时段的温湿精细化预报。2021 年 12 月 3 日跳台测试赛期间，预报阵风 4～6 米 / 秒（阈值为 4 米 / 秒），根据对秒级风的分析，为竞赛指挥组提供了“小于 4 米 / 秒的概率为 60%～70%”的预报结论，使竞赛指挥组做出继续比赛的决定。

加强研判，提前预测高影响天气。冬奥会和冬残奥会期间出现了大风、强降雪、低能见度、低温、沙尘、高温融雪和雨雪复杂降水相态等高影响天气。因天气原因，冬奥会和冬残奥会部分官训和比赛日程进行了调整。认真分析气象资料，加强研判，在 MOC 气象服务专报中提前 7～10 天发布高影响天气过程预报，给体育竞赛组和各场馆部门进行应对准备工作和竞赛日程调整提供了充足时间。比如 2022 年 2 月 12—13 日强降雪天气，提前 9 天，在 2 月 3 日的《明日赛区预报及未来一周天气趋势》和《MOC 气象专报》中报出了该次降雪过程。

四年冬训预报经验的积累，在冬奥保障中发挥作用。比如提出 2 月 12—13 日降雪过程中最大降雪强度 2 毫米 / 小时，雪水比 1∶15～1∶20；提出 2 月 17 日降雪过程最大降雪强度 1 毫米 / 小时；对于冬残奥期间 3 月 11 日夜间降雪过程，提出以雨夹雪和湿雪为主，最大降雪强度 3 毫米 / 小时，并伴有雷电等，预报意见更接近于实况。不定时参加赛区加密会商，比如 2 月 4 日夜间 22 时与云顶场馆群现场服务团队进行会商，讨论 5 日大风情况，5 日 07 时继续参加张家口赛区加密会商，并将预报结论和分析过程 PPT 共享给云顶场馆群现场服务团队参考。

四年冬奥旅程，收获了友谊，积累了丰富的冬季雪上比赛气象保障经验。今后将继续在冬奥精神鼓舞下，一如既往做好气象预报服务工作，一起向未来。

情系海陀山，勇为冬奥气象服务“先锋官”

赵　斐

作者简介：赵斐，1988 年 11 月出生，来自内蒙古自治区气象台，冬奥北京气象中心延庆赛区现场预报服务团队首席预报员。

2021 年 10 月 6 日，我又像过去三年的冬训期一样离开内蒙古，入驻延庆赛区气象服务分中心，不同的是，此次为北京冬奥会和冬残奥会提供的是正式的气象保障服务。经过五年的准备，冬奥气象服务中心已经实现了“百米级、分钟级”的精细化赛事保障服务目标。冬奥会期间，我们每天都密切跟踪大风、雨雪、升温、沙尘等高影响天气过程，以积极主动、认真负责的态度圆满完成了高山滑雪场馆、雪车雪橇场馆和延庆冬奥村的预报预警服务等各项保障任务。当冬残奥会高山滑雪最后一场赛事结束的时候，我们每一个人都畅快地说“我们做到了！”一时间，我们内心的紧张、兴奋和激动等复杂情绪得到了释放。

北京冬奥会刚开始就出现了伴随着天气原因的赛事调整，这着实给我们现场服务预报员一个下马威。延庆赛区在冬奥会期间经历了多次大风、降雪、降温等复杂天气过程，在冬残奥会期间又迎来新的挑战，明显升温、沙尘、大风、雨雪转换等高影响天气。高山滑雪赛事多次因天气原因出现提前、推迟和取消等调整，对精细化预报服务提出了前所未有的挑战。作为延庆赛区现场预报员，我与闭环内时少英和荆浩两位队长密切配合，跟进赛事服务需求，适时与中央气象台、北京市气象台进行专题会商，发布精细化预报产品，为赛事顺利进行提供有力保障。当我们准确预报出 2 月 13 日强降雪天气过程时，奥组委领导给出了“一流的气象服务保障”的高度赞誉。最终，多年来的辛苦与付出获得了最大的回报。

赛事服务期间，我以高度负责的态度，恪尽职守，圆满完成每一次值班值守。每天凌晨 4 点到岗，逐小时滚动发布预报产品，值守至夜间 23 点最后一场雪车雪橇比赛结束，连续工作时长至少 19 个小时。高质量发布赛区场馆预报共 8000 余份、天气通报（中英文）150 期，为冬奥会和冬残奥会提供了有力的决策保障服务。

首次面对冬奥会气象保障高要求的压力下，在团队队长时少英、于波和荆浩的带领下了解适合比赛的天气条件，赛事服务针对性强。从 2021 年 10 月开始每天参加制作发布精细化预报产品，为造雪、场馆建设等提供精准的气象服务。冬奥会和冬残奥会期间，每天 06 时、09 时、15 时或不定时参加天气会商滚动跟进预报未来 10 天天气。高影响天气期间滚动跟进沿赛道风速、轻度沙尘和气温快速回暖、降温、降水量及降水相态及其开始结束时间等精细预报。

今天，我们能取得这样的成长与进步，离不开各级领导的关心和支持，我的内心充满感激。感谢中国气象局给我们提供这样一个美好的机遇，让我们能够实现理想与抱负；感谢北京市气象局在冬训和冬奥会期间在工作上和生活上全方位的支持，让我们提升了业务能力，不断充实自我；感谢内蒙古自治区气象局作为我们的坚强后盾，对我们一直以来的培养，让我们能够在冬奥服务期间心无旁骛、全心全意地完成气象保障工作。感谢四年来延庆赛区现场气象服务团队中每一位队员对我的帮助和鼓励，使我在高强度的压力下，高质量地完成了赛事服务任务。

青春很美，奋斗更美。北京 2022 年冬奥会和冬残奥会气象保障服务是我生命中难忘的经历，也是我的一笔宝贵的精神财富，将永远激励着我前进。作为青年人，未来，我将继续志存高远，脚踏实地，克服困难，不断学习气象业务知识，提高自身业务能力，牢记“人民至上、生命至上”，随时听从党和人民的号召，为中国气象事业继续贡献力量。

五载海陀功，风雪冬奥情

荆　浩

作者简介：荆浩，1986 年 10 月出生，来自北京市气象台，冬奥北京气象中心延庆赛区冬奥现场预报服务团队副队长，高山滑雪场馆现场服务人员。

当我第一次站在位于海陀山的国家高山滑雪中心赛场时，内心充满激动和紧张，这是我第一次为世界顶级水平的滑雪比赛进行长时间“贴身”服务。冬奥会和冬残奥会已结束许多天，我还时不时会回味参与这场盛宴的点点滴滴，当然更多的是圆满完成任务的自豪感和开展精准预报的幸福感。如今，我可以骄傲地说，我做到了！我们团队做到了！我们中国气象做到了！

回望过往奋斗路，我们勇于承担使命责任。为了把脉海陀山天气，过去五年的冬季，我和团队驻扎延庆，学习研究从未接触过的山地气象理论，加班加点钻研天气要素的变化规律。每天进行的预报训练中，经常为了一两摄氏度气温、一米每秒的风速进行反复研讨，甚至激烈争论。为了提高工作效率，从零开始建立客观预报方法、搭建预报服务流程和建立预报业务平台。“纸上得来终觉浅，绝知此事要躬行”，远眺海陀山，山谷内的天气变化时刻揪着团队每一个人的心。有典型天气过程时，团队不辞风雪、不顾道路崎岖，跋山涉雪、登峰验天，用脚步去丈量每一条赛道，用行动去感受天气实况，用实践来验证预报的准确性。在 −20 ℃、10 级阵风的天气里，我们观察和记录下山谷中风云的变化……这点点滴滴的积累为冬奥精准预报打下了坚实的基础。

海陀山地区天气复杂多变，而天气因素是高山滑雪项目重要影响因素之一。北京冬奥会高山滑雪中心就有 9 场比赛和官方训练因天气原因被迫调整。我们周密研判天气，和团队会商统一意见后，在山地运行日工作例会、仲裁会议以及比赛结束后的领队会上，向赛事筹备与组织方、仲裁委员会以及领队和教练员们进行详细的介绍。表述中每一个英文单词都需斟酌，要把天气变化严谨、准确、地道地描述出来，内容还要简练、形象。此外，我们还要随时准备接受中外技术官员的咨询，向他们解释天气。面对预报，国际技术官员经常问道：“预报有多少把握？”而仲裁官员在听取天气结论后就上山继续开展工作，下山再次来到气象办公室，验证预报结论，确认预报结论是否有调整。这样的赛前“考问”随赛事的顺利进行和预报的准确，被问及的次数迅速减少。

这个冬季，我和时少英队长从 2021 年 11 月开始，每天乘班车到海陀山现场工作，2022

年 1 月 23 日开始进入闭环。凌晨的星光照亮着我们的上山路，晚上月亮早早地升起来等候我们下山。连续早五晚八的工作，让我们的身体和精神同时经历着巨大的考验。每一天的预报服务都像是一场考试，高影响天气不能空报，更不能漏报，赛程的确定和调整就看天气条件。2022 年 2 月 6 日，原本是冬奥会延庆赛区的首个比赛日，高山滑雪最重量级的男子滑降比赛在那天举行。赛前仲裁委员会从安全和公平角度出发，认为风速较大，需要推迟比赛。但我们研判，预报当天中午到下午竞速赛道上的风速将维持，没有明显的窗口期，第二天风速会明显减小。于是仲裁委员会基于我们提供的精细化天气信息，果断决定将第一场比赛调整到第二天的女子大回转两轮比赛中间休息时间举行。结果实况如预报一样，第二天赛区风弱，十分适宜比赛，比赛完成效果堪称完美，所有人都松了口气。假使天气未能如我们预报那样，这样重量级的比赛极可能会被取消。我们用高度的责任感和扎实的专业能力，保障好了每一项比赛，最终帮助所有比赛都圆满完成。

这场冰雪盛会，定格了无数精彩瞬间、美好回忆，更是通过服务磨炼了我的意志，提高了我的专业技能，让我能够在压力之下，面对复杂天气仍能保持清醒头脑，果断和自信地去服务。展望前方的奋斗路，全新的难题等待我们去解决。我坚信，在前进路上胸怀大局、担当作为，就没有什么困难不能战胜，没有什么奇迹不能创造。

五年青春，相约冬奥

胡赛安

作者简介：胡赛安，1989 年 11 月出生，来自河北省承德市气象局，冬奥河北气象中心张家口赛区古杨树场馆群国家越野滑雪中心 WIC 预报员。

我在 2017 年 10 月加入冬奥河北气象服务团队，之后每年的 10 月上旬至次年 3 月中旬都会参与到冬训中。当我最初来到崇礼的时候，冬季两项和越野滑雪中心还是一片荒山，气象观测站也才开始建立，山地气象在国内还是一片空白。那时起，我们开始每天观测赛区的气温、风向风速等气象要素的变化，尽快总结经验，掌握气象要素变化规律。冬训期间参与了系留汽艇观测试验、夜间冷池试验、车载雷达观测试验、雪花观测试验等。在观测天气的同时，我们也会订正各个数值模式的预报，参与全国早间天气会商、全省天气会商、冬奥专题会商，确保每份值班、非值班预报定点、定时、定量进行发布并检验。在 2021 年 3 月 16 日参加了 2021 年冬奥赛事测试活动气象服务保障技术总结交流会，交流题目为《机器学习对跳台平均风和阵风预报的订正》。用 Python 编写程序，间隔半小时自动获取河北省气象信息共享平台赛场观测站的实况数据。同时不断地学习英语，为将来的领队会发言，向各个国家报告赛事天气做准备。

经历五年的积累后，终于迎来冬奥会。我们的气象服务也正式开始经历一次又一次的考验，收获了一次又一次的肯定和赞赏。在冬奥组委的委派下，2021 年 12 月 3—5 日，首先参加了“相约北京”2021—2022 年国际雪联北欧两项洲际杯赛事的气象服务工作，并顺利完成，为接下来冬奥会的天气服务积累了经验。在冬奥会期间，作为国家越野滑雪中心现场气象服务预报员，在竞赛管理办公室工作，针对赛事需求逐30分钟提供天气实况信息，逐小时更新天气预报，并提供赛道雪温观测数据；每天向场馆上报天气实况和未来10天天气；向竞赛主任、场馆主任、山地运行团队等通报未来3天天气预报和赛时天气。在2022年1月27日—2月20日期间，累计发布实况天气信息371次，天气预报212份（中英文），场馆通报20份（中英文），赛时天气18份，雪温观测189次，信息报送25份，日运行报告25份，参加仲裁委员会天气会商3次。与其他场馆不同，越野对于天气实况的关注度更高。每天竞赛办公室开放时间内，我们要逐30分钟提供一次实况天气，逐小时提供天气预报，并打印张贴于竞赛办公室、打蜡房、领队会议室、运动员综合区等6个点位。在10场领队会上，向国际雪联、越野仲裁委员会和各个国家的领队报告第二天赛事的气象情况，基于对我们预报的信任，赛程进行了三次调整，最终顺利完成比赛。

北京2022年冬奥会让我最自豪的事情是咱们冬奥气象团队为国家越野滑雪仲裁提供了精准的预报，为赛道的清雪和赛程的调整，提供了坚实的支撑。2月12日夜间开始且仍将持续的降雪对赛道的正常滑行带来影响，早晨9时，在仲裁办公室，我们汇报是在11时降雪将停止，实际在10时55分，降雪结束，仲裁委员对我们的评价是："我们从未接收过如此精准的预报。"通过这件事，在接下来的赛程中，因为气温和大风的影响和基于对我们预报的信任，又对三场赛程进行调整。越野有一个气温阈值，就是在气温低于−20 ℃时，比赛会对运动员的身体有伤害的风险，赛事要进行调整、延期或取消。受低温影响，在15日赛程提前半小时进行，当比赛结束时，气温为−19.9 ℃，就差0.1 ℃到达阈值；然后在16日的比赛提前两个小时进行，在比赛结束时，气温为−19.8 ℃，就差0.2 ℃到达阈值；以及最后一天20日的比赛提前3个小时进行，有效地在大风吹起之前结束了比赛。在这样的山地局地小气候如此复杂的情况下，将温度预报误差控制在0.1 ℃、0.2 ℃，真的是太精准了。最终冬奥会结束时，仲裁和国际雪联对我们的评价是及时、精准和友好（In time、Accurate、Friendly）。顺利完成冬奥会气象保障工作，得到如此高的评价，这对我是极大的鼓舞，也是对中国气象事业发展的有力肯定。

“雪如意”的逆风，让我们飞得更远

段宇辉

作者简介：段宇辉，1984年5月出生，来自河北省气象台，冬奥河北气象中心张家口赛区首席专家团成员和跳台场馆新闻官，国家跳台滑雪中心WIC预报员。

“五年冬，磨一剑，只为冬奥的花开刹那”，岁月总能划出一些令我们心动的轨迹，总是会有一种似曾相识的情感弥漫你我的心头，挥之不去。

回首五年过往：

有功成后的喜悦、有剪不断的离愁。

有挥不去的焦虑、有朱颜改的清秋。

有莫可名状的惊涛骇浪，成就了裁判塔上的欢笑悠悠。

别是一番滋味在心头。

留有余香，与君共赏。

爬山卧雪，第一手观测数据永“不恐高、不恐寒”

“雪如意”“冰玉环”作为新建场馆，气象观测数据为空白，山地预报技术研究是空白。依旧清晰地记得 2021 年 1 月 11—12 日，“雪如意”当日 20 时的最大阵风为 20.8 米 / 秒，7～8 级的大风，最低温度为 −20.7 ℃。为了赶在此次大风、强降温天气前，获取国家跳台滑雪中心竞赛场地区的第一手难得观测数据，弥补“雪如意”竞赛场地区内赛道观测数据的空白。我们人背肩扛，硬生生地把 2 套便携式自动站拆成一个一个零件，扛到了跳台起跳点和 K 点的位置。当时的场馆设施还没有完全建设完毕，垂直落差 160 米的大跳台，没有地轨缆车，没有其他设备辅助，甚至在爬梯的悬空一角，扶手也是空的。看着脚下悬空的茫茫白雪，−20 ℃、7～8 级大风，说不害怕是假的，爬楼梯的腿不抖，更是假的。

等 12 日晚上天黑以后，才把 2 个站正式安装完毕，漆黑的夜色下、踩着脚下的皑皑白雪下山，50 岁的王宗敏队长由于实在看不清台阶，只能爬着下扶梯，一个台阶、一个台阶地摸。就是在这种情况，“对比 2、3”两个自动站的数据，正式上传到了张家口赛区冬奥气象中心的桌面上。我们获取了“雪如意”第一手的观测数据，为后期完美的赛事预报写上浓墨重彩的一笔。

人努力、天帮忙，“雪如意”是唯一没有经历赛事变更的雪上场馆

“一场一策、一项一策”，动态服务策略服务每场赛事，这项策略在“雪如意”现场气象服务的工作中执行和贯彻得十分优秀。同样气象条件下，大跳台的气象风险高于标准台，决赛和资格赛的风速阈值要明显高于官方训练。北欧两项赛事对风速的风险阈值要求要比跳台赛事更为严苛。

自 1 月 24 日到冬奥会结束，每日 16 时准时参加体育、气象、主运行中心等部门的多方天气会商，提前制作相关的气象保障材料，与体育、山地运行团队等相关业务领域进行深入沟通，涉及赛道压雪、交通保障、防风网启动等多个方面、多个业务领域，力求做到精准预报、精细服务，保障赛事的如期举行。

“人努力、天帮忙”，精准预报、精细服务，国家跳台滑雪中心成为冬奥张家口赛区唯一没有因天气原因导致赛事变更或调整的场馆，得到场馆多位领导、相关业务领域和外籍专家的极大赞扬和认可。最后一场赛后，跳台滑雪的竞赛长郭昊冉说：有了你们精准的预报，我们心里更加有底。

冬奥会赛事结束后，山地运行的外籍专家 John Aalberg 对我们的预报信息给予了高度的评价。他微信中说“I also want to say that you have provided excellent and accurate forecasts during the whole Games. With 25 years’experience working in and with Olympic and Paralympic Organizing Committees，I can say that you have been one of the very best forecast teams I have worked with”。让我们真正感受到我所承担的这份工作的使命感和责任。

“再见北京冬奥会、再见张家口崇礼”，但我们不说再见

“舍小家，为冬奥”，简简单单一句话，却是连续五年开展冬奥张家口赛区气象实战演练、驻训和冬奥现场保障工作的一个缩影。多少人心中放不下家中年幼的孩子、年迈的父母，但依然砥砺前行。

2022 年 3 月 15 日，不能返程地离去，无须过多地奢望重逢。

一生中有很多在意和珍惜的东西，也许会忘记彼此的模样，但不会忘记彼此之间信任的感觉。

让我们再一次回首，但不说再见。

荣耀冰雪路，不负少年时

洪潇宇

作者简介：洪潇宇，1992 年 12 月出生，来自内蒙古自治区巴林右旗气象局，冬奥河北气象中心张家口赛区云顶场馆群 WFC 首席预报员。

不知不觉中，冬奥会气象服务已经圆满结束，回顾过去这五年的冬天，团队的成员都“抛家舍业”，共聚崇礼，一起学习、一起工作、一起生活、一起成长，一起圆满完成了各种赛事服务，几年的驻训，我也收获颇多，现分享给大家。

开展各类观测试验赛场特征了然于心

1. 云顶场馆群赛道特征和气象要素的人工观测

要做好服务，首先要了解赛场的地理特征。来到崇礼后，我们开始逐条赛道对赛场进行全方位摸索。徒步穿梭在雪场每个角落，并在赛道上每隔一段距离，用手持设备记录赛道各气象要素的情况，便于了解赛场气象特征。通过多次攀爬，每个人对于赛场的每一条赛道，每一个自动站都了然于心。

2. 古杨树场馆群风场和冷池观测

为了直观了解山谷风引起的风向转变，设计了风旗的观测试验，在山谷中布设了多个沿着山谷走向的风旗，通过多次风旗试验，成功观测到了风向在特定时段的转变，风向转变的现象完美验证了山地气象学的理论。

除了风场的特征，大家通过理论和自动站的数据还推测古杨树山谷可能存在冷池现象。为验证这一猜想，大家在冬季两项的山谷中，沿两侧山坡，布设多个温度传感器，通过一段时间的数据积累和分析，最终得到了山谷中气温随高度变化特征，成功验证了冷池现象。同时结合风场和气温的观测，总结出冷池出现的规律和强度变化，为古杨树场馆群最低气温预报奠定了基础。

3. 系留汽艇的观测试验

驻训期间，在赛区开展了多次系留汽艇的探空观测试验，通过不断升降系留汽艇，获取不同时段的探空数据。大家整夜守在野外，由于夜间的冷池现象，观测地点的气温格外低，穿得再厚也很快就会冻透。通过多次观测，得到了大量不同时间的探空数据，成功观测到逆温的建立与打破，结合天气形势，总结出了山谷中的气象要素变化规律。

4. X 波段车载雷达的降雪观测

自 2019 年以来，我们五次选用 X 波段车载天气雷达做降水观测，通过雷达观测数据我们可以清晰地了解降水的强度变化趋势、降水区移动方向、降水相态的转换时间等重要信息，为冬奥赛区降水预报积累了宝贵的经验。

学习与科研总结奠定预报服务基础

冬奥气象服务需要精确到赛场，而赛场坐落于地形复杂的山区，气象要素的规律和表现也与平原地区大不相同，山地气象学成了一门必修课。通过山地气象学的学习，大家对于山地气象特征也有了新的认识，山谷风、冷池等风和气温的变化特征都应用于赛区预报，极大地提升了赛区预报的准确性。此外，英语和滑雪的培训也对赛事服务有积极作用。

根据多年观测数据，总结出云顶各代表站平均风和阵风的风向、风速分布特征，为各站预报提供基础；总结出各代表站之间气温的相关性规律，减轻预报工作压力，提高各站预报准确率。

各项赛事服务预报精准无误

2019 年 12 月 27—30 日，代表冬奥气象服务团队参加“十四冬”赤峰赛区气象保障工作，圆满完成赛事保障任务；2021 年初，面对大风降温、降雪和沙尘天气，通过精准预报、精细服务，圆满完成冬奥会测试活动单板滑雪和自由式滑雪全部赛事保障任务；2021 年冬季开始担任云顶场馆群预报组副组长、首席预报员，11 月圆满完成“相约北京”国际雪联单板滑雪和自由式滑雪障碍追逐世界杯赛事气象保障工作；2022 年，冬奥会赛事期间，对于降雪、大风、低温、低能见度的预报获得各方好评，赛事根据天气情况适时调整，所有比赛顺利进行，服务任务圆满完成。

五年的时间一闪即逝，通过五年的准备，我们圆满地完成了冬奥会的全部气象保障任务，我一直认为，作为一名气象人，能够有机会代表国家，服务一次、亲历一次这样的世界级盛会，无论付出多少都值得。冬奥结束，我们即将回到各自的工作岗位上，但在冬奥服务中我们取得的技术、经验、精神上的收获，将作为北京冬奥会宝贵的“遗产”，继续在每一天的气象工作中发挥作用。

迎风送雪，站在冬奥气象服务最前线

晋亮亮

作者简介：晋亮亮，1984 年 9 月出生，来自内蒙古自治区赤峰市气象局，冬奥河北气象中心张家口赛区云顶场馆群 WFC 预报员。

当中国国旗第一次在张家口赛区颁奖广场升起，我们都沉浸在欢呼和欣喜中，云顶夺金使我们进行气象保障的压力渐渐得到释放。当北京 2022 年冬奥会云顶场馆群最后一项比赛结束时，我已忘记了这一个月通宵达旦制作场馆预报的疲惫；当冬奥会圣火缓缓熄灭的时候，五年的点点滴滴却历历在目。

2018 年春节，我和全家人在一起观看平昌冬奥会，那时的我单纯地享受着比赛的激情与火花，不会滑雪，不知道气象与冬季项目的关系，更不知道接下来五年的时间将与北京冬奥会相伴。

不忘初心，气象助力冬奥赛事

2015 年北京申奥成功，2018 年开启“北京周期”，习近平总书记提出“绿色办奥，共享办奥，开放办奥，廉洁办奥”的办赛理念，要为世界呈现一届“简约、安全、精彩”的奥运盛会。作为一名气象预报员，能够在现场服务一次在家门口举办的盛会，深感责任重大。而作为一名普通党员，更应牢记习近平总书记的嘱托，化责任为动力，为冬奥会提供更加精细的气象服务。

再拾英语，做一个有国际范的气象预报员

真正接触冬奥气象服务是从学习英语开始。其原因是我们不仅需要做出准确的预报，还要将预报用英语准确地传递给赛事组织者、运动员以及运行团队，为赛事的运行提供气象建议。从 2018 年到 2021 年，三期“冬奥气象英语培训班”，线下的听说训练点评不计其数。我的手机上也多了许多学习英语的应用软件。在冬奥驻训期间，按照团队安排制作英文气象简报并进行试讲，虚心接受团队成员给予的建议并对文稿进行修改。

脑足共用，破解山地气象难题

2018 年驻训开始后，首先要解决的问题是山地气象学基础理论。我们就利用从美国参加 COMET 项目培训归来的队员带回的资料自学，每人负责一个章节，自己制作 PPT，然后给大家讲解并对不理解的部分进行讨论。这样的学习方式让我在短时间对山地气象学有了初步的理解。除了理论学习，在驻训的几年里，我们的足迹遍及云顶场馆群和古杨树场馆群，了解每条山谷的走向，每条赛道的位置、朝向、坡度，每个自动站的位置和周围环境，用学到的山地气象学理论解释山谷风、上下坡风、冷池现象。实地踏勘使理论和实际联系得更加紧密。

新资料应用，增加自己的“技能点”

新资料的应用作为“科技冬奥”重要的一方面，让我接触到了很多以前没有用到的观测资料。

双偏振雷达：双偏振雷达能够更好地描述粒子的尺寸、形态、降水类型及天气，区分气象和非气象回波，更准确地估计降水和降雪等。2021 年 11 月 16 日，我跟团队成员利用双偏振车载雷达对降水天气进行了连续观测，掌握了一手观测资料，对后期赛区降水预报提供了参考。

激光测风雷达：虽然自动气象站可以监测风向风速，但只能监测设备位置风向风速进行点测量。想获取某区域水平和垂直方向风场特征，激光测风雷达就体现出它的优势。我们利用激光测风雷达对国家跳台滑雪中心进行观测，从立体角度揭示了西风越山后在形成涡管环流和东风的现象，为国家跳台滑雪中心现场预报服务起到了决定作用。

立足赛事，总结复盘，做有心的预报员

团队建立完整的天气复盘总结流程。“相约北京”赛事和每次重大天气过程后，团队首席预报员会带领大家对赛事服务和预报进行总结复盘。例如，在驻训开始时，我们只注重温度的预报，而在实际服务中风和能见度对比赛的影响更大。我们开始扩大预报重点，但发现这两个要素的预报难度更大，于是大家对比不同的模式和客观方法产品，风和能见度预报准确率大幅度提高。

心存感激，做一个有温度的预报员

感谢组织和领导的信任，让我成为冬奥气象服务团队的一员，让我为北京 2022 年冬奥会贡献自己的一份力量。

感谢团队领导和每一位队员在这几年工作中的关心和帮助，我在工作遇到困难，他们总能无私地伸出援手，让我突破瓶颈。

感谢家人在背后默默无闻的奉献，让我无后顾之忧，全身心投入到赛事服务中去。

我在“云顶”看天气变幻

钱倩霞

作者简介：钱倩霞，1989 年 9 月出生，来自河北省气象灾害防御和环境气象中心，冬奥河北气象中心张家口赛区云顶场馆群 B 区 WIC 预报员。

与夏奥会相比，冬奥会气象保障工作具有一定的特殊性。一方面，历史气象观测资料缺乏。此次张家口赛区地处山区，是气象观测的空白区。另外，预报要求高、难度大。雪上赛场，地形起伏大、面积小，但又需要高分辨率的精准气象预报。

“科技冬奥”项目（气象）负责人陈明轩曾说，北京冬奥会是在大陆性冬季风气候条件下举办的赛会，山地赛场出现大风、低温等天气的可能性要比以往很多届冬奥会更高。

为准备全面收集张家口赛区的气象信息，气象服务团队于 2018 年成立，连续在崇礼开展驻训和观测工作，而我就是其中之一。

2018 年，经单位推荐，我加入张家口赛区气象服务团队。从那时开始，我每年冬天都会与队友们一起参加冬奥会张家口赛区气象服务团队驻训，往返于云顶滑雪公园的山脚和山顶之间，感受着山上的天气变幻。

崇礼的冬天银装素裹、美不胜收，但对于我们来说，纵有无数美景，却无暇欣赏。我们专注在比赛场地感受着风和体感温度的变化，详细记录下天气数据，分析天气难点、积累天气资料。

在山上，“风”的影响不容小觑。虽然偶尔有空气质量较差的时候，大家总是盼着风赶紧来，但大部分时候，“风”都会让我们“头大”。比如，冬天我们在云顶滑雪公园进行现场服务，经常被大风吹得脸发紫、鼻子麻木，有时候连手机也被冻关机了。

测试赛时，面对突如其来的天气变化，我们耐心地向国际雪联自由式滑雪前主管 Joe 逐条进行讲解，丝毫不敢放松，最终圆满完成了测试赛的气象保障任务。

连续几年的驻训，以及驻训期间参加的赛事气象预报，为我在冬奥会赛时做好现场气象服务带来了很多的经验与自信。

实战——“我觉得我们的团队真棒”。

问及此次冬奥会中最难忘的事情，我会说：“我们成功预测了 2 月 13 日的降雪过程，并及时调整了自由式滑雪坡面障碍技巧的预赛决赛时间。”

新华网报道比赛推迟消息。

对！就是大家都知道的 2 月 13 日谷爱凌、杨硕瑞参加的比赛延期。

比赛延期的背后，是气象服务团队精准而及时的预测。

2 月 13 日的大雪，早在 2 月 4 日气象部门已经有了预测。我在 2 月 5 日 U 型场地第一场领队会的长期展望上，就告诉了外方竞赛主任 Roberto Moresi 这一次降雪过程，并于 2 月 8 日会商定调后在 Coordination Meeting ZSP 群里进行了通报。

2 月 13 日，国际奥委会、北京冬奥组委召开主题为“赛事半程运行总结”新闻发布会，总结赛事前半程情况和亮点工作。发布会上，杨树安副主席提到，开赛至今，气象部门为赛事提供了精准的天气预报，这对赛事顺利运行至关重要。比如大家看到的今天的降雪，早在 2 月 4 日气象部门已经有了预测，2 天前基本确定了每个场馆降雪的时段和量级，据此，组委会很早就发布了天气预警信息，并组织进行提前应对。气象部门为北京冬奥组委赛事组织运行及各参赛运动员提供了一流的气象服务。

国际奥委会体育部副部长伊琳娜也对气象服务做出高度评价，认为气象预报很准确。

“我们收到了很多的好评”。

由于比赛的需要，我所在的云顶场馆群 B 区的外方竞赛主任起得很早，每天早上 6:15 左右就会跑到办公室门口询问天气，为了能及时提供服务，我和我的同事们每天早上 5:20 就要起床工作，并及时送出预报。

从早上 5 点多到下午 6 点，团队成员们要一直待在办公室，因为随时都有可能会有外方专家咨询天气。

团队精准的预报、耐心的讲解、细致的服务和认真的态度让外方代表们十分感激与感动，外方竞赛主任、技术代表、国际雪联纷纷给出了好评。甚至 RD 介绍我的时候都称呼“expert”。

风云变幻，情定心坚

徐　玥

作者简介：徐玥，1982 年 4 月出生，来自黑龙江省气象局，冬奥河北气象中心张家口赛区古杨树场馆群国家越野滑雪中心 WIC 预报员。

2022 北京冬奥会和冬残奥会上，中国体育代表团创造了历史，书写了精彩。中国人民更是兑现了向国际社会作出的庄严承诺。在北京冬奥会和冬残奥会总结表彰大会上，习近平总书记提到了气象工作者，作为这场盛事的参与者与亲历者，感到无比自豪与光荣。

精准的天气预报是保障赛事成功举办的重要手段

在赛事期间，我的工作主要就是为赛事组委会提供精准的气象预报，告知比赛时段的阴晴冷暖，提示存在的气象风险，寻找比赛的“窗口期”，为城市和场馆的组织运行决策提供技术支撑，以保证奥运会这个大机器正常运转，保障比赛的顺利，让每一块奥运奖牌都能顺利发出去。这就需要我们提供“百米级、分钟级”的精准天气预报。

机遇与挑战并存

为了实现这一目标，我们面临无比巨大的挑战。北京 2022 年冬奥会和冬残奥会，大约有 70% 的雪上项目都是在张家口赛区举行的，对天气预报的要求非常高。张家口地形复杂，崇礼更是沟壑林立，局地小气候变化快，预报难度大。而山地气象以前在我国研究较少，仍是一片处女地。对于气象人来说，以我们当时的能力和水平，加之未来所要付出的努力，最后能否达到、满足赛事要求还仍有疑问。

当 2018 年团队成员聚集一堂后，大家深感能力不足，几番思索之后唯有加倍努力，身体力行才有可能不负使命。从 2018 年到 2022 年，我们学习山地气象学，参加 COMET 项目培训，学习英语，开展激光雷达等各种新探测资料的应用学习等，去赛场观测、将理论联系实际，感受不同的天气及其产生的影响。每年我们都会取得一些可喜的进步，逐渐让我们对未来充满信心，且信心越来越坚定。

无私奉献是做好冬奥服务的重要品质

冬奥期间，我一直工作在国家越野滑雪中心。赛事要顺利进行，气象工作要一直走在前面。每天凌晨 4 点，预报团队就要起床工作。早上 8 点前，我们精心制作的第一份越野场馆的中英文服务专报已经送到了竞赛团队手中。因此，每天在去场馆的第一班通勤车上一直有我的身影。之后就是逐 30 分钟提供天气和雪温观测实况，打印张贴，整个赛事期间几乎是全天无休息，陀螺似的高速旋转。但是由于我与同事之间团结协作，保证了每天的任务能够顺利完成，直至冬奥结束。

用精湛的业务能力实现气象服务“最后一公里”

比起体力劳动，更费神的是脑力劳动。每天的天气会商，协调会，英文材料的制作，领队会的英语发言，不定期接受赛事组织和场馆运行方的天气咨询，将天气预报上的每一个数字转换成浅显易懂的语言，让每一个人了解每一个数字背后的真实意义是更重要的工作，也是气象预报服务完美呈现的“最后一公里”。

用精准的预报、超强的执行能力获得了各方的信任

我们每日发布天气预报较高的准确度和及时性，使得我们的预报和服务逐步得到了各方的认可，并越发被重视。尤其是几次成功的赛程变更，预报准确，赛程调整及时，是比赛顺利、圆满、成功的重要保证。直到最后一天，雪联的官员对我说：“你们的天气预报对我们非常重要。”这句话让我觉得我们这么多年的辛苦付出没有白费，作为中国气象人感到无比自豪和骄傲。

功成不必在我，功成必定有我

赛场工作生活，可以说是“四不”：不停搬家，不想喝水，不能休息，不敢生病。每天早出晚归，没有休息日，大家都是一直挺着，或者说靠着一股精气神硬撑着坚持下来。这些经历对我来说都是一种财富，它让我完成了一次完美的蜕变。4 个冬季的风寒雨雪造就了今天的我们。黑发熬成银丝，为冬奥气象事业奉献了青春，但我们无怨无悔，我们出色的气象服务，圆满地保障了赛事和赛会组织。没有辜负领导的期望，没有辜负祖国的重托。

如今我们离开了冰冷的赛场，但是胸中这团火却仍熊熊燃烧，让冬奥的美好印记在龙江大地烽火传承，让北京冬奥精神永驻我们的心灵，愿北京冬奥精神如同星星之火，随我们燎原整片龙江大地。

“十年磨一剑”，北京冬奥会气象服务铸就荣光

郭　宏

作者简介：郭宏，1988 年 12 月出生，来自河北省张家口市气象局，冬奥河北气象中心张家口赛区古杨树场馆群国家冬季两项中心 WIC 队长。

2022 年 3 月 13 日，北京 2022 年冬奥会和冬残奥会张家口赛区全部赛事圆满收官，历时 38 天，49 场赛事，国家冬季两项中心经历了大风、低温、暴雪、沙尘、融雪等各种高影响天气，气象人以精准的预报、专业的服务圆满保障了各项赛事的顺利举行，得到了北京冬奥组委、场馆各级领导和外方专家的一致认可。回首冬奥气象服务历程，气象人在党中央的坚强领导下、在中国气象局党组的大力支持下，在河北省气象局党组的坚定带领下，迎难而上，争分夺秒，用气象人的无悔付出书写了北京 2022 年冬奥会和冬残奥会气象保障的精彩篇章，结合本人的工作经历，谈一谈北京冬奥会和冬残奥会成功举办的一些感悟。

“卧冰立雪”，铸就精细化三维观测之剑

“天气预报，观测先行”，这是我们常常听到的一句话，但是我自从参加冬奥会和冬残奥会气象服务工作以来，才对这句话有了更深的了解。2014 年 10 月底到 11 月，张家口气象人克服各种困难，按时完成了冬奥核心区 8 套自动气象站的建设，填补了核心区气象数据的空白。从 2014 年到 2021 年，42 套自动气象站屹立在赛场之巅，云雷达、风廓线雷达、微波辐射计、三维激光测风雷达，各种新设备把崇礼地区“武装到了牙齿”。气象人走遍了核心区周边各条山川溪谷，徒步丈量了每一寸赛道，顶风冒雪通宵达旦只为获得一次典型过程的气象要素，摸爬滚打风餐露宿只为了早一天拿到关键气象数据，十几种新资料新方法逐一探索，几十万条数据逐条分析。十载功成，我们打造了冬奥会历史上观测要素最全、观测密度最大的气象观测体系，用辛勤的汗水铸就了精细化三维观测之剑。

“久久为功”，铸就“百米级、分钟级”精准预报之剑

冬奥会对气象服务的需求非常之高，气温、风力、降雪、能见度都可能会影响比赛的举行，甚至对运动员造成生命危险。然而在筹办北京冬奥会之前，我国在冬季运动气象服务、山地气象预报等方面几乎是一片空白，为了完成习近平总书记提出的“为世界奉献一届精彩、非凡、卓越的奥运盛会”的庄严承诺，2017 年，北京 2022 年冬奥会和冬残奥会气象中心应运而生，从那时起这个由京、冀、黑、吉、蒙、晋中青年优秀预报员组成的团队开始了长达六年的科研攻关工作。团队成员舍小家为大家，为了共同的目标齐聚在崇礼，做试验、搞算法、编程序，把对家人的思念与歉疚转化为奋斗的动力，把满腔热血挥洒在张家口赛区几十平方千米的山丘沟壑。

2022 年 2 月 4 日，举世瞩目的北京冬奥会正式拉开序幕。在疫情防控的特殊情况下，团队中党员以身作则，充分发挥先锋模范带头作用，以实际行动践行入党誓词，在各个比赛场馆以专业的预报能力、全面的工作能力、顺畅的沟通能力，把六年来的成果发挥得淋漓尽致，把气象人的工作风貌体现得淋漓尽致，得到了国外专家、场馆运行团队、各国代表队的高度认可和称赞。同时，在与外国专家、领队高密度近距离接触中，取得了新冠零感染的成绩。“功成不必在我，功成必定有我”，气象团队成员认真贯彻落实习近平总书记“咬定目标，脚踏实地，埋头苦干，久久为功”的重要讲话精神，铸就了“百米级、分钟级”精准预报之剑。

“再接再厉”，铸就“冰雪经济”高质量发展之剑

北京冬奥会和冬残奥会给气象事业留下了大量的宝贵“遗产”，既有完备的观测设施、先进成熟的预报技术等物质遗产，也有人才培养、能力提升等无形遗产。张家口市气象台将在河北省气象局党组的领导下，认真梳理总结冬奥会各类成果，结合“冰雪经济”发展需求，加强与体育、旅游、产业制造等领域的沟通与合作，充分依托本地资源加强与中国气象局、省气象局、中国气象科学研究院、中国科学院的科研合作，加强高水平科研课题申报，发扬北京冬奥精神，再接再厉，奋发进取，铸就“冰雪经济”高质量发展之剑。

砥砺前行，激情奉献

唐　凯

作者简介：唐凯，1979 年 10 月出生，来自黑龙江省气象台，冬奥河北气象中心张家口赛区云顶场馆群 WFC 预报员。

立春时节，充满中国元素的开幕式在鸟巢向全世界展现了热情含蓄的中国式浪漫，欢迎全世界各国体育健儿欢聚北京、欢聚张家口，共享盛世繁华，展现冰雪激情，展现奥林匹克精神。17 天时间里，冰雪运动的顶尖选手在这里用高超的技艺奉献了一场运动盛宴。9 金、4 银、2 铜，排名奖牌榜第三，中国冰雪健儿在北京冬奥会上交出了闪亮成绩单，他们在场上决高下、场下共悲欢。他们自强不息、战胜自我、超越自我的拼搏奋斗精神，振奋人心。

冬奥会既是国家的冬奥会，是体育健儿的大舞台，也是我们平凡人的冬奥会，各行各业奉献冬奥的大平台。北京冬奥会有 2.7 万名各行各业的志愿者们参与，他们用实际行动，展现出泱泱大国的热情和自信。为了赛事的正常流转，他们牺牲了睡眠、忘记了吃饭，风雪天铲雪平整场地，高峰期调度疏通交通……他们以优质的服务诠释了“奉献、友爱、互助、进步”的志愿精神，以最饱满的热情展现了中国文明友好的形象。

在冬奥会上胜利，既是运动员们的梦想，也是我们亿万中华儿女的梦想。虽然我们无法在赛场上拼搏，但我们也有自己报效祖国、参与冬奥的方式。

四年前，我有幸成为冬奥气象保障团队中的一员，三期英语听说强化培训大大提高了我的英语听说能力。我把放下了多年的英语重新拾起，从发音、单词重新开始学习，坚持听说训练，这何尝不是一种对自己的挑战，何尝不是战胜自我、超越自我的拼搏奋斗精神的切实体现。在此，对干部学院的各位英语老师表示感谢，对他们的辛勤付出和耐心教导深表谢意。

四年时间，说长不长，说短不短。何其有幸，能够连续四年秋冬季看到美丽的冰雪小镇崇礼的变化。从参加冬奥气象保障团队起，每年冬季驻训时期，都会参与山地气象观测试验，进行预报方法研究。从熟悉赛道位置到布设各种观测仪器，从学习山地气象理论到制作各站点精准要素预报，从观测雨雪相态转换到气象保障服务，一点点学习，一点点成长，一点点积累。四年里，曾经熬夜观察雪花，曾经通宵达旦码着代码，曾经冒着严寒在雷达车里观测雨雪相态的转化，曾经从陡峭的雪道边上出溜着滑下……四年里，所有的付出积累，只为了 2022 年冬奥会的那一下绽放。

冬奥期间，精准的预报为赛事组织提供了决策依据。记忆深刻的是 2022 年 2 月 13 日由于降雪导致能见度降低，坡面技巧的赛事调整到了次日，同时赛事保障部门安排了清雪队伍应对降雪天气。另一次是 2 月 20 日的低温可能会影响越野赛事，赛事组织方将该项比赛时间提前，使得运动员和观众避免了低温影响。这一切都见证了中国力量，见证了气象人为冬奥作出的贡献，见证了团队成员们百折不挠、勇往直前的奋斗精神，也见证了预报员们一丝不苟、精益求精的工作态度。

四年间，收获颇多。除了英语、冬季山地气象预报水平等的提高外，还收获了团队友情。几年驻训，通过参观康保扶贫驻村点、支部学习、重温入党誓词等丰富多彩的团建和党建活动，加强了奋斗奉献意识，促进了团队成员间相互了解，增进了友谊，形成了一支精诚团结、合作默契、敢打敢拼的气象预报服务团队。

四年时间，有付出，有收获，有遗憾，有感想，有抱怨。在崇礼待得久了，在原单位待的时间就少了；与团队成员们相处的时间多了，和家人们陪伴相聚的时间少了。两个春节没有和家人一起度过，有点小遗憾。在过去的这段时间里，我看到了各行各业的努力，体会到了自己肩上的责任，捕捉到了赛场上的感动。学会了工作担当，收获了团队友情。每每得知赛事组织方对气象的认可，打心底觉得欣慰。作为一个气象人，自己的工作能为别人提供便利，自己的付出能得到别人的认同，一种成就感、荣誉感油然而生。

人生能有几回搏，作为一个气象人，能把这四年青春奉献给冬奥，在气象保障中贡献自己的一点点力量，是我一生的骄傲！

五年风雪兼程，迎冬奥春华秋实

陶亦为

作者简介：陶亦为，1984 年 8 月出生，来自国家气象中心，冬奥北京气象中心延庆赛区预报服务团队首席预报员，国家雪车雪橇中心场馆现场预报服务队员。

风雪兼程，收获满满的五年

2017 年加入冬奥气象服务延庆赛区团队，懵懂、忐忑、兴奋，是我对当时冬奥会气象保障的最大感受。从 2017 年下半年开始参加各种针对冬奥的基础培训，包括山地气象知识、冬奥赛事知识、英语培训等，从 2018 年底开始，每年都进驻延庆开展为期约半年左右的冬季驻训。记得刚开始接触延庆赛区预报时，感觉挺难的，不同于平原地区天气，冷池效应、过山下沉增温、不同海拔风速日变化差异等山地气象特征明显，第一次在复杂地形下做对单点精细化程度要求如此高的预报，挑战非常大。为尽快提高预报水平，我们专挑降雪、寒潮、大风等“坏天气”去深入赛区，去体会山地天气。尤其是在 2018 年和 2019 年赛区正在建设阶段，需克服没有路、气温低的困难，往往上山一次就要五六个小时，但也是通过深入赛区慢慢积累了对复杂地形下天气要素变化特征的认识，预报上也越来越有信心。2019 年 10 月，我们还远赴美国博尔德，有幸与温哥华冬奥会预报员交流，系统学习了山地气象知识，进一步夯实了理论基础。这五年的驻训和预报的经历让我在山地气象、精细化预报、冬季预报方面能力得到很大的提升。

坚持探索山地规律 科研助力冬奥预报

这五年期间，我做过多次高影响天气个例总结和分析、开发多个冬奥预报支撑产品，为冬奥科研工作贡献了自己的力量。其中我承担的延庆复杂地形降雪分型研究，通过反复对比过去几年的资料，近百次降水过程，总结出4种分型下的降水发生发展规律并建立延庆赛区降水预报概念模型，被延庆赛区预报员广泛使用；针对冬奥预报缺乏异常天气概率预报产品，我深入开展基于集合预报异常天气概率预报技术的研发，开发异常天气预报系列产品，在前期测试赛、冬奥会和冬残奥会期间的大风、强降水、异常升温等天气都有比较好的预报效果，尤其是在中期时段可以发现异常天气信号，帮助预报员提早对异常天气影响时段和程度作出早期判断。我也是特别开心自己的科研成果能在冬奥保障中起到一点作用。

场馆服务精雕细琢　闭环工作完美冬奥

这五年，我参与过2020年延庆“十四冬”高山滑雪、2021年2月全国雪车和雪橇邀请赛、2021年10月国际雪车联合会举办的训练周和赛事、2021年11月国际雪橇联合会举办的训练周和世界杯这四场冬奥会正赛前测试赛和冬奥会正赛的场馆现场气象保障工作，累计闭环工作近100天。尤其在冬奥期间，我们遇到了大风、寒潮、强降雪几乎所有的高影响天气，场馆服务挑战十分大。记得2022年2月13日迎来暴雪，上午正值女子单人雪车比赛，经过对天气的细致研判，提前6天对场馆领导滚动提示这次强降雪过程，主动出击每天当面给场馆主任汇报这次过程最新预报情况。当天还进驻场馆运行指挥室，开展实况监测、锻炼预报、通报实况、逐小时观测等，尤其是8点左右我监测上游雷达回波还在增强，我们及时向场馆领导汇报“未来2小时降雪还会增强，请加强防范”，场馆方面根据预报及时做好决策应对安排，加派人手及时清扫关键路段积雪，这只是当时场馆服务的缩影。我们每次现场服务的精准预报都保障了场馆每场比赛和训练顺利按时进行，当2月11日中国男子钢架雪车选手闫文港实现历史性突破，第一次有中国人站上冬奥雪车领奖台，看到国旗缓缓升起时，作为气象人能为冬奥比赛贡献一份力量，我们感觉特别骄傲和自豪。

2017—2022年这五年，感觉时间过得很慢，又感觉时间过得很快。一路走来，感恩所有帮助过我的同事和朋友、感恩家人的陪伴和支持，同时也怀念这五年与团队成员一起工作生活的场景，这五年的冬奥是挑战、坚持、思念，也是收获、感恩、怀念的五年，也必将是我人生中最难忘的五年。

不惧风雪，护航冬奥

符娇兰

作者简介：符娇兰，1982年4月出生，来自国家气象中心，冬奥北京气象中心北京赛区首钢滑雪大跳台现场预报服务首席预报员。

2017年10月，作为首批现场预报服务成员加入冬奥气象中心，成为北京赛区现场保障团队的一员。从第一次参与测试赛的忐忑不安、到冬奥会赛时的自信与笃定，这五年，我有过因为不了解赛事保障需求的焦虑、对场馆局地小气候万千变化的不解与困惑，也遭遇了高影响天气以及精细化预报带来的压力与挑战，经历过无数次预报分析时的纠结，但最终收获了服务成功的喜悦以及个人的历练与成长，同时也有很多心得体会。

冬奥保障五年磨一剑，充分体现了气象人的工匠精神

2017 年开始，一方面，赛区监测预报技术不断改进和打磨，精密的监测网，“百米级、分钟级”数值模式，基于人工智能的客观预报技术为现场保障提供了“精良武器”。另一方面，现场保障预报员通过赛场冬训、出国培训、英语培训、测试赛保障等层层磨炼，逐步成长为各赛区能独当一面的全能型预报员。对内是经验丰富的山地气象预报专家，对外是领队会上与国际雪联的技术官员们自信交流的“weather girls and boys”，充分展现了气象人的精神风貌。

现场保障工作需要多面手

既要能做预报和服务，还要兼顾观测、会商、领队会等工作。2022 年 2 月 13 日赛区出现了一次强降雪天气。针对这次过程，我和我的搭档杜佳早在 2 月 4 日就向国际雪联的技术代表汇报了 12—13 日首钢场馆将有一次雨雪过程。在 10 日领队会以及场馆气象专题会议上，我们又向体育部领导、竞赛主管、各国领队等详细汇报了此次降雪过程，为竞赛团队应对降雪天气赢得了足够的决策空间。12 日夜间开始，逐小时滚动更新预报和服务材料。降雪当天及时了解积雪清理及官方训练安排的应急措施及需求，针对降雪产生的影响采访了二次塑形专家、国外运动员，开展了积雪、雪花形态等观测，并及时向后方保障团队反馈。竞赛管理团队基于我们提供的预报提前做好了清理积雪的应急措施，这也使得 13—14 日单板滑雪官方训练以及资格赛如期举行。事后，国际雪联技术代表对我们的工作给予了高度的肯定，认为我们的保障“professional、helpful”。

现场保障要主动出击

及时了解需求，才能提高服务的针对性和精细化水平。2 月 7 日是首钢女子自由式滑雪大跳台资格赛，这是决定谷爱凌能否进入决赛冲击奖牌的一场比赛。我们主动申请在赛道旁边观赛，了解现场风力对比赛的可能影响。这一天风力不大，谷爱凌第二跳出现了明显的失误，未能完成预期动作。事后，谷爱凌在采访中解释说当时有一阵往赛道上吹的风，导致她的起跳速度变慢摔在了赛道上。我们赶紧查看了风的实况，发现当时为偏东风，阵风 4～5 米 / 秒，同时也向国际雪联的技术专家咨询了偏东风的可能影响。由于赛道是西北东南向的，偏东风为逆风，会减缓运动员起跳速度。2 月 15 日，是男子单板滑雪大跳台决赛，风与 2 月 7 日非常类似。14 日下午领队会，我们汇报了 15 日白天首钢场馆将为偏东风，提醒各国运动员加以关注。会上，竞赛主管对我们的提示给予了高度重视，并采取了积极措施。

北京冬奥会气象保障取得了圆满成功，北京冬奥组委副主席杨树安以“一流的气象服务保障”评价北京冬奥气象服务保障工作。作为参与者，我感到非常荣幸和自豪。感谢中国气象局、国家气象中心、北京市气象局等单位及各位领导给我提供了这么好的机会和平台，感谢同事们对我工作的支持和帮助，让我可以毫无顾虑地参与一线保障。谢谢你们成就了我的冬奥气象保障之旅，我将把冬奥期间的经历转化成一笔精神财富，继续在工作岗位上发扬光大，为天气预报事业的高质量发展作出更多贡献。

追风逐雪察地势，精敲细量择天时

阎宏亮

作者简介：阎宏亮，1989 年 3 月出生，来自北京市延庆区气象局，冬奥北京气象中心延庆赛区预报服务团队首席预报员。

雄关漫道真如铁，而今迈步从头越，回首往昔感慨万千，思绪飞扬。我是 2014 年参加工作，记得在 2014 年 10 月我就跟随单位同事一起参与了海陀山最初 4 套气象站的建设，后来才知道这是在为了申办冬奥收集气象数据，从此我和冬奥结下了不解之缘。2015 年北京申奥成功，我激动不已，因为这里也有我们气象数据的功劳。从这以后冬天忙冬奥、夏天忙防汛、一年四季忙服务就成了我们的“新常态”。2017 年，我很荣幸成为冬奥延庆赛区现场预报服务团队的一员，可以更近距离地了解冬奥、服务冬奥。可以说冬奥陪伴了我一路成长，因为冬奥，我结识了很多优秀的专家同事，也正是冬奥，它为我打开了气象工作全新的一扇窗，让我更清楚感受到了大气象的深刻内涵，感受到了团队的力量。

五年来，我们追风逐雪，抓住每次转折天气上山，用脚步去丈量赛道、用身心去感知天气。对于海陀山的地形了解经历了从找不到路到如数家珍。记得在冬训刚开始那年，我带着团队下山时走错了路，路越走越窄，后来就变成了大石头路，天也越来越黑，山里越是安静，我心里越是不安。就这样，我带着他们硬着头皮摸着黑从海陀山的河道里艰难地往下走，还好最终有惊无险找到了大部队。经过一次次的摸爬滚打，曾经陌生的海陀山一点点在我们脑海里变得清晰。每个站点的海拔、周边环境、气象要素特征规律都已了然于胸。正是因为有了对地势的勘察，才使后面精细地把握窗口期变成了可能。在冬奥会期间看着国际顶尖的运动员在我们曾经摸爬滚打过的赛道上飞速滑行时，心中更是特别的亲切，口中还不断地说着到竞速 3 号站了、到竞速 5 号站了……

五年来，我们预报的难点也是攻克了一个又一个。从刷新了我们的认知的山顶大风、低温，到山脚的偏南大风和冷池效应，再到受环境风和热力环流共同影响的山腰风的变化趋势。记得最开始时山顶的各种要素报起来最难，要素的极值有时会超过所有人的预期，因为这里的极寒和大风是我们之前没有想象到的。随着大家对于海陀山了解的深入，山顶的规律已被我们掌握，但却发现山脚在某些天气背景下也有它的预报难点，受山谷风的影响，它和山顶的变化规律完全不同。等我们摸透了山脚的规律，又发现山腰的竞速 5 号站才是最难报的，它处于环境风和热力环流共同作用的交接地带，变化规律又是独树一帜，而且对于赛事影响还比较关键。就这样一个一个冬训总结下来，我们终于把住了赛区的脉搏。我想在冬奥期间寻找最佳的赛事窗口期时的笃定自信，离不开“科技冬奥”给我们带来的底气，也离不开平时山地气象理论的学习以及抽丝剥茧式地复盘分析。

五年来，我更是从团队队员身上感受到了那种不计个人得失的家国情怀，遇到难题时的敢于拼搏，身处困境时的苦中作乐，也体会到了奥运精神中更团结的生动内涵。无论是在海拔 2198 米的海陀山顶风冒雪体验天气，还是披星戴月在凌晨 3 点的延庆分中心做预报，大家都没有一丝怨言，都是相互鼓励相互支撑着团结一致一起向未来。身处在这么一支强大的团队、拥有这些可爱的战友，一定是所向披靡、无往不利的，没有什么困难是不可战胜的。

此外，我特别想感谢中国气象局、北京市气象局尤其是延庆区气象局领导，正是有你们的信任和支持，我才可以用五年的时间去挑战气象预报的天花板，去奋力冲击属于气象人的冬奥会气象金牌。我也特别想感谢家人在这五年间对我的缺席、我的忙碌给予的理解和支持。

往事如此难忘，却难逃收场，寻诗和远方，续写新的辉煌。在后冬奥时代，我们将充分利用冬奥遗产，以“科技冬奥”的成果转化，赋能产业发展，主动融入最美冬奥城、京张体育文化旅游带的建设，奋进新征程，建功新时代，争当气象高质量发展的“排头兵。

冬奥有我，逐梦同行

隋沆锐

作者简介：隋沆锐，1993 年 2 月出生，来自内蒙古自治区呼伦贝尔市气象局，冬奥河北气象中心张家口赛区云顶场馆群 WFC 预报员。

2022 年 2 月 20 日，北京冬奥会迎来了最后一个比赛日。随着这场精彩绝伦的冰雪盛会落下帷幕，作为张家口赛区气象服务保障团队的一员，四年的驻训也进入了尾声。

匆匆四年，时间过得比想象中要快。2018 年初，当我接到参加“十四冬”气象服务英语培训的通知时，头脑还一片懵懂，当时的我怎么也不会想到四年一届的北京冬奥会会与我产生怎样的关联。四年里，我立足本职工作，努力学习理论知识，完成各项科研任务，受益匪浅。

驻训期间，不断提升赛事精细化预报能力

在四年的驻训期间，我和团队成员走遍了云顶场馆群和古杨树场馆群的每一条赛道，熟记了每一个气象站的位置。我们看过还没有建成的“雪如意”，也看过被雪深埋的云顶 6 号站，切身地感受到了气象要素在赛道上的变化；参加了在北京举办的 COMET 项目线上课培训，与往届冬奥会气象保障人员进行连线交流，让我们明白面对的是什么样的挑战；学习山地气象学，组内交流、探讨并归纳总结，系统学习了相关理论知识；在科学系统的观测试验中，我对崇礼复杂地形下的小尺度预报规律有了更加充分的理解；在测试赛气象保障工作中，逐渐明确实际比赛对气象条件的要求。

冬奥赛场服务，“工匠精神”充分体现

四年的驻训学习终于迎来了冬奥会开幕。2022 年 1 月 27 日，我们开始进入特别工作状态，全流程、全要素、全岗位模拟赛时服务预报。在比赛期间我们顶住压力，每天进行多次会商，不断学习思考，对比历史相似个例，为了 1 ℃、1 毫米、1 米 / 秒我们都“锱铢必较”。其中印象深刻的是 2 月 12 日，当天我作为主班预报员，对 13—14 日的降雪降温过程进行了

预报，经过多方会商，多个数值模式分析，对未来 24 小时逐时的降雪量、新增积雪深度以及大风等气象要素进行预报。在 13 日早上应用雷达、微波辐射计，超声风雷达等多种新资料对降雪的起始时间进行了短临预报。在冬奥会期间，云顶场馆群因降雪、大风、低能见度天气等原因的多次赛事日程调整，外籍专家和组委会都对气象预报表示认可和信任，平均偏差在 1 ℃、1 米 / 秒、1 毫米以内的预报也充分展现了预报精准的实力。

收获和感恩

在这四年中，我们保障团队翻山越岭，顶风冒雪，克服了技术上和生活上的难题，我更是从中受益匪浅。之前作为市一级的预报员，对大尺度环流系统研究较多。而冬奥气象保障服务对预报的要求不论是时间上还是空间上都更精细。之前的短期预报我考虑的主要是每天的预报准确率，而在实际的保障工作中，还是更多地要考虑赛事的要求。很多实际保障工作思路中的转换是值得我思考的。

我们这个保障团队来自多个不同省份，四年期间有近一半的时间驻守在张家口赛区，大家同吃同住同行，彼此磨合，朝夕相伴，好像又重新回到了大学时代。每天的朝夕相处，使我建立了对团队的信任，也认识了志同道合的朋友。我们在崇礼共度了两个春节。由于每年的春节都是测试或赛事服务期，充满了工作的紧张和过年的热闹。长时间在外，和家人聚少离多是每一个冬奥气象保障人员需要共同面对的难题。尤其是在 2021 年，我和父母只相聚了五六天。在这里，我衷心地感谢组织领导们对我家人的关心慰问，让家中父母安心。回首过去，我觉得自己很幸运，有机会像运动员一样为冬奥努力四年，对此我充满了感恩。

展望未来，信心满满

2022 年冬奥会和残奥会虽然已经结束，但对我而言又是新的起点。“功成不必在我，功成必定有我”，这份难得的工作经历将是我人生历程中最浓墨重彩的一笔，它带给我的收获也将一直激励我不畏生活的荆棘，勇敢面对挑战。我也将珍惜伟大时代赋予的机遇，继承和发扬北京冬奥精神：“胸怀大局、自信开放、迎难而上、追求卓越、共创未来。”在以后的工作里，我要立足本职工作，努力进取，将冬奥气象保障服务团队中的团结协作、勇于开拓、不畏困难、精益求精的精神继承和发扬，在今后的工作岗位中做出成绩。

在崇礼的风雪中谱写冬奥的华彩乐章

董　全

作者简介：董全，1983 年 10 月出生，来自国家气象中心天气预报室，冬奥河北气象中心张家口赛区 WFC 首席预报员，国家气象中心北京冬奥会气象服务保障预报服务专家组成员。

2022 年 2 月 13 日的降雪，成为北京冬奥会最大的挑战。如何让赛事的安排或调整最高效，保证每一场赛事的顺利进行，直接取决于我们气象团队预报的精细化和准确度。赛事预报服务，不同于中央气象台往常的降水落区预报，后者只需要累积量的预报，“只重结果”，但是前者更重过程，降水几点开始？几点结束？几点最强？有多强？是雨还是雪？能见度多低？赛事组织方需要的都是一直不太被我们重视的这些细节。因为如果13日的降雪最强时段在下午，那么云顶空中技巧比赛就得推迟，如果是在上午，那么影响就有限。

预报团队经过四年的积累和学习，2月11日准确预报了13日的降雪将于04时前后开始，上午和傍晚分别有两个峰值，并于14日05时前后基本结束，峰值雪强将达1.5～2毫米/小时，累计降雪量达8毫米，新增积雪深度达15厘米。上述预报，与13日的实况几乎一致。赛事组织方不得不将空中技巧比赛推迟一天，并给气象团队竖起大拇指。

回首往昔，2018年冬季刚来崇礼时，第一次降雪量预报的失败，记忆犹新。崇礼，在中央气象台的日常业务中，只有县城站，而赛场距离县城超过20千米，海拔比县城高近800米，地形更加复杂。对山地气象的一窍不通和对赛场天气的完全陌生，导致第一次预报非常失败。从此痛定思痛，开始认真学习，潜心认识赛区每一天的温、风、降水。

虽然从2017年开始，北京市气象局就组织了预报团队的培训，奈何国内在山地气象方面的研究和预报几乎是空白，完全找不到具有针对性的老师和培训材料。真正对预报团队的洗礼是邀请到美国盐湖城冬奥会、加拿大温哥华冬奥会、俄罗斯索契冬奥会的气象服务人员来给大家进行的培训，才让预报团队真正了解到冬奥预报服务的特点和特殊性。而赴美国接受COMET项目的山地气象知识培训，才总算是给大家打开了一扇崭新的大门，通过这扇门，终于可以一窥赛区各种看似“诡异”的天气的真容。曾经一度以为是观测错误的夜间气温的“上蹿下跳”终于看懂了，当“冷池”“夜间升温”“山谷风”这些概念全面而清晰地被大家认识之后，对赛区天气的预报，终于算是有了武器了，不再是手足无措。

有了武器，剩下的就是练兵，刻苦地练兵。从2018年冬季开始，至2022年冬奥结束，预报团队四个雪季累计500多天在崇礼的山峦间穿梭。与每一次降雪过程交心，与每一次冷空气过程谈天，深入赛区，与风和雪一起在崇礼的山间满山飞舞，捕捉每一片雪花每一阵风与数值模式之间的联系。用学过的理论，来认识每一天的天气，不断将理论和实践进行磨合。慢慢地，对风和雪这些朋友越来越熟悉，感觉就有了，而且越来越准。三年前做预报，可能只能写出靠谱点的故事梗概，细节无从下手，即便有也是全靠“蒙”。但是如今的预报，仿佛可以感同身受地看到几天后赛场的降雪变化，看着不同的雪花从无到有，再从弱到强，再强弱不断变化，在赛场洋洋洒洒，直至变成零星飘雪。

由于疫情的影响，原定的多场测试赛都取消或者“缩水”。团队失去了多场宝贵的实战练兵的机会。所以2021年2月和11月、12月“相约北京”赛事的保障服务就显得尤为重要，这是检验预报团队成绩的最后机会。团队本着最大限度暴露问题的态度，梳理预报流程，捕捉预报薄弱点，测试赛使得团队更加信心满满。

终于，与崇礼风雪四个雪季的患难与共，换来了心灵相通，团队对冬奥会和冬残奥会期间的多次高影响天气过程进行了完美的预报，对风、温、降水仿佛未卜先知一样，与预报几乎一模一样。

冬奥会结束了，我们也将不得不跟崇礼的风雪老朋友说声再见了。京津冀协同发展，冰雪产业的发展实实在在地改变了崇礼这个昔日的贫困县，让他脱贫奔小康。让3亿人上冰雪，少不了气象人的保驾护航，与老朋友的重逢相信会很快。

第十章　保赛服务

携手冬奥，同心筑梦

马小会

作者简介：马小会，1979 年 11 月出生，来自京津冀环境气象预报预警中心，冬奥北京气象中心北京赛区预报首席。

第 24 届北京冬奥会和冬残奥会成功举办，冰雪有约，世界瞩目。

初为之感动。自从宣布第 24 届冬奥会在北京举办的那一刻，我们的同事们就已经开始了他们的冬奥征程。海陀山上不断闪现他们的身影，他们的努力、辛苦和坚持，让我感受到气象人的精神，我为他们感到自豪和骄傲。看过他们冒着风雪在海陀山上收集气象数据的身影，看过他们冲在第一线认真工作的坚毅眼神，看过他们进“闭环”时和家人们离别依依不舍的背影。他们放弃了春节与家人团聚的时刻，放弃了无数个陪伴家人的日日夜夜，他们的付出，换来了“三维、秒级、多要素”的气象综合监测和“百米级、分钟级”的精准预报。作为气象人，为他们点赞！

再尽绵薄之力。和 2014 年就开始在海陀山上艰辛布站，为预报和科研提供有力保障的探测团队相比，和 2017 年首批入选冬奥核心团队的预报专家们相比，我的开始远不及他们的开始。作为环境气象中心的一员，凭借自己的专业知识，开展延庆地区特殊地形下的大气污染特征及机理研究，提升复杂地形下环境气象精细预报能力，为我们今后在冬奥中的服务保障打下基础，也同环境保护局联合开展了冬奥会相关的各类环境气象预测滚动会商，但是始终觉得自己冬奥的参与感并不是十分强烈。

2022 年 1 月，“机会”到来，组织安排我开始做预报首席，对于两年多没有在预报首席岗值班的自己来说，内心是相当忐忑的，任务重，压力大。但是疫情当下，人员紧缺，绝不能推脱，扛起这份信任，也为自己终于可以和冬奥近距离接触感到自豪。

虽然不是奔赴冬奥第一线，但是我深知肩上任务重，在极短的备战时间内完成了对北京冬季天气特点的复盘，研读了《北京 2022 年冬奥会气象服务保障预报技术手册》，学习了以往冬季重要天气总结，特别是对沙尘天气、暴雪天气的重要天气过程回顾。值班过程中，本着勤能补拙、笨鸟先飞的原则，提前分析实况和模式产品，缕清预报思路，08—22 时、

05—09 时是“笨鸟”的常态作息。

虽然不是身处一线，但每天的工作和冬奥环环相扣，开（闭）幕式天气保障专题会商，赛事期间的降雪、沙尘、雾霾专题会商，场场不落。开（闭）幕式关键结点、赛事期间关键天气的转折点、气温的浮动、风力的变化，每一个和赛事相关的小细节都是我的会商的重中之重。

值班过程中，和风艳阳雨雪风沙应有尽有。季节交替，相态变化，降水性质也给我们的预报增加了难点。准确预测了 2022 年 2 月 13 日北京的强降雪，经历了 3 月 4 日残奥会开幕式有惊无险的沙尘，每一次预报的成功，都是信心的积累。尤其是 2 月 13 日的强降雪过程，首席团队们提前 5 天滚动研判会商，准确的预测也让整个冬奥保障团队对我们的预报更加深信和佩服，充分地展示了我们的预报能力和水平。“一流的气象服务保障！”这是对我们最好的肯定。

在做好基础预报的同时，与环保局的互动联系也没有间断，针对后期天气特点，2 月 25 日开展了残奥会期间沙尘天气大气扩散条件专题会商，提前一周准确预测了 3 月 4 日沙尘影响北京的可能性。

终不辱使命。3 月 15 日终于完成了我在冬奥值班组的最后一个班，我很开心，也终于放下了内心的忐忑与压力。感谢领导给了我参与冬奥的机会，感谢值班期间团队小伙伴们对我的帮助和支持，我们也曾一起在大年夜许下“报啥啥对”的美好愿望，团队合作，同心共赢，成功保障双奥会。在漫长的岁月里，服务双奥会只是我们众多气象服务保障中的一个，在以后大大小小的气象保障任务中希望还有机会贡献自己的力量，不遗余力地做好更精细更精准的气象预报服务。

冰雪之约圆满落幕，希望之火生生不息。让我们延续冬奥之光，更快、更高、更强、更团结，一起奔向美好未来！

冬奥场外显身手，堪夸海陀追雪“匠”

马新成

作者简介：马新成，1978 年 1 月出生，来自北京市人工影响天气中心，冬奥北京气象中心冬季降雪研究团队牵头人，人工影响天气服务首席。

在首都气象人里，有这么一群人，他们工作环境比较特殊，在每个降雪过程来临之际，不管节假日还是双休，他们都等待时机，盘点行头，提前进驻北京冬奥海陀山区闫家坪综合观测站。在降雪过程中，克服严寒大风低温恶劣环境，紧盯各观测设备响应，累积一手科研观测资料，探秘海陀之雪，为冬奥气象服务提供科技支撑，他们就是海陀追雪“匠”——首都人影冬奥降雪外场工作者。

不怕吃苦，艰苦奋斗打造一流测站

2014—2015 年申冬奥降雪观测试验期间，我们自带干粮，驻场海陀山区，克服夜

间 −20 ℃以下的低温环境，组织降雪观测，在无任何后勤保障的情况下，常常后半夜工作结束时只能挤到车里过夜。2015 年申冬奥成功后通过自主研发、购买、租借、合作等方式引入先进关键观测设备，为冬奥降雪观测试验建成包括 5 类 19 种探测设备在内的海陀山闫家坪超级观测站。

敢于冒险，踏遍青山建设作业站点

为了更好地科学布设海陀山区高山地基作业站点，我们翻越大部分海陀山区，荆棘丛生，山体陡峭，部分斜坡达 70 度，每一步都步履维艰，每次都从早上一直爬到傍晚才能下山。海陀山区多矮小灌木，每次爬完基本身上全是小伤口。我们克服困难，驴拉肩扛才最终把自动站和作业设备布置上山。正是在敢于冒险的精神下，为冬奥海陀山区高山地基作业点的建设打开了新篇章。

践行工匠精神，讲好气象人的雪花故事

从申办冬奥会开始，海陀山和雪就成了我们的焦点。当时都不知道海陀山在哪？更别说海陀山的雪啥样？降雪是冬奥会赛事高影响天气之一，而雪花身上就具有它从出生到降落一系列降雪过程密码信息。我们就自主研发搭建了雪花显微观测仪。就这样，2016 年 1 月 21 日我们第一次看到了海陀之雪的样子，说实话，很丑。子弹头状的，跟我们想象中的雪花样子完全不一样。但这就是大自然，你只有亲临现场才能更深刻地了解降雪本来的样子。所以，七年来，一说有降雪过程，我们就把方便面准备好，把军大衣带上。提前上山守着，次数多了就发现这海陀山的雪就像刚出生的孩子总在夜间醒来，每次观测都会通宵达旦，尤其是整点的逐小时观测雪深、雪花形状、采雪样和天气现象宏观记录等，我们一般要在 20 分钟内完成，然后定上闹钟，小睡 30 分钟，然后整点起来进行下一个时次的观测。如遇中午观测期间，我们都简单做一点方便面大杂烩，然后轮换观测和吃饭。雪后往往大风吹雪，我们还要冒着严寒和凛冽大风将室外观测仪器收拾规整。最终建立降雪量和雪深关系，揭示相态转换机制，获得降雪微物理形成机制。慢慢地，我们就摸透了海陀之雪的脾气。2017 年开始，我们就把对海陀降雪的新认识与北京冬奥会预报团队进行广泛交流分享。而我们观测的雪花形状也越来越全面，尤其 2019 年 2 月 14 日终于获得了期待已久的冬奥之雪的结构。什么星状啊、片状、柱状、柱片状、侧出状、淞附的、攀附的等可谓五彩缤纷，还获得了世界上极其罕见的 12 瓣星状雪花。可以说，这一天一夜的坚守真的是值了。正是这种敢于克服海陀山区恶劣环境、勇于奉献和追求卓越的工匠精神，才为冬奥降雪科学研究积累了第一手宝贵资料。雪后天晴，终于可以下山了，每次经过西大庄科我们都要到观景台前遥望海陀戴雪，站在狂风中深深地感觉到我们气象人就像雪花一样，这满山的皑皑白雪就是一朵朵雪花的贡献。

首都人影冬奥降雪外场工作者们，就是这样不忘初心、牢记使命，一步一个脚印、一步一个台阶，不畏艰险、不惧困难、敢于担当，在自己的工作岗位上无私奉献，默默耕耘，为首都经济社会发展贡献着自己的力量，并将继续讲好首都气象人的雪花故事。

平凡气象人，光荣冬奥路

王　健

作者简介：王健，1987 年 6 月出生，来自北京市延庆区气象局，冬奥北京气象中心延庆区气象服务组外围气象服务团队队员。

2022 年 3 月 20 日，随着最后一份《2022 北京冬奥和冬残奥会延庆赛区场馆群运行团队气象服务专报》的发出，伴随我几年的冬奥气象保障工作落下帷幕。在怅然若失中，我也不断回顾着整个冬奥会期间服务保障的点点滴滴，回想着七年以来气象人为了奥林匹克圣火再次在鸟巢升起所贡献的智慧和汗水。

在冬奥会期间，我承担着为延庆赛区场馆群运行团队指挥调度提供专项气象服务的工作，包括赛区运行的水电气能源供应保障、赛事相关设备检修维护、森林防火、防灾减灾应急、道路交通等。

其实，在冬奥会开幕前几个月的“相约北京”赛事中，此项工作就已经在开展了，由于局里人手紧张，该岗位只安排了我一个服务保障人员。当时我按照冬奥会实战标准，从专报模板制订制作、发布方式、熟悉预报点位及预报方法、检验预报服务效果等方面慢慢摸索，测试赛结束时已可以正常运行，同时也是信心满满地等待冬奥会的来临。在冬奥会正式来临之前，我已经保持了将近 2 个月的超时长工作模式，每天 5 点到 17 点，有灾害性天气和重要活动时甚至要持续工作到半夜，10 月到 11 月的测试赛过程其实已经耗费了很多精力，但是我仍然克服种种困难坚持着，热情饱满地期待着冬奥会的来临。2 月 4 日，期待已久的冬奥会终于来了，在服务过程中也着实感受到场馆群对气象信息要求之高超过我的想象，比如缆车运行对风速的要求阈值要精确到 1 米 / 秒。在李迅首席的指导下，我渐渐适应了这种高要求，最开始我对气象服务的认识很狭隘，认为我只要提供气象信息就可以了，通过观摩和学习李迅首席的服务过程，我深刻认识到在面对服务对象时一定要感同身受。于是我迅速改变预报和服务思路，努力向定点、定量和定时的精准预报靠近，提高预报的精准率，当然这还得益于北京市气象局开发的各类高科技冬奥气象服务系统和平台，为我们的精准预报提供了可靠的数据支撑。在摸索了一周后，我又将我学到的、经历的及时总结出来，分享给作为备份的同事和昌平气象局的同事，希望他们在上岗的时候可以尽快熟悉业务要求。

根据运行团队的需求，我需要为场馆群运行团队提供国家雪车雪橇中心、国家高山滑雪中心、冬（残）奥村、冬奥颁奖广场、制服与注册分中心、阪泉综合服务中心、延庆城区等 7 个区域的气象信息，每日 07 时、12 时、17 时三次，为了能够尽可能提供准确的预报信息，一般在早晨 5 点就开始准备工作了，一直到赛区工作全部完成，往往要值守到半夜前后，遇到降雪天气时，全天要增加逐小时实况汇报和加密预报。这种工作强度一直维持了两个月；因本人家与单位较远，来回车程近 4 小时，为了防止疫情对保障团队的影响，我主动在单位附近租了房子，从 2020 年 10 月开始一直到冬奥会结束都没有回过家，我爱人因为出差比较频繁，经常离京，我也从来不让他来看望我。很多次跟家里打电话，父母亲戚都替我感到委屈，担心我，但是我从来也没认为有什么不能接受，因为这是延庆区气象局每一位职工都能做到的事情，从冬奥会开始申办、筹办到举办，从运维团队海陀山建站的艰辛和危险，到现场服务团队“百米级、分钟级”的预报，参与冬奥会的每一个人都能从大局出发，克服困难，将国家事当成自己家事，勇于担当，我有幸能在最有精力的这段人生旅程中，与优秀的领导、同事并肩作战，为了全国人民共同期盼和关注的冬天日夜坚守，他们永远是我前进和奋斗的动力。

冬奥专业的沙尘预报离不开团队协作

王继康

作者简介：王继康，1990 年 8 月出生，来自国家气象中心环境气象室，国家气象中心北京冬奥会气象服务保障预报服务专家组成员。

气象保障是冬奥和冬残奥保障的重点工作之一，除了对赛事天气状况的预报之外，其他部门对冬奥和冬残奥的保障也需要气象预报。北京冬奥和冬残奥会的空气质量保障是生态环境部门保障的重点。为营造北京冬奥会和冬残奥会良好赛事环境，生态环境部提出了坚持精准、科学、依法治污，根据空气质量预测预报结果，精准施策。准确的环境气象的预报成为生态环境部门进行精准施策的重要依据，环境气象中心的预报员全程参与了生态环境部的空气质量保障指挥工作，为生态环境部门提供了精准的空气质量预报结果。

生态环境部门自身也设有空气质量预报的单位，空气质量预报工作形成了不同部门之间会商的工作形式。在每天的会商中，不同预报之间难免会出现分歧。而当分歧出现的时候，实况是检验预报能力的唯一标准。印象最深的一次分歧是对 2022 年 2 月 18 日上午北京空气质量的预报，部分单位预测北京可能会污染，而我们给出的预报是受弱冷空气渗透影响，空气质量为良。第二天上午我去参加会商，生态环境部大气司司长看到我第一句话就是：“如你所愿，今天空气质量仍然比较好，你们预报辛苦了。”当听到这句话的时候，第一感觉就是没有给中央气象台丢脸，第二感觉就是感谢我们的预报团队，每天去环境部门之前与保障团队的会商才是得到别的部门认可的重要保障。

不仅是在同外部门会商中会出现分歧，在与兄弟单位会商时也会出现分歧。针对 3 月 4 日的沙尘过程，在中期时段的预报中，我们与其他预报单位存在较大分歧。2 月 26—27 日，我们连续在会商中提到了 3 月 4 日沙尘天气过程对赛区的影响，并确切指出了沙尘的浓度。随着时间的临近，在 3 月 1 日与张家口赛区的会商中，我们准备了详细的预报理由说明，最终各家预报员同意了我们的预报结论，更改了对场馆预报的预报结果。最终，3 月 4 日沙尘过程对赛区产生了明显的影响，各赛事场馆也做好了应对准备。这次预报从意见分歧到结论统一，再一次证明了中央气象台在环境气象预报上的专业性。

令人信服的专业气象服务，预报员的经验和预报能力固然重要，但是更重要的是中央气象台有一个坚实的团队。团队中有资深预报首席专家持之以恒地对年轻预报员言传身教地帮助和培养，才能使预报员面对每一次天气过程都能充满自信；团队中也有勇于创新的技术骨干不断地将新技术新方法应用于业务预报，才能为预报员提供可靠可信的客观预报结果；团队中更重要的分工协作，共同会商，每一次的预报结果不是某一个预报员的结论，而是几个预报员仔细推演讨论的结果。环境气象室的力量离不开中央气象台的大平台。每一次天气过程都包含多种天气现象，每一次的预报都来自不同团队之间的互相协作，每一个团队的优秀才确保了最为准确的预报。中央气象台持续地科研开发的支撑，也是专业预报的保证，环境气象室在前期一系列现代化成果基础上，开发了一系列针对冬奥高影响天气的预报产品，为本次过程的准确预报提供了有效的支撑。

我作为一个年轻预报员对本次冬奥气象服务印象深刻，不仅是因为冬奥气象服务得到了社会的广泛认可，更重要的是因为冬奥服务期间所有参与人员的兢兢业业和团结协作。听资深预报员分享历次重大活动的气象服务，无一例外都是一群对气象事业充满热爱的气象人协同奋斗、共同应对复杂天气过程的奋斗故事。

冬奥卫星天气应用保障团队炼成记

王　新

作者简介：王新，1980 年 6 月出生，来自国家卫星气象中心，冬奥北京气象中心预报预测专家组成员，冬奥卫星天气应用保障团队卫星遥感决策服务首席。

时光从北京冬奥会和冬残奥会圆满落幕的那个夜晚，一幕幕倒回到备战冬奥会的第一次启动会，接到利用风云气象卫星保障做好冬奥会的“百米级、分钟级”保障的铁命令，冬奥卫星天气应用保障团队集结建立。之后的每一天都以倒计时分秒必争的紧迫感，从集思广益到收敛聚焦，从搭建框架到精雕细琢，一次次的集结，一次次的讨论，冬奥卫星天气应用保障团队团结一心，共同奋战，以创新建设了冬奥卫星天气平台，以认真细致提供了卫星天气综合分析，一步一个脚印，向着冬奥会胜利召开、成功保障前进。这个过程塑造了一支能打硬仗、越磨越坚、团结一致的团队，从卫星冬奥应用思路的创新，到方法的建立，再到队伍的历练，走过的历程留给每一位队员一笔难得的精神财富和专业收获。

思创新：冬奥卫星天气应用保障团队，一直秉承着的重要目标，就是如何最大程度发挥风云气象卫星的定量应用能力。以传统多类卫星产品为基石，团队围绕冬奥天气保障的重点，从综合信息、快速响应、便捷应用多个方面的创新下功夫，精细挑选发展了冬奥专题产品，专门设计研制了冬奥卫星天气应用分析平台（SWAP-OWG），在专题图表现方法、精准度、产品研发三方面较以往的重大活动保障和应用平台设计方面实现创新，为预报员搭“一图可见”智慧通道。

建方法：冬奥卫星天气应用保障团队在保障平台设计阶段和应用阶段始终贯穿“全流程大业务”思想，团队中有中心领导带队、有卫星地面和应用系统两总指导，有技术骨干团结协作，从卫星数据到产品到服务，每一个节点都有人具体负责。在冬奥和冬残奥会气象服务保障中，全程应用冬奥卫星天气应用平台产品的分析保障和参与冬奥保障会商发言，以应用产品和多源卫星数据分析功能为基础，卫星天气分析专家团队形成了一套基于卫星资料的天气分析方法，通过建立“遥感大业务”常态化复盘机制，不断强化业务人员对各类天气过程的系统性认识。

练队伍：聚焦冬奥会预报员需求，深度挖掘风云卫星定量应用以及与其他资料融合应用的能力，凝聚了风云气象卫星气象人和气象卫星人的集体智慧，建设形成了一支有标志性意义、有战斗力的重大活动保障卫星应用分析团队，团队表现出来的工作韧性和服务水平，把预报员实际需求用卫星遥感的方式展现出来，能够第一时间及时传递给预报员，并转化为天气监测预报能力，为形成风云气象卫星好用的、易用的、爱用的定量定向应用方法和产品，起到了成功应用示范作用。

2022 年 3 月 13 日，伴着《雪花》动人的旋律，“大雪花”造型的北京冬残奥会主火炬缓缓熄灭，北京 2022 年冬奥会和冬残奥会气象服务保障任务圆满完成，风云气象卫星和卫星气象人同心努力、忠实守护、贴心服务的日日夜夜，也在这份优异的答卷上书写了重重的一笔。冬奥卫星天气应用保障团队是一个非常好的团队，每个人的个人实力都不容小觑。在备战冬奥会、实战冬奥会的整个保障服务的过程中，团队在打磨中前进、成长壮大起来。从赛事结束的那一刻起，后冬奥时代就已开启，以此为经验借鉴，立即启动了对于成都大运会、杭州亚运会保障的专用平台和卫星应用产品设计和研发，希望在今后的重大气象服务保障中继续努力、再创佳绩。

不负韶华，筑梦冬奥

王燕娜

作者简介：王燕娜，1990 年 11 月出生，来自北京市延庆区气象局，冬奥北京气象中心延庆区气象服务组外围气象服务团队和城市运行服务团队副队长。

我还清楚地记得 2014 年参加工作不久之后，冬奥申办工作就如火如荼地开展起来。为了向国际奥委会提供申办区域的气象条件情况，我看到同事们常常昼夜奋战、起早贪黑，顶着重重困难，快速完成海陀山第一批梯度气象站的建设，我看到了他们不畏艰辛、迎难而上的执着坚持。随着冬奥筹办气象服务工作全面开展，我看到冬奥现场服务团队的专家们，为了摸清不同天气的“脾气”，在海陀山的沟沟坎坎里追风逐雪，为了 1 ℃、1 米 / 秒的预报精准度，反复推敲反复讨论，我看到了他们身上咬定青山不放松的坚韧不拔。他们的努力拼搏鼓舞着我，让我在冬奥服务保障中不断成长，努力前行!

在冬奥气象服务保障中，让我印象最深刻还是大量的气象数据与报告分析服务，比如冬奥组委、区委区政府、设计单位、业主单位、施工单位等。这些需求差异大、时间紧，不分工作日、节假日，也不分上班、下班，甚至是半夜凌晨，随时都可能接到通知，往往要求半天甚至 1 小时内就要提交材料。冬奥保障无小事，为此，我带领同事们经常加班，熬夜到凌晨，七年来提供了重要气象数据报告百余次，我想这些工作的圆满完成离不开大家的团结付出和勇于担当。

赛事举办期间，延庆气象人的一天从早晨四五点钟开始，晚上通常要到九十点钟甚至半夜，常常连续工作时长达 16 个小时以上。每天我的工作围绕着天气还有人的“沟通交流”而展开，看图分析、参加会商、统一口径、撰写材料、审核把关、沟通联络……每分钟都要高效运转，以确保每日早、晚两期重要汇报材料、十余份冬奥专报信息高质高量完成发布。当有高影响天气或者重大活动时，我们预报服务员们更是全程“在线”，逐小时甚至逐 10 分钟活跃在各个微信群，一份份专报准时发出，一张张实况细致解读……而在这一次次高影响天气过程的磨炼中，我们的预报服务思路、决策材料的撰写等能力相比之前有了明显的提升。

在冬奥服务团队里，有已经退休但老骥伏枥的首席专家，有即将退休但仍不褪色的“60 后”们，还有已经成为中流砥柱的“80 后”“90 后”们，大家一起无怨无悔、勇于担当、坚持奋战到最后一刻。冬残奥结束时，时任区委书记表扬气象预报精准、技术高超。我想“九层之台，起于累土”，冬奥气象服务保障离不开每一个气象人的默默坚守和辛勤付出。

通过冬奥服务保障，我逐渐地学会了“换位思考”的服务方式，使我们的服务变得更加贴心。原来的服务总是从预报员的角度出发，“外行人”可能不一定能看得懂、听得明白，但通过服务冬奥，我开始有意识地站在用户的角度去思考，斟字酌句打磨决策服务材料，确保对方能够快速抓住重点，为科学决策提供依据。另一点感受就是，认识到现场服务的重要性。冬奥期间我们紧急接到阪泉综合交通调度中心需要现场服务保障的需求，由于这里是赛区场馆的交通“前哨”和“中转站”，地位重要，作用关键。通过这次现场服务，我一方面也切切实实感受到现场服务保障压力，但同时也感受到现场服务贵在能够让对方吃到一颗“定心丸”。

能够有幸参与冬奥服务保障，是我之幸。七年冬奥服务路，见证了我们气象人的艰辛付出和执着成长，也让我深刻感受到了不畏艰险、舍家忘我、冲锋在前、甘于奉献的气象大家庭的精气神，这笔宝贵的精神财富，将继续指引着我一路前行，我将继续发扬北京冬奥精神，不负当下，不畏将来，在不懈奋斗中书写新时代气象人的壮丽篇章！

历七载，诊脉场地冰霜雨雪；精服务，预测赛区风雨变化

王　冀

作者简介：王冀，1972 年 8 月出生，来自北京市气候中心，冬奥北京气象中心气候服务组组长。

北京时间 2015 年 7 月 31 日，是我难以忘怀的日子，当吉隆坡传来中国北京获得 2022 年第 24 届冬季奥林匹克运动会主办权时，我激动万分。

2014 年 10 月 30 日，北京市气象局首次将《2022 年冬奥会期间延庆赛区气象条件报告》正式上报给国际奥委会，薄薄的几页纸，凝聚着申冬奥气象服务团队的智慧和心血。一次次的讨论，无数个通宵，我们确定了以结冰期为主线的气象条件分析思路，最终解决了外界对北京冬奥会气象条件的质疑：“北京是否有足够的降雪？延庆地区的气候条件是否适合承办冬奥会？”2014 年延庆海陀山地区没有观测数据资料。为保证气象数据的科学性，团队反复

论证分析，多次核查，最终提交了翔实的材料，圆满保障了申冬奥气象条件评估工作。

2015 年 3 月，申办冬奥会进入关键阶段，国际奥委会来京考察并听取北京冬奥申委 14 个主题的陈述，其中就包括气象环境条件和气象保障。我作为气象专家，参与了评估陈述的答辩。“未来比赛期间，一旦延庆气温很高，没有出现降雪，有何应对措施？”评估团专家直指重点的提问，并没有难倒我。还记得当时我的回答：“根据气象监测，延庆历年冬天都有降雪。不会出现没有降雪这种极端情况，从来没有过。”这一应答，得到了奥委会评估团的认可。

2016 年开始的冬奥赛区评估报告凝聚了团队的心血，从最开始的懵懂，到第一版的报告历经 30 余次的修改，最终满足了国际奥委会的需求。但是我们并没有就此满足，调研赛事组织者、教练员、运动员、体育院校学者，不断从国内国外的相关文献中汲取营养。创新、发展是我们团队唯一的信念。2019 年开始，我们按照国际奥委会关于开展 2019 年测试赛、北京 2022 年冬奥会和冬残奥会气象条件窗口期预测的要求，进一步细化分析冬奥会与冬残奥会各赛区的气象条件、气候特征等要素，帮助参赛运动员和教练充分了解赛场天气情况，顺利进行比赛。值得一提的是，在这一年的赛区分析报告中除了分析影响赛事开展的不利气象条件外，还侧重分析满足竞赛标准的气象条件，为确定最佳比赛时段、完赛日期等提供了重要依据。

2021 年的赛季，我们尤为紧张，冬奥赛事同期，北京、延庆和张家口三大赛区先后出现影响赛事进行的极端天气气候事件，包括强降温、大风、高温融雪、沙尘暴等。我们经历了一次所有可能的极端事件考验。团队成员紧密合作，共同分析了极端天气气候事件的特征，利用多种统计方法比较 2021 年与历史同期三大赛区出现的极端天气气候事件，开展风险评估，并针对 2021 年三大赛区发生的极端天气气候事件给赛场带来的综合影响，进行精细化分析。如：针对融雪高温和沙尘暴对雪质的影响，构建了冬奥赛区雪质判别模型，总结了 2021 年冬奥赛事同期逐小时雪质风险等级的变化特征。

2016—2022 年持续五年 9 本中（英）文冬奥赛区评估报告以其丰富的内容、翔实的数据、创新的形式得到了北京 2022 年冬奥会和冬残奥会组织委员会及国际奥林匹克委员会的充分认可。通过冬奥赛区天气气候风险评估报告，可以为北京冬奥会的赛事安排、运动员参赛准备等提供参考，为赛场气象服务人员认识复杂地形下的天气、气候规律提供第一手资料，为提高冬奥气象预报服务技术奠定基础。

冬奥会已经结束，奥运的“微火”也已经熄灭，但是我们为冬奥付出的每一刻却难以忘怀。尽管我们没有在现场傲风斗雪的艰辛付出，没有“闭环”内的惊心动魄的服务经历，但是我们有七年的坚持，百万字的书稿是我们对冬奥会的贡献，无数个夜以继日的研讨和分析，无数青丝熬成白发，体现着我们的艰辛，这也是我们气象部门在世界奥运史上的第一个赛事风险系列分析报告，从冬奥申办到胜利结束，我时刻能感受到团队成员的自豪，“冬奥我为之奋斗过、祖国我为之奉献过”！

以己之“小雪花”汇聚入气象之“大雪花”

石耀辉

作者简介：石耀辉，1980年11月出生，来自北京市气象探测中心，冬奥北京气象中心反恐维稳气象保障团队队员。

2022年3月14日下午，随着指挥组“北京2022年冬奥会和冬残奥会安保专项任务圆满结束，各单位有序撤离”的命令，我们反恐维稳气象保障团队一行4人绷紧52天的心弦才开始舒缓开来。从到岗第一天就开始发愁怎样熬过这50余天的闭环期，撤离时却突然发现竟是如此短暂。回望50余天的反恐维稳气象保障历程，点点滴滴历历在目萦绕于心。

本次冬奥会和冬残奥会反恐维稳安保专项任务由军地多家单位联合实施，负责冬奥会和冬残奥会开（闭）幕式及赛事期间北京赛区8个场馆反恐维稳专项安检和应急处置。北京市气象局为本次安保任务成员单位，依托北京市气象探测中心组建了王海龙、孟磊、石耀辉和李磊4人及2车的反恐维稳气象保障团队。2022年1月22日，人员车辆全部到岗，根据指挥部对各单位职责任务及安保工作相关要求，气象保障团队负责提供应急现场气象数据，每天14小时气象应急指挥车值勤及24小时电台值守，08时向指挥部汇报人员到位状态，20时进行当天值守和备勤汇报。队长王海龙迅速把任务分解到岗位，责任具体到人，包括设备监测检查、清洁和维护，车辆巡查，与指挥部汇报联系等。本次反恐维稳气象保障，启用了北京市气象局现场应急指挥平台，该平台可提供实时气象观测数据，包括气温、湿度、气压、风向、风速、降水量、能见度、天气现象等要素。同时为确保各类情况下能够提供稳定且完备的气象服务，保障团队携带了1套DZB4型便携自动气象站和1套便携降水现象仪。在冬奥会和冬残奥会期间，团队共参与现场演练8次，正式活动4次，复盘12次，得到指挥部的肯定和赞扬，圆满地完成了北京市气象局交给的任务。

50余天的冬奥闭环反恐维稳气象保障任务已经结束，它给我们留下了太多的“遗产”，包括技术、经验尤其是精神，需要我们去总结、提炼以融入到今后的工作中。此次冬奥会和冬残奥会为我们磨炼出一支专业化气象应急现场保障技术团队，每个队员业务能力水平都得到迅速提高，从应急命令发布到快速组织落实各个环节都进行了实战练兵，更深刻理解了团队合作。未来的应急现场必定一直会有新的突发情况出现，新的需求涌现，需要我们与时俱进不断地补短板，提升气象应急现场保障技术能力。此次冬奥任务时间长、压力大、又恰逢疫情需要闭环，每天两点一线；气象应急指挥车内又由于配置原因，空调不能长时间打开，车内温度经常处于零下状态，携带的矿泉水出现结冰，这些对团队成员的心态、意志和精神都是一种磨炼。执行任务期间，北京市气象局和探测中心领导多次现场或视频连线慰问，给予鼓励。50余天的闭环虽然苦、虽然累，但我们每个成员“苦并快乐着”！

回看开幕式时，有一幕一朵朵写有各代表团名字的“小雪花”汇聚构成一朵璀璨夺目的“大雪花”。我们每一个气象保障人又未尝不是一朵朵“小雪花”，汇聚成了冬奥气象保障这一朵璀璨的“大雪花”。而在这朵璀璨的冬奥气象保障“大雪花”幕后还有许许多多气象人为2022年这场“简约、安全、精彩”的北京冬奥盛会默默地付出了努力，贡献了力量。冬奥会结束了，但气象保障没有终点，我们将以此为新征程的起点，努力为今后的气象应急服务添砖加瓦。

携冬奥荣光，再启新航程

田东晓

作者简介：田东晓，1985年8月出生，来自北京市气象信息中心，冬奥北京气象中心信息技术保障团队总体协调组组长。

北京2022年冬奥会和冬残奥会是世界的冰雪盛会，也让北京成为世界上第一个“双奥之城”。2008年北京夏奥会之际，我还在读研究生，如今有幸参加到北京冬奥气象服务保障的全过程中来，我由衷地感到自豪和光荣。在世界各国疫情形势依然严峻的时刻，我们有能力以“绿色、共享、开放、廉洁”的办奥理念成功举办一届安全的奥运盛会，以“一起向未来”的口号喊出时代最强音，这都让我感到无比的自豪。本次冬奥会，我们在奥运会历史上第一次实现气象信息报告全自动化，这是气象信息团队不懈努力的成果，更是我们国家气象事业蓬勃发展的体现，作为气象工作者，这些亮眼的成绩让我感到无上的光荣。如今，回顾冬奥保障的点点滴滴，这些经历都将成为我的宝贵财富。

北京2022年冬奥会和冬残奥会的气象服务保障工作是一项全面的挑战，但我们以不畏攻坚克难的意志，严谨务实的工作态度，在“十三五”建设时期，大幅提升气象业务信息化能力和水平；以冬奥气象服务系统“北京开发、京冀互备、三地共用”集约化建设部署的工作思路，围绕京冀两地建设冬奥气象服务主备双活数据中心，从通信专线建设、网络安全保障、基础资源分配、视频会商调度、统一数据服务、全流程综合监控等各项具体工作，为冬奥会和冬残奥会的赛事气象服务保障工作提供了强有力的信息技术支撑。

冬奥气象的信息技术保障——从信息支撑能力建设如冬奥通信专线、高性能计算系统、统一数据环境、冬奥全流程监控系统、冬奥气象综合可视化系统等的建设，到信息业务运行保障如软硬件系统运维、网络安全保障、视频会商调度、冬奥数据服务等，都离不开专业技术人员和各开发、运维公司的参与。作为冬奥北京气象中心信息技术保障团队总体协调组组长和北京市气象信息中心综合办公室主任，我的工作任务是按照团队要求进行各项工作协调，沟通内外，协调左右，联系四方，协助项目负责人从方案评审、中期评估、结题验收等方面扎实推进项目建设，严控项目执行中的内部风险，组织运维团队制订应急预案，并协调外部单位做好疫情防控工作。此外，按照北京市气象局要求，在2021年10月到2022年1月26日期间，执行冬奥准备期工作周报制度，“相约北京”赛事、冬奥会和冬残奥会期间，执行工作日报制度，我负责信息中心工作情况汇总把关上报，累计编制周报15份，日报54份，协助领导班子在赛中、赛后及时开展工作总结，对测试赛、冬奥会和冬残奥会期间，信息中心在冬奥气象保障工作中各项保障工作开展情况、取得的经验、存在的不足、改进的思

用而又精雕细琢的砖瓦，我们才能够又快又好地建起一座座漂亮的冬奥保障大楼。多方的支撑给了我源源不断的力量，团队的合作让我拥有坚强的后盾。我们每个人都很渺小，却共同做着一件伟大的事情，如同一滴一滴的水珠最终汇聚成江河。那些我们一起奋斗的日子啊，感动了自己也感动了他人。

时间从来不解风情，总是在人期盼时变慢，而又在人不舍时飞驰。还记得动员大会上我们一起唱的那首《一起向未来》，如今却已奏响了冬残奥闭幕式的华章。感觉似乎刚刚还在那里研究产品和预报结论，但是冬奥保障却已经悄然结束。曾经觉得漫长的日子，如今即将成为过去，在时间长河里渐渐流逝。然而，那些预报中的经验和教训，那些保障过程中存在的问题，那些宝贵的产品技术研发成果，终将成为我们的财富。那些我们一起奋斗的日子啊，是结束也是新的开始。

我们一起奋斗的日子啊，就是我们每天一起工作的无数个平凡的日日夜夜，是预报员们的每一个日常，在过去、在现在、也在未来！

贴心服务，为冬奥开（闭）幕式保驾护航

张子曰

作者简介：张子曰，1988 年 1 月出生，来自北京市朝阳区气象局，冬奥北京气象中心开（闭）幕式工作部国家体育场运行团队副经理。

2021 年 11 月，我受北京市气象局委派，加入北京 2022 年冬奥组委开（闭）幕式工作部国家体育场运行团队，主要负责协助团队开（闭）幕式风险防控，负责编制极端天气应急预案。

开（闭）幕式受全球瞩目，我接到进驻任务以后，感到巨大的责任和压力。在了解到这边才实行场馆化运行不久，刚开始工作时一头雾水，国家体育场运行团队下设 53 个业务领域，我对每个领域承担的工作和内容都不熟悉。我所在的风险管理领域也是刚刚组建的，组成人员来自不同部门，互相不熟悉。在这样人生地不熟的情况下，如何将工作开展好是我面临的第一个挑战。在我进入团队的第二天，一个契机悄悄降临，11 月 4 日预报 5—7 日有一次明显雨雪天气过程，涉及雨雪转换，降雪强度很大。我意识到这会对团队的工作有影响，一定要将雨雪天气情况和严重性告诉大家。我所在领域的负责人是北京市应急管理局姜波处长，他对极端天气影响十分敏感，在了解情况后，主动要求我参加场馆当日的调度例会。在会上，我将 11 月 5 日几点开始降雨、6 日几时转雪、7 日几时降雪结束，以及当次累计积雪深度进行了详细汇报，并利用电脑结合卫星云图以及预报产品，将天气演变、影响时段以及影响范围进行了动态展示。分管演出仪式的王军副主任根据我的汇报，与会各领导进行详细研判，最后果断取消 6 日全天和 7 日上午排练工作，调整为 7 日下午降雪结束后进行排练。5 日雨雪如期而至，累计降水量 18.9 毫米，场内最大积雪深度 8 厘米。正是通过这次服务，全团队都感受到了气象预报的精准，也是这次服务让我一下子打开了整个工作局面。从此，每天 17 时的天气情况及预报成为演出仪式调度例会上必备的重要内容之一。

除了日常气象工作外，我所在的领域主要负责梳理每一次演练和彩排过程中的风险和挑战，同时还需要完成所在领域的工作任务。一方面，参与5轮风险评估工作，主要负责对接舞台装置归口下的10个业务领域，动态掌握4个仪式日、筹备期、转换期等不同阶段存在的风险与挑战，评估对仪式正常进行的影响程度。另一方面，作为场馆内唯一的气象人，被安排另一项重要工作，负责制订国家体育场运行团队极端天气应急预案。在制订的过程中，要求了解各业务领域对极端天气的敏感情况，从发现问题到组织解决问题，然后形成处理机制，最后成为预案的一部分内容，历经多次修改，才完成定稿。通过组织极端天气应急演练，检验各领域在极端天气下的工作配合和处置流程，使预案更具有可操作性和实战性。通过准确的预报服务和有效的预案制订，国家体育场团队成功地应对了2022年1月22日和1月30日两次冬奥会开幕式彩排日当天降雪天气过程，2月28日和3月2日残奥会开幕式彩排大风天气，3月4日残奥会开幕式当天大风沙尘天气，以及3月13日残奥会闭幕式降水等9次高影响天气过程对开（闭）幕式工作的影响。

为了更好地应对极端天气对开（闭）幕式影响，做好国家体育场极端天气的监测工作，我配合北京市气象局完成了场内“4+4+1”气象要素监测站点的设置。在开幕式期间为相关领域应对极端天气，提供重要的气象数据支撑。为了确保监测设备的可靠运行，利用冠顶非闭环时段开展冠顶观测设备检修维护工作。根据团队的工作需要，将气象设备部署在垂直冰瀑上开展气象要素监测，将北京市气象局冬奥服务平台以及现场实时气象监测信息接入现场指挥部，实现在指挥大屏上的实时显示。

最后，感谢北京市气象局党组对我的信任，让我有幸参加举世瞩目的冬奥会开（闭）幕式现场服务保障工作。我能在前方做出让各部门满意的气象服务，离不开后方北京市气象局各单位有力技术支持，特别是翟亮首席对几次过程的稳定预报，让我在前方能够从容应对各种极端天气的挑战；我对气象部门能有这样的精准科技和这样的技术团队，感到非常自豪。这次服务注定成为我人生中不可磨灭的一段珍贵经历。

向榜样学习，丰满羽翼，挑战自我

张 芳

作者简介：张芳，1985年10月出生，来自国家气象中心天气预报室，国家气象中心北京冬奥会气象服务保障预报服务专家组成员。

作为冬奥气象保障预报服务专家组的一员，从2021年的测试赛到2022年的正式比赛保障，亲历下来最深的感受有以下几点。

不积跬步，无以千里。正如运动员们奔赴各自战场需要日复一日枯燥努力的训练一样，山地气象的复杂性、精细化预报的高难度都是我们需要通过天气实践不断去体会和学习的。天气预报室冬奥和冬残奥气象保障专家组自成立以来，除了多次邀请驻派前线赛区的同事进行有针对性的山地气象预报技术培训，从2020年冬季开始一直到2021年春季，严密跟踪冬奥气象保障测试赛，期间根据自身定位和服务需求不断改进会商内容，明确职责，并按照赛事天气要求与相关开发单位紧密合作，满足精细、精准的预报需求。测试赛结束后对整体模式和客观产品表现及主要高影响过程进行了多次深入的复盘总结，正是这种长期充分的储能才使得我们在冬奥和冬残奥会正式进行时能做到有条不紊，成竹在胸。而我在这一系列的前期准备工作中，与同事们一起，认真面对每一个环节，不断向首席前辈们请教、学习，做到积极参与、沟通、思考，努力充实自我。

发挥优势，全面开花。从前我以为做气象保障是单方面的“面面俱到”，真正参与下来，发觉并不是如此简单。对于不同的服务对象，要了解“客户”的具体需求，多沟通多交流，才能有的放矢。在冬奥和冬残奥会期间，团队主持火炬传递、全程参与开（闭）幕式等关键时间节点以及各赛区高影响天气过程的预报服务工作，每一次都要确定重要预报结论。在中期预报发面，要充分发挥技术优势，重点抓过程，例如对 2 月 12 日前后雨雪和 3 月 7—10 日升温等高影响天气过程均提前 10 天以上做出准确预报；对赛事高影响天气，短期和短时预报要精准、精细，以 2 月 12 日凌晨雨雪过程为例，提前 72 小时对过程起止时间、降水相态、累计降水量以及山区可能伴随的分散性雷电做出准确预报，这样才能在会商指导、决策服务等方面发挥积极作用。

认真细致，分工明确。在每次冬奥和冬残奥会正式会商前，专家团队都会组织以讨论分析为主的内部会商，旨在明确正式会商的重点，剖析充分，抓过程、把细节，实时了解前线具体需求，为正式会商的高效率、有重点做足准备。这一点我深有感触，尤其是在 1 月 14 日第一次会商，正好是我值班，当时心里多少有点犯怵，感谢当时指点我的张芳华首席、杨舒楠首席以及其他一起值班的同事，在大家的讨论中我逐渐明晰了会商重点，也克服了紧张焦虑的情绪。其实每一次会商结论的给出都是一点一滴的紧张、智慧、经验的组合，在团队的微信群里，不断跳出的信息，有前方实况，更多的是对即将到来的天气细节的讨论，尤其是临近时效，专家组成员个个化身“抠图达人”，更是时刻盯着已有实况推敲最新预报结论。

持续坚守，团队协作。带队首席们气象保障工作经验丰富，带领团队保障人员有条不紊开展工作，起到了很好的风向标作用。因为保障周期较长，每日的坚守就显得十分可贵。张芳华首席从 1 月 14 日第一次会商开始到保障结束，几乎每天守在单位，春节假期也未休息一天。她出色的专业能力和坚韧不拔的品格极大地鼓舞了我，虽然在 1 月 21 日值班期间我正好咳嗽比较严重，但是也认真坚持了下来。在保障期间，由于要经常使用与研发室等技术保障单位的客观预报产品，在使用过程中也对产品类型及其精细化程度等提出了意见和建议，这种良好的正向循环，使我感受到了团队协作的巨大正能量。

展气象“铁军”风采，保冬奥后方阵地

张芳华

作者简介：张芳华，1976 年 9 月出生，来自国家气象中心天气预报室，国家气象中心北京冬奥会气象服务保障预报服务专家组组长，公安部北京冬奥会焰火燃放安全工作专班专家组成员。

2022 年 3 月 13 日 21 时许，国家体育场冬残奥会主火炬缓缓熄灭，为期 10 天的北京 2022 年冬残奥会胜利闭幕，这也标志着整个冬奥盛会圆满落下帷幕。

北京冬奥“简约、安全、精彩”，气象保障精准、及时、给力。

回首在中央气象台参加冬奥气象保障服务的 59 个日日夜夜，此刻，心中沉淀下来的是满满的自豪感与成就感。

冬奥期间所有的关键时间节点和高影响天气过程预报服务都有中央气象台的身影。与以往重大活动气象保障不同，这次我们派出 6 位预报员赴赛区、场馆和主运行中心以及中国体育代表团执行冬奥现场保障任务，后方还有 23 名预报服务人员以及强大的技术和平台支撑小组驻守大本营。团队阵容超级豪华，技术力量异常雄厚。我们 24 小时待命，根据各方需求，主持或参与百余次会商和汇报，发挥技术优势，把关重要结论，并提供精准的客观预报产品和精细的决策服务产品，竭尽全力为前方团队和有关部门提供强有力的预报支撑，也成为了前方保障同事心目中最强大的后盾和主心骨。

冬奥气象保障对中长期天气预报提出越来越高的要求，中央气象台很好地发挥自身特有的技术优势，积极组织内部会商，凝聚集体智慧，对开（闭）幕式天气以及 2 月 13 日强降雪、3 月 7—10 日异常升温等多次高影响天气过程均提前 10 天以上做出准确预报，为赛会各项安排提供科学的参考依据，并留出宝贵的调整时机。记得 1 月 23 日中期内部会商那天，恰逢大雪过后的周末，天冷路滑，但是大家都准时来到会商室参加讨论；就连没有承担保障任务的中期首席，也特意赶过来提供宝贵的参考意见。我们开发的中期相似环流预报、集合预报等客观预报技术，以及预报员长期实践形成的综合研判能力和宝贵的预报服务经验，是成功预报、科学服务的制胜法宝。

冬奥气象保障对气象要素精细化预报也有很高的要求，而复杂地形下精细化气象要素的预报则是世界性难题。为了更好地服务冬奥，我们提前 2 年就组织开展相关技术培训，每位预报员更是利用一切机会主动学习和实践，总结不同天气形势下赛区气象要素的变化规律，评估不同场馆的数值模式和客观产品预报性能，归纳山地与平原、单点与区域的不同预报着眼点。大家或沉思，或讨论，或蹙眉，或兴奋，模样是那么可爱和可敬，深深地刻在我的脑海里，难以忘怀。正是得益于气象铁军敢打硬仗、团结协作、精益求精的工作作风，我们才能克服一个又一个困难，赢得一个又一个胜利。

“铁军”团队铸造“铁军”精神，“铁军”精神成就“铁军”团队。我们连续作战，日夜坚守，错失了春节与家人团聚共享天伦的幸福时光，只为了预报更准、服务更细，技术支撑更有力；我们曾经为了一个关键的预报结论，甚至为了 1 ℃的温差、1 米 / 秒的风速和 1 毫米的降水量反复推演和讨论，为伊消得人憔悴；我们没有站在保障服务的最前线，却在不为众人熟知的地方辛勤工作，默默付出，衣带渐宽终不悔。要问这一切是否值得？那疲惫的身形下掩盖不住的笑意，已经给出了最好的答案。

我们在北京冬奥的另一个赛场上，生动展示并深刻诠释了中央气象台的“铁军”风采，牢牢守住了冬奥气象保障的后方大阵地。顾全大局、团结协作，不畏艰难、恪尽职守，精益求精、追求卓越，这些宝贵的精神财富，也将带领我们走得更远，变得更强。

精细评估，精准预测，气候服务护航冬奥

张潇潇

作者简介：张潇潇，1990 年 7 月出生，来自北京市气候中心，冬奥北京气象中心气候预测主班。

2018 年夏天，新入职的我刚走进北京市气候中心，就被赫然映入眼帘的荣誉墙吸引，“北京奥运会气象服务先进单位”“党员奥运先锋岗”“冬奥申办突出贡献”……在赞叹不已的同时，我深刻感受到气象人肩负的非凡使命和坚实责任。此后三年，我作为气候中心冬奥气候预测主班光荣地承担了北京冬奥会和冬残奥会气候预测和评估服务保障工作，为冰雪盛会积极贡献气候力量。

精益求精，做细做实气候风险评估

连续两年参与气候评估工作，主笔冬奥会和冬残奥会同期气候背景分析及风险评估决策服务材料 50 余份，一是针对冬奥赛区开展高影响天气（高温融雪、大风沙尘、连续低温等）气象风险分析以保障赛事运行；二是针对仪式活动开展开（闭）幕式气候风险评估、极端天气应急预案编写、火炬接力气候背景分析以支撑活动统筹部署。前述材料均凸显了对极端天气应对的高度重视和严阵以待。

印象最深的是与国家体育场运行团队演出仪式处商讨撰写决策服务材料的过程，经反复沟通讨论，所有高影响天气发生的可能性、不同关键时段和重点区域的对比、最极端的情形都被细细地捋了一遍又一遍，让我感受到重大活动保障万无一失的坚强决心，也让我深切体会到为实现多角度、全方位的支撑目标，必须尽百分之百努力做细做实。

筑基垒石，锲而不舍做好精准预测

通过前两年测试赛气候预测服务，气候中心及早行动、自夏及冬滚动会商，形成了“跨季节—季节—月—延伸期”多时段气候趋势及重要天气过程的研判思路，奔“早”而行，向“准”发力，为实战积累宝贵经验，也正是因为在测试赛期间提前 4 周成功锁定寒潮雨雪过程时段，实战预测也更有底气。

临近 2022 年春节，新一期冬奥气候预测服务专报出炉，会商预计“冬奥会期间赛区降水偏多，2 月中旬有两次冷空气过程伴有降雪，18 日前后风力较大”。半个月后，降雪和大风如约而至，比赛日程也随之有序调整。冰冻三尺非一日之寒，能较好地把握冬奥会期间的主要天气过程，得益于战线前移、超长待机的提前演练，始终紧盯大气环流形势发展和过程演变趋势，不断总结经验，筑牢了气候预测前沿阵地。

团结协作，激励成长

测试赛期间打过的硬仗历历在目，极端降雪、极端低温、极端高温和沙尘天气轮番上阵，实战面临的挑战可想而知。身边榜样的力量持续激励着我，促使我不断学习进步，直面挑战、扛住压力，大胆交出答卷。

单位领导知重负重、坚守一线，不断细化任务清单，提供了坚实后盾，一起与时间赛跑、应对接踵而至的考验；首席专家指导把关，在机理研究和统计诊断基础上加密分析，带动我科研与业务相结合；兄弟单位聚智合力，同心同行，使我能综合运用多种手段和工具"武装"精细化预测；前方团队反馈各方需求和气候预测服务产品应用情况，使我及时完善服务产品，深耕后方，不断提升评估和预测针对性……

千日攻坚，奋楫笃行

重大活动保障，气候预测先行，趋势展望早把握；超前部署谋划，气候评估支撑，极端风险早应对。团队风雨同舟，团结协作，目标一致，以最高标准助力冬奥精彩。

见证非凡冰雪盛会，与有荣焉！冬奥归来，收获满满，在启程之初，我从未想过气候服务保障可以开展得如此细、如此深、如此广。攻坚克难的一千多个日夜，我不断充实自己，积累了重大活动服务保障的全流程经验，养成了面对复杂任务时积极冷静、从容不迫的心态，从新手成长为经实战磨砺和风雪淬炼的预报员。

五环破冰而来，开启冬奥北京时间，雪花如期而归，"双奥之城"永载史册。比赛有终点，服务无止境，盛会闭幕，梦想永不落幕。冬奥有我，奋斗有我，我将铭记这个奥林匹克冬天里的拼搏、责任和担当，昂首奔跑，逐梦前行！

人影新型探测资料应用的魔术师

陈羿辰

作者简介：陈羿辰，1983 年 10 月出生，来自北京市人工影响天气中心，冬奥北京气象中心人影监测小组组长。

北京 2022 年冬奥会开幕式已经过去"许久"，现在回想起来还感慨万千、心绪激动。北京冬奥会保障和其他历次重大活动保障存在着巨大的差异，比如首次在冬季举办，首次在山区举办，等等，这都给我们带来了不小的难度和挑战，因为冬季降雪观测、降雪机制、人工增雪技术研究在国内还非常欠缺，很多领域还处于空白阶段，而我有幸成为了一名冬奥人影技术发展的亲历者。

2011 年 6 年，我毕业后来到北京人影办（现人影中心）从事偏振雷达观测、人工增雨雪和防雹工作。2015 年 6 月，北京申办冬奥会成功，随之北京人影正式进入了冬季云降水观测建设和冬奥科技攻关时代，而我们，临危受命，组建监测预警团队，负责新型探测设备产品研发、重要天气监测预警和快速物理效果检验等工作。2022 年伊始，我们团队以"敢于攻坚、科技至上、精益求精”的精神正式踏上冬奥保障之旅。

科学分析，探求天气规律

在北京冬奥保障前，我们监测预警团队完成卫星、雷达和云高仪等 11 类探测设备数据分析，获得保障时间段近十年的云系特征，形成科学的技术报告，为重大活动保障技术方案提供有力支撑和科学依据。

精益求精，把脉天气脉搏

冬奥保障需要高效、精准的天气实况综合监测预警分析，所以基于人影云降水特种观测设备运行保障就显得十分重要。保障期间，人影中心共有闫家坪等 9 个地基云物理监测站，主要有 20 种、共 49 套新型探测设备。为确保冬奥会期间特种观测设备运行万无一失，我们制订了《重大活动特种观测设备保障方案和应急预案》。团队分工合作，一方面 24 小时远程监控，确保设备正常运行和数据实时传输；另一方面加强设备巡检、维修和标定，确保数据质量准确可靠。整个冬奥期间，我们全面巡检和故障排除 20 多次，做到冬奥保障期间重要天气过程数据零失误。

除此之外，我们团队还研究了各种探测设备的特点和优势，大到卫星和雷达，小到微波辐射计和雨滴谱，经过 40 多次不断修改和完善人工增雪监测预警方案，设计出了监测预警专报，向指挥中心及时提供包含云系距离目标区距离、移动速度、多少时间抵达目标区、降水云系类型、云顶高度、零度层高度、−5 ℃层高度、不同高度层风向风速、云中粒子相态等重要信息的监测预警产品，为有效抓住作业时机提供科学依据和支撑。

创新探索，揭示催化奥秘

2022 年是一个特殊的年份，降雪次数是近几年来最多的一年，人影服务经历了多次重要天气过程考验。我们团队身先士卒，扛起了保障过程中作业效果物理检验重担，由于要求时效性和科学性极高，对我们团队来说是一项严峻的考验。团队同志以扎实过硬的专业技术水平，利用多波段雷达、微波辐射计等多探测设备研发出了水凝物粒子相态分类、粒径大小、数浓度等十几项二次产品，从人工增雪作业前后云系宏观结构和云中微物理粒子相态变化来分析催化作业效果，尤其是通过组网雷达三维云系结构分析实际催化位置，可以更加精准揭示人工增雪催化剂是否播撒到有效部位和作业前后变化，从作业效果物理检验层面来讲是一次重大进步。

为提高重大活动保障监测服务能力，一方面建议重视雷达等特种观测数据库和数据分析系统建设，可以准确快速提供针对不同需求的重大活动云降水背景分析数据，供服务保障团队使用；另一方面建议加强新型探测设备研究队伍的建设和新型探测资料融合技术的研究，确保监测预警有底气，作业指挥有依靠。最后，希望年轻人要发扬艰苦奋斗、自主创新精神，发挥团队优势，推动首都天气业务、科技、重大活动服务能力达到世界先进水平。

需要是气象人的冲锋号

武辉芹

作者简介：武辉芹，1973 年 5 月出生，来自河北省气象服务中心，负责冬奥期间交通气象服务。

“北国风光，千里冰封，万里雪飘……”，九州大地却是一番火热景象——时隔 14 年，奥运火炬再次照亮北京夜空，冬奥会拉开帷幕。在 2022 年冬奥会举办之际，我有幸作为冬奥交通气象服务的一员来到张家口，参与冬奥交通气象服务值班，这是我终生难忘的一次“旅程”。

任务下达，喜忧参半

2021 年 1 月，我接到通知要参加冬奥交通气象值班。刚接到任务我喜忧参半，高兴地是自己能参与到冬奥气象团队中，为我国重要历史节点的重大标志性活动奉献自己的微薄之力；忧虑的是虽然自己有多年专业气象服务的经验，但依然担心自己做得没有足够好。于是，我加班加点地学习冬奥交通服务的内容、产品以及制作服务流程，掌握冬奥交通相关的平台、系统、数据资料等，为做好交通气象服务做准备。

服务期间连连“闯关”

工作环境上“闯关”。为保障奥运期间网络安全，初到张家口就遇到了内外网分离，值班计算机不能同时连接内外网，然而制作交通服务产品的参考资料均是内网传递，最终的产品却需要通过外网发送至各个用户，最终用 U 盘拷贝，解决问题。

预报时间上“闯关”。冬奥交通气象服务主要负责交通 17 个关键点和 4 个停机坪的降水、气温、风向风速等要素的逐小时精细化预报，其中 17 个关键点的预报 1000 多个数据要在 1 小时内完成。为保证产品能在规定时间内完成，制订了预报数据的制作和订正流程，保证了服务产品的及时性。

预报经验上“闯关”。在工作中我们一边根据天气实况分析当地气温、风速等变化特征，一边向当地的气象员请教该地的气候背景，以及典型微地形气象特征，他们都热情耐心地给予了讲解，通过他们的讲解，了解到在怀来和涿鹿北部的鸡鸣驿附近，由于“咽喉”地形特征，导致该地风速异常偏大。通过冬奥期间的气象服务发现 EC 模式的 10 米风场预报中，即使模式预报的风速大小一样，但风向不同时，实际风速存在很大差异，如果是西北风向，那实况风速一般偏大，若是偏南风向，则实况风速偏小。

住宿上“闯关”。来到张家口后，在生活上张家口市气象局同志帮助我们联系住宿，在受疫情影响，原来住的旅店被征用后，又积极和旅店沟通联系新的住处，在新旅店通知要求搬离后，张家口市气象局的同志们又积极和旅店反复沟通，阻止了再次“被转移”。张家口的天气很冷，但张家口的人却很热情。

来到张家口后切身体会到张家口的气温低，风大，今年的雪多。2022 年 2 月 12—13 日，张家口出现降雪天气，恰逢我值班，早晨由于天气还早，降雪在持续，旅店大门前的瓷砖地面出现一层积雪，人在上面根本就站不住，这出不去怎么办，我及时咨询前台服务人员，通过员工通道出来，按时到单位完成交通预报的加密制作。整个 2 月，张家口的气温异常偏低，白天最高气温常在 −6 ℃左右，张家口特有的河谷地形使得午后风速又很快加大，风大气温低让人感到异常寒冷。

总结经验，一起向前

冬奥气象服务期间，河北省气象服务中心共有十多位人员参与其中，崇礼一线有 4 位，张家口两位，其余同事在河北省气象局。服务范围包括山地场馆气象预报、重要交通干线气象预报、行业网站开发等，囊括了天气预报制作、行业气象产品加工、发布一系列环节。在疫情不断出现的情况下，大家众志成城，圆满地完成了冬奥气象保障工作，取得可喜成果，通过冬奥气象服务，了解到山区复杂地形的气候特征，不同地形下气温变化特征，山区风速的分布特征，提升了预报能力。河北省气象服务中心作为气象服务窗口，将引进冬奥气象科研成果，使其业务化，提升气象预报服务能力，为早日实现中国梦而努力。

不忘初心、牢记使命，让我们一起向未来！

观风云变幻，伴冬奥前行

林曼筠

作者简介：林曼筠，1968 年 10 月出生，来自国家卫星气象中心卫星数据与资源室，冬奥气象保障服务期间负责计算机平台和网络安全技术保障。

当得知北京成为“双奥之城”，身上沉甸甸的责任让我们在期待与喜悦中提前进入了准备状态，开始为气象服务保障厉兵秣马。

担当，责无旁贷，先吾着鞭

为全面落实中国气象局关于冬奥会气象保障决策部署，国家卫星气象中心领导高度重视冬奥服务，处室领导多次动员要求全处员工提高政治站位、全力以赴做好冬奥服务。

2022 年 1 月 27 日，农历小年刚过，中国气象局宣布进入北京 2022 年冬奥会气象服务特别工作状态，国家卫星气象中心根据要求开启了卫星遥感保障服务冬奥气象的“战时”工作状态，全中心积极响应，迅速启动了全流程业务冬奥气象保障服务模式。我们卫星数据与资源室成立了 IT 平台、网络安全和数据服务等多个冬奥技术保障小组，认真梳理重点工作，制订服务方案，排查风险隐患，提前研判处理，对风云四号 B 星数据服务、风云直播、冬奥产品分发等重点工作进行重点保障。

创新，求索不止，精益求精

卫星云图是支撑气象服务保障的重要产品之一，为了向冬奥服务提供更高时空分辨率的云图产品，我们提前部署开展了基于深度学习算法的云图超分和加密技术攻关，成功在GPU集群实现了云图空间超分辨率、时间频次加密的业务化处理，实现每分钟一次标准云图输出（可见光云图250米、红外云图500米空间分辨率）。

在上述工作的基础上，团队攻关突破了昼夜不间断可见光云图这一难题，采用基于条件生成对抗网络的高分辨率图像合成及语义处理算法实现了业务化的模拟全天可见光产品生成，该产品让我们能够为预报员提供24小时可见光云图服务。

风云四号B星GHI 1分钟时间分辨率观测对于识别中小尺度天气系统、提高短临预报准确性有重要作用，为了更好地发挥这种观测能力，将GHI产品及时提供给用户，我们团队攻关解决大数据量的产品发送和分钟级产品发布时效两大难题，实现了为冬奥平台提供在原图送达数据服务系统后平均40秒左右的高时效视频流发布，使冬奥指挥平台和气象保障系统能够直观看到高清晰的风云卫星实时云图。

这些创新产品是我们为冬奥气象保障服务的热点和重点，还没有正式进入业务化运行就受到广泛关注。为了向冬奥专题会商准备云图素材，为中央气象台、北京市气象局的冬奥保障及专题会商提供良好的数据和云图保障服务，我们起早摸黑火速上线新产品和服务模式，边测试边服务，全力满足各方用户需求。

高效，夙夜不懈，庭无留事

“简约、安全、精彩”是本次北京冬奥会和冬残奥会的办赛目标，为了保障业务平台安全运行，我们团队共完成巡检1604次，及时发现并处理故障硬件和风险隐患等128次，冬奥服务期间平台运行成功率100%。网络和信息安全防护有效，完成巡检360人次，及时发现并处置各类故障及安全威胁，累计发现攻击10924次，均及时研判并快速处置，实现冬奥服务期间信息安全零事故。数据产品服务精细到位，冬奥服务期间共分发约50万份文件，近6TB，分发成功率100%。

北京、延庆、张家口三个赛区两个冬奥期间，先后共经历了降雪、大风、沙尘等9次高影响天气过程，风云卫星云图和产品为冬奥会开（闭）幕式和赛区场馆雨雪大风天气的精密监测、“百米级、分钟级”精准预报和精细服务提供了有力支撑，助力赛会安全精彩，充分发挥了气象卫星在气象防灾减灾中的“大国重器”作用。

奥林匹克精神在于自强不息，战胜自我、超越自我。我们在气象服务保障中也在不断战胜困难、超越过去成绩，在这次高度紧张的服务保障过程中，我们团队不辱使命，圆满完成了平台保障和数据服务两方面任务，伴随赛事共同成长。回想那些天的星光，相信这次经历必将促使我们成长为更加团结优秀的风云人。

迎难而上，保驾护航

金晨曦

作者简介：金晨曦，1989 年 12 月出生，来自北京市气象服务中心，冬奥北京气象中心延庆赛区直升机紧急救援气象保障服务负责人。

冬奥直升机救援是冬奥会雪上项目顺利举行的重要因素之一，气象保障又是直升机飞行的重要条件，作为冬奥直升机救援气象保障的负责人，能够在这样重大的活动中贡献自己的力量，深深感到自豪和幸运。回首这几年备战冬奥直升机救援气象保障的点点滴滴，感触良多。下面分享三点体会。

迎难而上，勇于挑战

起初，冬奥直升机救援气象保障面临极大的困难。一是山区气象条件复杂。历届冬奥举办地都是在沿海，处在海洋性气候背景，我国处于大陆性气候背景，温差大，带来的风力变化更复杂。尤其是山区风切变和湍流强度更明显，直升机在飞行及救援悬停高度上将面临更大的风速和更强的风切变。二是冬奥气象服务团队主要负责场馆和赛道的气象保障，重点关注地面气象要素。因此，冬奥赛场气象站基本为地面观测，缺少垂直高空观测。三是航空气象保障属于专项气象保障，需要专业气象保障知识及经验积累，索契和平昌冬奥会中直升机救援保障服务均非气象部门承担保障服务。气象部门尚未系统开展直升机气象服务业务工作，尤其是对直升机救援影响较大的高空风、直升机积冰、山地低能见度等影响要素，气象部门缺少相应专业知识、监测能力及服务预报经验。但是组织把这项艰巨的任务交给我们，就是对我们的信任，我们只有鼓起勇气，接受挑战。

凡事预则立，不预则废

为了做好冬奥直升机救援气象保障工作，2017 年开始我们从调研学习、科技攻关、方案制订、应急演练等几个方面做准备。（1）调研学习。参加了北京、上海、重庆等地举办的空中交通展览会、通航发展论坛；赴国家气象中心航空气象保障团队、国家电网通航公司、沙河机场直升机气象保障团队等交流学习；多次对接冬奥直升机救援单位北京市红十字会 999 急救中心，与直升机救援调度人员、机长、医务人员座谈，了解他们的气象服务需求。整理撰写了《关于低空紧急救援气象服务模式》的调研报告。（2）科技攻关。依托北京市科学技术委员会和“科技冬奥”项目，开展了航空气象服务关键技术研究，利用模糊逻辑算法和综合指数方法，基于北京睿图精细化数值模式结果，建立了飞机积冰和颠簸预报模型，研发了 1000 米分辨率的精细化气象风险产品。建设了专门针对冬奥直升机救援气象保障的业务服务平台，可快速提供延庆赛区停机坪、机库和定点医院等敏感点的气象信息。（3）制订实施方案。从气象保障需求、目标、主要任务、气象设备和人员团队配置多个方面制订了详细的实施方案，并与冬奥组委运动服务部和北京市红十字会 999 急救中心积极沟通，不断打磨，最终确定气象保障产品和服务方式。（4）应急演练。针对疫情防控要求可能出现的核心保障人员隔离、业务服务系统可能出现的被攻击、高影响天气可能造成的突发性事故等问题进行了多次详细的演练，确保万无一失。

团结就是力量

为确保冬奥气象保障工作精益求精，北京市气象服务中心实行 24 小时三级带班值守和应急值班制度，建立冬奥气象服务首席岗和副首席岗双首席制度，增设冬奥直升机救援气象保障专班和高影响天气应急岗，在人员组织上做到提前安排，全力保障冬奥直升机救援气象服务。北京市气象服务中心与冬奥直升机救援团队北京红十字会 999 救援中心建立每日早通气更新气象需求、晚沟通反馈服务效果的机制，每日早、中、晚发布 3 期《延庆赛区直升机救援气象服务专报》，提供延庆赛区停机坪、机库、救援医院和山顶气象实况和预报信息，冬奥会和冬残奥会期间共发布 115 期专报。团队上下配合，零失误圆满完成了冬奥直升机救援气象保障工作。

本次保障圆满成功，最大的收获就是，以后工作中无论遇到多大的困难，都有信心完成任务。

气象预报助力奥运赛场

周宁芳

作者简介：周宁芳，1975 年 6 月出生，来自国家气象中心天气预报室，国家气象中心北京冬奥会气象服务保障预报服务专家组成员。

2008 年 8 月，北京第一次举办了夏季奥林匹克运动会，当时我还是一个入职两年的年轻预报员，参与不多，但目睹了气象人精彩纷呈的气象保障过程，那时就对预报员这份工作心生敬意。转眼 14 年过去，北京再次携手奥林匹克，在三个赛区成功举办了冬奥会和冬残奥会，而我非常幸运地作为气象服务保障预报服务专家组的一员参与了这一盛事，过程虽然很辛苦，但成功之后的喜悦和荣耀更加难以言喻。

锐始者必图其终，成功者先计于始。为了这次冬奥气象预报服务，中国气象局提前几年就已经开始整体布局，气象观测网的搭建，高分辨率的区域数值模式开发，模式后处理以及智能技术应用早早就在之前的几个测试赛展开了试验应用，边开发边改进，就为了 2022 年的 2 月和 3 月给预报员提供有利的支撑。我们预报员需要做的就是对这些支撑产品的熟悉应用，并利用自身专业的知识针对赛事服务需求提供可靠的天气预报结论。

奥运赛场上，各国运动健儿奋力拼搏，创造一个个世界纪录，气象工作者们也同样在自己的工作岗位上默默奉献，不眠不休，就为了及时、准确预报出天气图上一次次波动会给赛区带来什么样的天气。预报组成员每天都聚在电脑前认真地讨论，认真对待每一次固定的或者临时的天气会商。中期预报由于提前时间早，服务需求更加强烈，而随着预报时效延长，数值预报偏差也更加明显，预报结果起伏变动也是家常便饭，因此做预报时的纠结研判，对预报结论的逐句斟酌，更需要丰富的经验积累和扎实的天气气候学功底。近两个月的预报保障服务，每一次天气过程和每一个关键节点的预报都成为我难忘的经历，带给我的不仅仅是预报服务经验的增长，更多的是让我感受到气象人严谨、团结、奉献、创新的精神，这也是我们气象高质量奋楫扬帆启程的体现。

落地的积雪会融化，大风沙尘会被清理，天气总是咋咋呼呼地来，悄无声息地离去。我们已经取得了冬奥会和冬残奥会气象保障的圆满成功，掌声已经从耳边消失，我们将继续不懈努力提升预报服务能力，防灾减灾任重而道远。

怀柔气象人的“冬奥”24 小时

单瑞娟

作者简介：单瑞娟，1988 年 10 月出生，来自北京市怀柔区气象台，冬奥北京气象中心怀柔区气象服务人员。

2022 年 2 月 20 日，冬奥圣火在国家体育场渐渐熄灭。这场令世人惊叹的冰雪盛会，画上了圆满句号。意犹未尽！当大幕落下，这是许多人对北京冬奥会的感受。

“从紧张地为冬奥气象服务做准备到结束，感觉日子过得特别快，一晃就过去了。就像是一位自由式滑雪运动员，为了冬奥会苦练了好几年，上场后完成了一套动作，也就是 1 分钟的事情。”在气象台值班的我感慨。

怀柔区气象局在 2022 年 1 月临时接到了要为冬奥提供气象服务保障工作的任务。日常气象保障服务自不必多说，给我留下极深印象的是 2 月 13 日这场大雪。

夏天的雨、冬天的雪是气象局工作最繁忙的时候，服务对象多，预报产品多，天气会商频繁。恰逢冬奥会，除了日常的工作，又增加了冬奥专项服务。13 日白天的雪，是整个过程最明显的降雪时间段，同时北京市气象局启动了加密应急响应，一小时加密观测一次。对于基层的气象工作者来说，不仅要做好预报服务，还要兼顾测报任务。

当天早上不到 08 时，我早早来到单位交接班，深知这种天气下，上个班的同事会很辛苦，所以尽可能早点儿接班。刚到单位，大大的雪花就纷纷扬扬地下起来了，赶紧向北京市气象台会商室汇报、上报 VIPS 系统、量雪深、观察降雪情况，然后在 ISOS 系统中完成加密观测。期间电话铃声不断响起，怀柔区应急管理局询问天气情况，领导关心最新的预报结论、降雪量信息等。08 时 45 分，虽然此时会商还没有结束，但第二次加密观测的时间到了，这一次不仅测量雪深，还去观测场查看了草温传感器和地温传感器被积雪覆盖的情况。回来时，头上和身上都是雪，顾不上掸去身上的雪，就赶紧进行数据录入。这时候电话铃声又响起来了，怀柔区领导要进行紧急调度，我马不停蹄地准备统计数据材料。随着雪越下越大，在怀柔区防汛服务微信群中，每小时发送一次雷达降水回波图，每 2 小时发布一次降雪量信息。09 时 10 分，怀柔本站降雪量达到 2.4 毫米。跟首席电话会商后，09 时 25 分发布了暴雪蓝色预警信号。由于降雪量大，微波辐射计和云雷达仪器被积雪覆盖。这些大型探测仪器在冬奥气象服务中，可以给预报员提供更多的数据参考，我扛着梯子、拿起扫帚，用最快的速度清理了仪器上的积雪。时间过得很快，09 时 45 分了，加密观测又开始了，量雪深，观看天气状况，上报信息……结束后，又坐回电脑前继续撰写气象服务材料。12 时我注意到怀柔有 2 个站的 4 小时累计降雪量即将超过 6 毫米，立刻向怀柔区气象局领导汇报拟升级预警信号。在怀柔区气象局领导请示怀柔区副区长的时间里，拟写了暴雪黄色预警信号内容；怀柔区领导同意后，立刻发布。13 时加密观测后，大型探测仪器再次被积雪覆盖，此时本站的积雪深度已达 10 厘米。我深一脚浅一脚地来到仪器旁边，清理工作比之前更难了。下午，怀柔区气象局领导在区里参加全市降雪工作调度会，16 时突然电话通知我，区长想看数值模式预报图；这个工作要求是之前没有的，想到动态显示，可以更直观，容易理解，立刻制作了小动画报送过去。17 时，发布了常规天气预报、电视节目，又进行了加密观测，跟进更新了天气专报内容。18 时，准时发出天气专报。在降雪应对工作调度会前，区长看到了专报信息，对降雪情况有了充分了解。19 时，雪渐渐地小了，电话铃也不再那么急促，会商室也逐渐安静下来，加密观测、雷达降水回波图服务、雪情上报等这些工作还在有条不紊地进行着。21 时，雪又小了些；经请示领导，考虑 22 时解除暴雪黄色预警信号。这时雪虽然更小了，但是一小时一次的加密观测没有停止……夜渐渐地深了，气象台依然灯火通明……14 日 08 时，一一做好交接班；一夜未眠的我，踏着厚厚的积雪，走在回家的路上，竟没有一丝困意。

雪停了，怀柔气象人的气象服务没有停，我会一如既往地做着普通的、平凡的、繁忙的气象工作。虽然镜头前没有我的身影，但是也还是默默地为冬奥会作出怀柔气象人的贡献。

北京冬奥安保队伍中的气象人

孟　磊

作者简介：孟磊，1986 年 10 月出生，来自北京市气象探测中心，冬奥北京气象中心反恐维稳气象保障团队队员。

2022 年 1 月 22 日下午，北京冬奥会安保指挥中心各成员单位于国家体育馆附近集结，800 多名安保人员整齐有序地进入即将开启 52 天“闭环管理”的工作场地。北京冬奥会和冬残奥会期间，这支安保队伍将成为赛事人员和与会人员最有力的安全屏障。在这支队伍中部，有 4 名来自北京市气象局的气象保障服务团队队员的身影。

缘起

可能有人会有疑问，气象服务和安保工作有什么关系？其实我也曾经有过同样的困惑。我于 2009 年加入“北京气象”这个大家庭，开始从事综合气象观测工作，2019 年初经单位推荐加入了北京市气象局重大活动现场应急保障服务团队。从那时候开始，气象服务就已经和安全保卫工作结下了不解之缘。安保指挥中心表示，气象保障服务团队的加入，能够更及时有效地提供当前天气实况和天气形势预测，为指挥中心反恐处突和重要决策提供有力的技术支持，让守护人民生命安全的防线更加结实、牢靠。

备战

作为气象保障服务团队的一员，同时也作为一名安保人员，我深感自身责任之重。我们不仅要开展现场应急气象观测，提供全方位的气象服务，还要随时做好面对突发事件与战友共同冲锋陷阵的准备。早在进入“闭环管理”两周前，我就已经将负责的观测试验科各项工作做好交接。在做好工作交接之余，紧急“充电”人工观测知识也是前期准备工作的重要内容。冬奥会现场情形瞬息万变，一旦出现“紧急情况”，就需要立即提供准确的现场气象数据，而“紧急情况”往往伴随设备故障、通信中断等问题，此时人工观测和现场口头汇报就成为最有效的保障手段。

实练

作为安保指挥中心的气象保障服务人员，与安保人员一样的“军事化管理”是必不可少的。六点半起床，七点洗漱完毕，七点半用餐完毕，八点集合，全天值勤上岗，定时开展气象要素观测，晚八点总结汇报，每两天一次全员核酸检测，每三天一次安全应急演练。这一切看似紧张而忙碌，而我们心里却都感到踏实而安稳，似乎只有这样，冬奥会保障的心理压力才能稍浅一分。

激励

因为特殊的工作性质和保密要求，安保指挥中心的气象保障服务并不像冬奥会赛场气象服务那样众所周知。每天机械性地工作平淡无奇，而我们从未因此沮丧。在这里，我们代表了所有气象工作者，我们时刻警醒自己要克服一切困难，全身心投入气象保障服务工作。冬奥会开幕当天，北京市气象局副局长牛国良赴应急现场慰问，了解了我们的工作条件和生活起居，通过谈话对我们的工作方式和心理状态进行了耐心指导，此次慰问给予我们莫大的鼓舞和激励。

艰辛

2 月 13 日的强降雪天气过程，保障服务团队为安保指挥中心提供了准确而详细的现场气象数据和天气形势预测，确保了当天的安全应急演练顺利完成。同时，气象保障服务团队在本次降雪过程中不畏艰苦、甘于奉献的精神也得到了指挥中心的充分肯定。4 名气象保障服务人员同步上岗，团队负责人王海龙连续坚守指挥部 16 小时，孟磊、石耀辉、李磊徒步赴 2000 米外的气象应急指挥车现场值守。气象应急指挥车与指挥部保持实时联络，值守人员定时汇报现场天气实况，午餐、晚餐只能靠泡面等速食品维持，期间累计开展云量、能见度、天气现象人工观测十余次，维护风传感器 3 次，调试卫星天线 2 次，维修车辆电源 1 次。这些看似平凡的工作凸显了不平凡的气象精神。

热爱

转眼间，52 天的“闭环”气象保障服务和一周的居家隔离期已经结束，虽然没有经历突发事件和前线作战，我们的气象保障服务工作已经达到了预期的服务效果。回归工作岗位，眼前的办公桌和业务平台都变得些许陌生，然而手指刚刚触及键盘的那一瞬间，就已经“满血复活”，找回了曾经的工作状态。气象，将是我一生的热爱！

自信坚定，做好冬奥信息技术保障

赵文芳

作者简介：赵文芳，1980 年 3 月出生，来自北京市气象信息中心，冬奥北京气象中心冬奥信息技术保障团队成员。

2022 年 3 月 13 日 20 时，北京冬残奥会闭幕式开始了。当中国国旗缓缓升起，中国国歌奏响的时候，我知道，这场精彩、非凡、卓越的赛事要结束了，北京与世界的冬奥之约也即将落下帷幕。当时的我，还坚守在值班岗位，也在努力地为冬奥会气象信息服务任务画上一个圆满的句号。这是一个值得纪念的日子，也是一个令我终生难忘的日子，情不自禁地回忆起来，有压力，有辛苦，更有收获。

气象信息工作贯穿整个冬奥气象服务的全过程，信息技术保障是纽带，没有流畅的信息，就不会有高效的气象服务。从 2014 年的海陀山建立气象站，过去了七年多，气象信息技术保障团队历经了无数次的攻坚和打磨，终于在冬奥会期间交上了满分答卷，实现了信息的全程融入，又“毫无感觉”。作为一名党员和信息中心的业务骨干，我很荣幸地加入了冬奥信息技术保障团队，承担冬奥数据环境和冬奥数据全流程监控系统的保障任务。冬奥数据环境汇集了中国气象局、京冀本地冬奥业务及科研等多项数据资源，参照集约化、标准化的要求，进行统一的处理和存储规范进行管理，提供统一服务接口，构成支撑预报服务应用的“冬奥气象数据一张图”，为冬奥业务系统及对外气象服务提供稳定、高效的数据服务。冬奥气象服务全流程监控系统主要包含两方面，其中，核心数据状态监控主要是指冬奥实况、预报、服务数据进行采集、分发、处理、存储管理及服务全流程的状态监控；业务系统状态监控主要包括一些核心业务系统运行状态的监控、系统健康度仪表盘等。

经过多次的升级和功能完善，冬奥数据环境和冬奥数据全流程监控系统于 2021 年底就进入业务运行状态，做好了迎接冬奥会的准备。我一边满腔热情地期待冬奥会的到来，一边也是用最恪尽职守和小心翼翼的态度来对待监控系统的保障工作。冬奥开幕式前期，我再次对冬奥数据清单、冬奥数据环境、冬奥全流程系统进行详细的排查，包括磁盘空间、CPU 使用率、内存使用率、关键进程状态等；仔细核对北京、河北冬奥实况站点信息、预报站点信息、场馆通报站点信息、ODF 站点信息和 C49 站点信息；对各类数据从传输、处理、存储到服务多环节的日志信息及统计算法进行了全面核实；对系统使用的 Kafka、ES 等组件进行了巡检和优化；从多方面对系统进行核查以确保系统能稳定运行，并为值班员提供正确的监控信息。

开幕式的那天晚上，我在值班，全程紧盯监控系统页面，当看到一排排“正常”“状态良好”“传输及时”“数据准确”不断冒出的时候，我悬着的心终于放下了；当烟火燃起的时候，我知道，开幕式的气象信息保障任务圆满完成了。为了提升整个信息服务水平，团队采用多种技术实现了气象信息全程自动化，接下来，该是“气象信息报告自动化”的表演时刻了。冬奥会期间，冬奥全流程监控系统一直稳定运行，每日定时自动生成运行日报，冬奥数据接口服务一直稳定运行，每类数据及时准确，响应平均时间在 600～900 毫秒之间；每天提供服务次数在 900 万～1000 万。随着冬残奥会闭幕式落下帷幕，我的保障任务也顺利完成了。

“心中有梦，坚持就会胜利”也是我最深刻的感受之一。团队的建立和打磨历经了七年多的时间，承担冬奥数据环境和冬奥数据全流程监控系统保障任务的我，也在这七年中顶住了各种压力，攻关了多项关键技术，和团队其他成员相互鼓励相互协助，最终顺利完成了保障任务，它带给我的使命感和成就感无可取代，将会相伴一生。能够参与冬奥会气象服务保障，为冬奥盛会贡献力量，我感到十分自豪和骄傲。这是一段非常难忘的经历，也是我人生中宝贵的精神财富。

荣耀冬奥路，风雪夜归人

赵　玮

作者简介：赵玮，1983 年 2 月出生，来自北京市气象台，冬奥北京气象中心开（闭）幕式、冬残奥火炬传递现场气象服务保障团队队员。

作为北京市气象台的一名首席预报员，作为冬奥会和冬残奥会开（闭）幕式气象保障团队的一员，能够在冬奥会和冬残奥会演练期间以及开（闭）幕式当天、冬残奥火炬传递当天在现场提供气象服务，我感到非常光荣和自豪，这是我职业生涯的又一次考验和难忘经历。

积水为海，方能厚积薄发。从 2018 年入选中国气象局冬奥气象服务北京赛区团队以来，每年的冬训都是我们积累经验的最佳时期，从了解冬奥赛事的气象保障要点开始，经历了山地气象知识学习、冬奥英语培训、首钢场馆气象预报演练、“十四冬”“相约北京”赛事服务等一系列的学习和实战，积累经验，点滴汇成河，可以说我对于即将到来的冬奥会城区气象服务是信心满满的。2021 年作为开（闭）幕式团队首席成员，我们针对鸟巢地区开展历史同期天气特点分析研究，带领团队开展技术攻关。半年以来，我们逐一分析了近十年开（闭）幕式历史同期的资料，复盘历史天气，凝练预报指标，开展模拟预报，磨练预报技能，全面细致的研究和预报实战为后期的专项服务预报提供了坚实的技术支撑。冬奥会和冬残奥会开（闭）幕式及演练期间，北京地区出现了降雪、降雨、8 级大风、沙尘等天气，我们团队进行了一轮又一轮的会商，一次又一次的争辩，倾尽全力，团结一心，最终征服一个又一个难关，收获一次又一次的好评。

科技助力，方能不辱使命。复杂多变的天气是气象保障的难点，面对精确到“小时”零失误的预报要求，面对“牵一发而动全身”的现场服务，如何提供精细到单点的精准气象服务，如何应对现场领导的各种问询，这是我们现场服务预报员所面临的挑战。多波段雷达数据、精密立体监测网，高分辨率数值模式，客观预报方法等核心预报产品和技术，为现场预报员提供了千里眼和顺风耳，给我们坚定预报结论的信心，帮助我们最终圆满完成保障任务，尽展现代气象人的风采，不辱使命。

不遗余力，方能不负韶华。经过庆祝中华人民共和国成立70周年和庆祝中国共产党成立100周年天安门现场保障的历练，现在的我面对现场各种提问和突发状况会比较从容和自信，也有了一套服务技巧。经过一次次的成功服务，现场气象保障也变得越来越受重视。在冬奥会和冬残奥会开（闭）幕式演练及正式演出期间，我负责实时向冬奥会和冬残奥会服务保障现场指挥部提供气象信息、天气咨询、灾害天气研判等服务，与会商室保持密切沟通，视天气情况进行电话会商，并根据现场指挥部要求在现场进行办公。在冬残奥开幕式当天，北京出现8级大风，鸟巢冠顶风力一度达到9级，现场指挥部十分紧张，担心烟花不能正常燃放。通过分析研判，我多次肯定回答风力会减小，不会对烟花燃放产生影响，事后现场指挥部莫部长对于风力的预报给予了肯定。冬残奥会闭幕式当天，鸟巢上空阴云密布，天气阴沉，指挥部领导担心会下雨，多次询问演出期间会不会下雨，我也一再肯定回答演出期间不会下雨，会在散场时间下雨。有领导说："看见你在这里坐着，我们就踏实了。你们报得真准，说风变小就真变小了，说几点下雨就几点下雨。"每一次保障结束后，看着鸟巢璀璨的灯光，看着志愿者年轻的脸庞，想到我们的预报员在各个赛场贡献着自己力量，工作到深夜的疲惫感会一扫而光，前路虽漫漫，风雪亦同行。

事实证明，我们的预报服务团队经受住了考验，做到了习近平总书记要求的"不负时代、不负韶华"。在今后的工作中，我们将总结冬奥预报服务经验，筑牢气象防灾减灾第一道防线，为人民生命财产安全站岗放哨！

长城内外境门关，五环绽放泥河湾

赵彦厂

作者简介：赵彦厂，1976年1月生，来自河北省石家庄市气象局，冬奥河北气象中心张家口赛区赛会服务组决策气象首席。

浪淘沙·张家口冬奥有感

雪落五更寒，春意阑珊，五环绽放泥河湾，折柳送别云顶处，如意人间。

灯火夜不眠，直指云天，长城内外境门关，古道热肠说不尽，大好河山。

北京冬奥是我国的大事，所谓"国之大者"，开始并没有想到能够参与到其中，当我接到张家口气象台黄山江台长的邀请，心里很高兴，在征求领导同意后，我安排好工作，交待好家人，来到张家口，黄台长带我迅速熟悉流程，理清任务，加紧磨合，很快投入到了各种冬奥天气讨论会商工作中，并且和河北省气象局李江波等首席常有会商交流，他们的认真高效有深度的工作和会商给我们留下深刻印象，张家口气象台的同事们齐心协力，为我科普张家口气候和地形的关系，大家一起最终圆满完成了赛会组的各项任务。

雪落五更寒，春意阑珊

这是有生以来第一次没和家人一起过年，因为这里有了"新的家人"；第一次没在故乡过年，因为要在地球村里的“大故乡”—中国河北奥运城——“大好河山”过年；第一次没有在家吃饺子，因为这里除了饺子，还有更美味的莜面饺子。虽然气候更冷，但新的职责和任务、新的同事和朋友让我感觉很温暖，到春节期间，和远方家人互道拜年和珍重，全身心投入到赛会决策气象服务中。在奥运期间，每天早晨要 5 点多起床，能够见识到清晨的寒冷，以前没有过这样的感受，但因为内心一团火，仍然感觉到在寒冷冬日里的燃烧。

灯火夜不眠，直指云天

张家口市气象局赛会服务在苗志成副局长带领下，同事们通力合作，甚至有时会通宵达旦。在有新任务时，他总会给我们充分讲解任务的背景、要求，做好模板，同事们深加工、细研究、勤分析，充分讨论各种情况，遇到不同意见总要再分析、再研判、再辩论，最后形成一致意见对外服务，河北省气象局郭树军副局长视察时强调了对于预报的检验，从中再发现问题，找准方向突破过去的传统思维，以事实说话，以实力展现，之后随着时间推移，预报准确率有了显著的提高。

有天气过程时，要全天候紧盯，尤其是降雪时，需要每小时上报雪量和预报，以及对赛会可能造成的影响，这个时候就需要连续奋战在一线，通过分析讨论会商，得到结论，每时每刻都不容放松，紧张但热火朝天的气象台是我们的“战场”，也是我们的“家园”。

3 月 11 日凌晨 1 时接到黄台长电话，早晨 7 时要出发去赛区，和其他部门专家一起论证研判赛场积雪下地质灾害的可能性，我们气象局提供了气温情况和预报，指出 3 月上旬气温较高，近期波动较大，在残奥会结束前气温不会太高，和常年持平，一直到下午 4 时返回，专家组经过审慎会商和讨论，得出“气温和地质条件不会影响到赛区融雪风险”的结论。

五环绽放泥河湾，折柳送别云顶处，如意人间

从闭环开始，我们气象服务工作越来越精细化，很多服务材料一天三次或多次，服务内容大多是逐 24 小时，工作强度也越来越大，从火炬接力的气象保障，“五环绽放泥河湾”，到最后云顶一场比赛，“折柳送别”，“雪如意”见证了这个城市的奥运之路，我们见证了这个城市的人间之美，从开始来到这个陌生的城市，到最后依依不舍……

长城内外境门关，古道热肠说不尽，大好河山

在冬奥期间早晨 6 时起床奔赴工作还是黑夜，到残奥会期间早晨已是蒙蒙天亮，我经历了这个城市的春天来临，也陶醉在这个雪后奥运城市白天美丽的红装素裹、晚上夜景的分外妖娆，我们过去的两个多月一直在琢磨老天的心思，他基本按照我们的思路在配合，马上要分离了，最新预报显示 3 月 16—18 日、20 日有多次降雨天气，这是老天预报我们会难舍难分，它也感动得要流泪。世界记住了张家口，中国记住了张家口，河北也不会忘记张家口，我也忘不了张家口，忘不了不分昼夜共同奋战的同事们。

践行绿色发展理念，推动区域气候预测服务

赵崇博

作者简介：赵崇博，1986年1月出生，来自国家气候中心，北京2022年冬奥会和冬残奥会专项技术服务攻关团队区域模式预测组成员。

相聚五环旗下，相约长城内外，北京冬奥会的成功举办充分彰显了中国为弘扬奥林匹克精神、促进人类团结友爱所展现的大国担当，以实际行动构建人类命运共同体，与世界“一起向未来”。北京冬奥会和冬残奥会组织有力、保障充分、服务周到，为世界各个国家和地区的运动员们提供了展现竞技实力和体育精神的舞台，也向全世界展示了我们的民族自信、彰显了我国现代化的保障服务成效。高效有力的气象服务是成功举办北京冬奥会的重要保障，在北京2022年冬奥会和冬残奥会期间，中国气象局采取了多项举措提升冬奥气象服务能力，开发冬奥气象核心预报服务支持系统，同时提供冬奥气象信息化服务保障，气象人不折不扣地完成了北京冬奥会和冬残奥会气象服务保障各项任务。

基于数值气候模式的动力预测方法是当前短期气候预测最主要的手段之一，为加快科技创新，切实做到监测精密、预报精准、服务精细，研发区域高分辨率气候模式、研制次季节—季节尺度的气候预测系统是北京冬奥会气象保障服务区域模式预测服务组的重点攻关任务。区域气候模式预测服务组全链条衔接和贯通了高分辨率区域气候模式的研发、应用、评估，为2021年北京冬奥测试赛和北京2022年冬奥会正式比赛提供了精细化、无缝隙的客观预测服务信息。

2021年1月，中国气象局预报司、国家气候中心、国家气象信息中心、北京市气象局预报观测处、北京市气候中心、北京市气象信息中心等单位召开专题会议，研讨气候动力模式客观预测冬奥服务重点工作任务，与会各单位均表示全力做好北京冬奥会和冬残奥会气候预测工作。根据预报司和国家气候中心统一安排，区域气候模式负责为北京冬奥会气象保障提供精细化区域气候模式预测产品。自2021年6月起，逐月滚动提供当年11月至次年3月冬奥赛区30千米分辨率格点预测数据产品，提前半年就开始为北京冬奥会气候预测服务做准备。

北京冬奥会赛事期间，需要根据气象预报信息找到符合赛事条件的窗口期，精确的风、温度、湿度和能见度等预报直接影响赛程的安排、运动员的比赛成绩和比赛安全。2021年9月，为开展北京冬奥会赛区气候模式精细化、无缝隙预测服务，对区域气候模式预报体系进行了技术升级。在30千米区域气候模式基础上构建了15千米高分辨率区域气候模式，研发了冬奥赛区延伸期气候预测产品，逐周滚动提供未来60天冬奥赛区15千米分辨率格点预测信息，顺利完成了冬奥会开幕式和闭幕式等各个关键时间节点的区域气候模式延伸期预测保障任务。

气象高质量发展是满足人民对美好生活向往的必然要求。让人民生活幸福，是我们党始终不渝的职责，也是我国经济社会发展的根本目的，更是气象工作的“国之大者”，人民是

否满意是检验气象工作成效的根本标准。气象保障服务北京冬奥会的同时，除了优质服务保障经受住了来自世界的检验以外，北京冬奥会气象服务经验以及气象科技成果的推广应用，也在更长远的未来帮助和提升全国气象服务水平，使冬奥气象成果惠及全国人民。高分辨率区域气候模式有着更加精细的下垫面地理信息和更具区域特色的物理参数配置方案，可在京津冀、粤港澳、长三角、三江源等重点区域开发 1～3 千米高分辨率气候模拟和解释应用。区域气候模式还将继续深度参与风电、光伏新能源气象服务，其辐射、气压、温度、湿度等光伏要素数值预报产品，为破解新能源气象服务发展难题提供技术支撑、解决技术难题，推进我国新能源气象服务发展，在取得良好社会效益和经济效益的同时，坚持践行生态优先、绿色发展。

一起向未来，努力开创新发展格局下的气候服务新局面

赵　琳

作者简介：赵琳，1986 年 12 月出生，来自国家气候中心气候服务室，国家气候中心专项技术服务攻关团队成员。

2022 年初，举世瞩目的北京冬奥会和冬残奥会胜利举办，中国向世界奉献了一届“简约、安全、精彩”的奥运盛会，全面兑现了对国际社会的庄严承诺，北京成为全球首个“双奥之城”，让工作和居住在此的我感到无比自豪与振奋。习近平总书记在北京冬奥会和冬残奥会总结表彰大会上发表重要讲话时指出，广大文艺工作者、科技工作者、设计工作者、新闻工作者、外事工作者、气象工作者以及其他各条战线上的全体工作人员团结一心、通力合作，坚守各自岗位，默默奉献付出，出色完成了各项任务。习近平总书记对气象工作者给予的肯定和表扬，既是对气象部门的亲切关怀，也是对促进气象高质量发展的有力鞭策。

国务院最新发布的《气象高质量发展纲要（2022—2035 年）》中第一句开宗明义：气象事业是科技型、基础性、先导性社会公益事业。冬奥气候保障服务正是对此内涵的完美阐释。在冬奥气象保障服务期间，国家气候中心周密部署，提早安排，制订了详细的服务方案。从气候背景分析到延伸期和月、季气候预测再到气候决策服务，时刻以监测精密、预报精准、服务精细为目标，坚持以科技创新驱动，通力合作，解决遇到的一个个难题，最终提交了让党放心、群众满意的答卷。

2020 年，我作为骨干参与了冬奥火炬传递气候保障，冬奥火炬传递是冬奥会的重要组成部分，为了火炬传递能顺畅进行，需要从大量的数据中总结归纳出火炬途经城市的气候特点，为合理规划火炬传递路线和时段提供了科学依据。2021 年 8 月，我有幸借调到中国气象局应急管理办公室，期间通过跟同事精诚合作，零失误完成了多份冬奥决策材料的报送工作和冬奥服务保障任务，收获满满的同时也留下了美好回忆。冬奥会开幕前夕，作为一线业务人员，我参与了气候决策服务业务值班，从基础数据搜集到评估指标分析，我们时刻绷紧准确、客观之弦，为决策部门提供了翔实可靠的分析报告。

冬奥会开幕式作为开门红的重头戏，对天气条件的要求也更为苛刻，提前准确预报开幕

式当天的天气又是一项摆在气候人面前的难题，国家气候中心敢于突破次季节预测的世界难题，不断滚动更新，提供15天以上的延伸期气候预测产品供冬奥组委参考。冬奥期间，受大风等恶劣天气条件影响，部分赛程进行了调整，这正是气象工作者及时向奥组委提供气象预报，让组委会能够有序调整赛程，保证了赛事正常流程。诸如此类的“小事”依旧历历在目，这是无数气象人坚守岗位，上下游部门通力合作，共同交出的成功答卷。

当前，为推进气象高质量发展，我们必须要立足新发展阶段、贯彻新发展理念、构建新发展格局。从气候服务的角度出发，构建新发展格局也给我们提出了更高的要求，气候服务不仅要做好防灾减灾第一道防线，更应该要发挥气候资源开发利用的趋利作用。

作为一名气候服务工作者，新阶段要开创构建新发展格局下的气候服务新局面，首先要坚持科技创新，不断地通过学习去掌握新理论、新技术、新方法，能够了解科技前沿；其次要有迎难而上、敢啃硬骨头的拼搏精神，面对精细化服务需求，气候服务供给侧改革需要我们以钉钉子的心态去落实，去解决碰到的每一个问题；最后要有奉献精神和家国情怀，坚持人民至上、生命至上，通过看到人民群众生活质量的提高来得到更大的幸福感和获得感。

中国气象局党组要求认真贯彻落实习近平总书记对气象事业的重要指示批示，我们要将其转化为推动气象事业发展的强大动力，不断交出更加优异的气象答卷。一起向未来，我们努力奋斗，不断奔跑，争取跑出当代青年最好成绩，用更优质的气候服务去实现人民群众对美好生活的向往。

鹰击长空保冬奥，海陀积雪浮云端

赵德龙

作者简介：赵德龙，1984年7月出生，来自北京市人工影响天气中心，冬奥北京气象中心人影飞行服务团队队长。

举世瞩目的第24届冬季奥林匹克运动会在首都北京举办，这将是继2008年北京夏季奥运会之后，在全世界推动中国文化传播及塑造国家形象的又一契机。北京冬奥会和冬残奥会保障期间，作为穿云播雪的气象人以最高的政治站位、最有力的举措、最严格的责任落实高标准高质量完成各项工作，展现了人影队伍敢打硬仗、善打硬仗的风采。

北京冬奥会和冬残奥会正值华北地区全年最冷的时节，人工影响天气飞行人员需要一直在外场待命，需要克服食宿困难、突破体力极限，在寒风凛冽中完成物质调运、飞机检查、仪器维护、飞行作业等工作。最重要的是飞行技术人员需要冒着飞机穿云积冰的危险，登机直上云霄，确保每一架次飞行作业顺利有效完成，展现了首都气象人不怕苦不怕累、敢于拼搏、不畏风险的精神。从2016年开始技术储备到2022年实战保障，连续六年一直坚守工作岗位、坚守飞行外场，完成冬季飞行任务125架次（包含前期技术试验和保障飞行），开展多次跨昼夜飞行作业。在联合指挥部，积极与军地航管部门讨论交流、献计献策，制订了科学高效的飞行方案，确保保障工作顺利完成。在飞行外场，每一次高质量的作业保障飞行的背后，都是平日里成倍的努力和无数次的沟通协调。

为了配合北京人影中心闫家坪冬奥山区观测站的地基雷达开展空地协同观测，进行数据比对试验，要求飞机到达闫家坪上空并以闫家坪观测站为中心开展多高度横穿探测，人影飞行技术人员在任务前一天制作了详尽的飞行方案，并和飞行机组进行沟通。任务当天严格执行飞行计划，确保预定技术路线实施和飞行安全。事实上，冬奥保障试验飞行的实施是非常不易的，为了圆满完成保障工作，开展有效试验飞行，人影飞行技术人员在明知空域管制、冲突时仍积极争取空域和高度飞行的情况已经是家常便饭。

此外，在冬奥会部分项目所在的海陀山，开展云雾能见度和气溶胶的相关方面观测工作，主要关注比赛站点气溶胶的污染传输过程和沙尘过程，以及可能影响比赛的能见度降低过程，包括地形云、雾过程和降雪过程。本次观测内容涉及气溶胶的数浓度粒径谱、云凝结核、气溶胶化学组分、冰核、雾滴谱以及同步的气象要素。因为使用的仪器种类多，需要运维之处也特别繁杂，由于冬奥会期间需要封山，外场人员夜以继日开展工作，赶在封山前完成了全部仪器的测试、维护、调试等工作。封山期间 AMS、CCN、粒径谱仪以及 SP2 等仪器先后出现严重故障，只能通过与驻站工作人员远程视频的方式进行故障判断和维护，外场人员先后历时 70 天，圆满完成高山测站工作任务并获得了宝贵试验数据。

冰雪竞技魅力无穷，奥运精神绽放永恒。赛场上，运动员们在拼搏奋进中享受比赛，个人竞赛时独领风骚，团队作战中互相成就；赛场外，飞行保障科同事并肩奋战在冬奥的人影保障赛场。为获得云中原位探测资料，在每一个有天气过程的冬日，无论是在漫天的雪花飘落时，还是在刺骨的寒风侵袭中，同事们砥砺前行，不负使命，从白昼到黑夜，从山脚到山顶，从地面到天空，处处布满了大家的脚印，冬奥的顺利闭幕，让团队无数个日夜的奋斗结成了胜利的果实，这也是人影中心全体成员对奥林匹克精神最好的诠释。

无怨无悔为冬奥贡献青春

胡向峰

作者简介：胡向峰，1983 年 9 月出生，来自河北省人工影响天气中心，冬奥河北气象中心张家口赛区人工影响天气保障组队员。

付出终有回报，集体和个人双成长

2019 年初，河北省人工影响天气中心领导班子决定派我赴张家口组建冀西北人工增雨基地。责任重大，领导让我做好家人的思想工作。当我将这一决定告诉家人的时候，年迈的岳父岳母那一刻愕然了，妻子委屈的泪水夺眶而出。孩子怎么办？家里怎么办？我也曾一度陷入迷茫。冬奥——国之大者的信念使我很快从迷茫中走了出来。经过一段时间的说服，家人态度发生转变，对我的工作开始理解支持。7 月我登上了去往张家口的列车，正式开展冬奥人影筹办工作。

进驻张家口后，面对千头万绪的工作，昼夜奋战，理清思路，制订了重点工作计划。经过近一年的不懈努力，冀西北基地投入业务运行，标志着河北省冬奥人影保障平台正式启用。冬奥人影保障重点工作首战告捷。忘不了承受的经常性的与家人离别之“痛”，忘不了披荆斩棘，攻坚克难，成功后的喜悦。

时光如梭，三年的时间已经过去。回想起过去三年，其实是人影事业和个人不断成长的过程。于事业而言，通过冬奥保障，河北省拥有了一支熟悉冬季人工增雪跨区域联合保障业务、掌握冬季人工增雪关键技术、具有“职业技能竞赛精神”的专业化人才队伍。对我个人而言，锻炼了我面对困难挑战，分析问题和解决问题的能力，对待矛盾处理矛盾的态度和方法。三年时间与家人聚少离多，更加深刻体会到亲情的珍贵。孩子健康快乐成长是我最大的欣慰。衷心感谢所有帮助支持我的领导同事，感谢岳父岳母的无私付出，感谢爱人的理解支持。

人影不怕远征难，作业完后喜开颜

人影作业很辛苦。为了抓住有利作业时机，人影人经常披星戴月。遇到连续天气过程，常常需要连轴转。由于张家口冬季气温经常在 −15 ℃，风刮在脸上就跟刀子割一样。外场航前准备工作的时候，戴手套不方便，大家就“赤手空拳”上阵。等仪器检查结束后，双手都冻麻了。揣兜里还不等缓过劲来，就开始下一项工作。冬天舱内和舱外一个温度，手一碰设备，冰凉刺骨，但大家登机后顾不上已经冻得失去知觉的双手，马上开始舱内设备检查。航前时间紧迫，航前工作关系到作业质量和飞行安全。大家注意力全部都在飞机上，一点也不敢马虎。大清早尽管大家都饥肠辘辘，但是谁都顾不上啃点已经冻得跟冰棍似的面包。遇到云中乱流，飞机颠簸十分厉害，大部分同志都会头晕恶心呕吐，甚至缺氧。但经过短暂调整之后，大家很快又都投入到工作当中。直到飞机落地，所有工作都确认无误后，大家心里的那块石头才会落地，这个时候才会想起一天都没有吃饭了。人影人身上这股劲头，在冬奥保障期间体现得更加淋漓尽致。每每想起这些事，心中都会无限感慨。

飞机作业有时会面临各种突发情况。2021 年 11 月 6 日飞行过程中飞机重度积冰，空速一度不能保持。空速不能保持意味着失速。机组人员沉着冷静，根据机身积冰情况，当即决定返航。李旭岗和我尽管对险情心知肚明，但全然不顾面临的危险，依然坚守在设备前，排除播撒器故障，抓住转瞬即逝的机会开展作业。人影人尤其是像李旭岗这样刚入职不久的年轻人，在危急关头展现出来的职业精神，真的是可敬可叹。我相信河北人影未来在这群年轻人的努力下一定会取得更大更好的成绩。

冬奥保障经历是我人生的宝贵财富

2022 年 3 月 13 日晚，北京 2022 年冬奥会和冬残奥会胜利闭幕。回首过往，作为一名亲身参与冬奥的气象人，我感到格外骄傲与自豪。忘不了中国气象局冬奥会表彰大会上，宣读到河北省人工影响天气中心和自己名字那一刻的激动心情。距离北京冬奥会和冬残奥会结束已经两个多月了，每当回想起过去三年在张家口奋斗的日日夜夜，我都无法抑制内心的激动。那些曾经一起并肩战斗的“战友”们，曾经与“战友”们攻克急难险重任务开怀大笑的场景至今仍然历历在目。冬奥已经画上圆满的句号，但冬奥记忆将伴随我一生，冬奥精神将永远激励我前行。

凝心聚力，叱咤风雪战冬奥

胡　雪

作者简介：胡雪，1982 年 2 月出生，来自张家口市气象局，冬奥河北气象中心张家口赛区赛会服务组队员。

2022 年——对于张家口的气象人来说，意义非同一般：兴奋——是缘于冬奥盛会在家乡召开；紧张——是始于保障一场国际性赛事；执着——是迎战风雪坚守阵地的勇气；自豪——是叱咤风雪打赢胜仗的气概！在冬奥会期间，我与承担城市运行气象保障服务的各位同仁凝心聚力、不负使命，经受住了冬奥的检验、完成了党和人民交付的任务，打赢了这场“气象服务保卫战”。

“五步走”战略，奠定行业保障基础

与亲临赛场作战不同的是，我所承担的城市运行保障任务是面向多个行业开展的，例如直升机救援、交通、电力、旅游、群众观赛等，简单一句概括就是“通过气象服务为各行业平稳运行提供有效参考”。2020 年 11 月，我们专门制订了“五步走”战略即动员、调研、规范、演练和测试。先后多次深入到交通局、高速管理处、高速交警支队和供电局等单位参观他们的值班流程，听取他们的工作汇报，交流服务产品发送方式和频次。基于充分调研，我们将任务“可视化”，在地图上标出需要保障的高速路段、服务区、交通枢纽和核心区道路的关键点位，绘出供电重要线路、杆塔和变电站的经纬度及高程信息，同一线业务人员了解保障点位的历史气象灾害信息，从而对不同位置的气象风险点信息梳理清晰，做到“胸中有数”。期间，降雪、大风等重要天气过程频发，各部门更加需要精准的气象信息来开展工作。我们除了每日 17 时常规材料的推送，还每隔 3 个小时加密制作发布专题材料，通过微信群实时向各保障单位推送《降雪专报》《重要气象专报》等系列产品，对降雪的趋势、范围、降雪量等信息进行精准预报，为各行业提供了很大的信息支持。精准的气象预报分析信息和周到细致的气象服务，得到了多部门衷心的感谢。

迎难而上，力争冬奥气象服务精细再精细

接到各行业对气象服务高标准的需求后，我们攻坚克难，把预报预警从一个“大圈”做到“一个个点上”。每日工作如“流水线”作业一般：紧盯点位周边实况、分析场馆预报材料、参考气象台决策服务产品、结合各点位地形交流意见，主副班再一个点位一个时次地确定数值，于 17—18 时集中制作出 4 份专报。“用心保证每一份交付行业手中的材料准确、严谨”是我们的工作宗旨。冬奥期间，河北省气象局和张家口市气象局领导多次强调要加强产品检验分析，反复总结，提高预报准确率和服务精细化。通过复盘检验每周和每次过程后的服务专报，2 月 4—20 日冬奥会期间，气温绝对误差 1.76 ℃，平均风速绝对误差 1.46 米 / 秒，晴雪预报准确率 91.2%。到了 3 月 4—13 日冬残奥期间，气温误差在 1.83 ℃，平均风速误差

1.38 米 / 秒，晴雪准确率 96.14%，结果还是令人满意的。最终用数据说话，证实了我们的冬奥城市运行气象保障服务达到了精细化程度。

发力后冬奥，创造服务效益最大化

过去说起气象部门都觉得我们只和百叶箱打交道，但通过为冬奥服务的契机，改变了“气象行业”在地方政府、行政单位和企业心目中的形象。后冬奥时代，我们需要把握张家口大力发展“冰雪旅游”的重大机遇，转变观念、主动融入，面向“旅游管理部门、经营部门和旅游滑雪人群”找到服务切入点，利用多种灵活的服务方式、开发定制式的气象服务产品。我相信气象服务，特别是专业服务，如果能按照冬奥的服务水准，绝对会创造服务效益最大化。

“中国气象”是一个经得住考验的、能凝心聚力打胜仗的集体，在这样的集体里工作，是一件很幸福的事情！冬奥未远，我们未来可期！

复用技术结合预报经验，助力冬奥技术研发

宫 宇

作者简介：宫宇，1987 年 11 月出生，来自国家气象中心天气预报技术研发室，国家气象中心北京冬奥会气象服务保障预报服务专家团队成员。

回望 2020 年以来加入冬奥和冬残奥预报技术支持组所开展的多番技术攻坚和业务应用检验，一些重要节点、事件和人物历历在目，团队成员们再次发扬了中央气象台的“铁军”精神，也为气象工作生涯增添了浓墨重彩的一笔。随着北京冬奥会和冬残奥会圆满落幕，作为技术支持组的成员，在技术研发和保障工作中灵光一现的感想和体会逐步沉淀下来，在此总结成文，以期对未来工作有所帮助。

复用技术奠基础。研发期间，深刻体会到了前期的高效可复用的技术储备对研发进度的促进作用。STNF 客观预报技术代码和诊断分析产品定制开发中，众多功能基于研发室自研的 nmc_met_io、MetEva、MetDig 等工具包功能开发，高效集约化地实现海量云端数据获取、处理、分析、输入输出等功能，大大缩短技术研发周期，正是前期在开发这些工具包之时，注重对技术代码复用性的设计规划，使得这些工具包可以被高效调用，帮助技术支撑工作在前期打下的技术地基下平地起高楼。同时，合理的技术研发框架设计帮助团队协作更为有效，无论是单项技术的集成开发和整合，跨任务间的配合协作，规范化的技术框架结构设计帮助团队在明确分工、技术搭配、特长发挥等方面都起到了聚焦提升作用。所以做好当前的技术研发设计，支撑未来高效复用，使得所研发成果成为建设性地层层迭代上升会大有裨益。科学知识的理性认知是基础，知识和实践的感性体会是催化剂。

预报经验辨明路。客观预报技术研发实为气象学和数据分析两种学科的跨界结合。掌握两方面理论知识是动手展开工作的前提基础，而预报员和技术研发工作经验则成为了 STNF 技术研发的高效催化剂。对专业实践经历的感性体会一方面指引制订合理的技术路线方案，

减少走弯路，一方面在改进技术中快速定位问题关键，加之 STNF 技术完全由预报员编写和工程化，大大减少中间过程成本，帮助技术持续迭代改进。甚至在冬奥会和冬残奥会正式比赛期间，研发团队还根据预报员应用反馈的在不同天气条件下的 STNF 预报偏差特点，定位技术改进点，两度进行版本更新，进一步改进雾霾天气条件下 2 米温度和平均风速预报效果。

北京冬奥会气象保障工作已经圆满结束，来自前方专家组和一线预报服务保障人员的认可和赞赏，对国家气象中心预报技术支持组的每一位人员来说，一切努力工作都变得更有意义，也是对技术工作成效的最高奖励。我们将以此为新征程的起点，把冬奥会和冬残奥会的宝贵经验和成果固化下来，成为重大活动、重大工程和突发事件等气象服务保障精细化天气预报技术的组成部分，发挥更大的作用。

迎难而上，共创未来

秦庆昌

作者简介：秦庆昌，1987 年 6 月出生，来自北京市气象台，冬奥北京气象中心北京赛区场馆预报服务团队队员。

我非常荣幸能够参与到北京冬奥会和冬残奥会的气象服务保障中。

2022 年 2 月 13 日，北京冬奥组委副主席杨树安表示，从北京冬奥会前半程的竞赛组织工作来看，一流的气象服务保障得到了很好的体现。气象部门为赛事提供了精准的天气预报，这对赛事顺利运行至关重要。这个评价让城区场馆预报服务团队成员备受鼓舞、倍感自豪，这是对我们长期以来努力工作的最大肯定。北京冬奥会期间，城区场馆预报服务团队在经历大风、骤雪、降温等天气的情况下，以精细的技术和服务，全力保障赛事的举办。

一流的气象服务保障背后是气象服务团队长期以来扎实工作的体现。为做好冬奥期间高影响天气的复盘分析和研究工作，早在 2021 年 9 月，北京市气象台抽调 4 名首席预报员和多名技术骨干组建冬奥会城区预报气象服务保障团队，针对冬奥期间所有可能出现的灾害性天气过程，普查预报情况，分析预报着眼点，提炼概念模型，并多次召开团队技术交流研讨会，聚焦历史天气个例复盘以及鸟巢气象要素预报的实战技巧，充分做好技术储备工作。

为做好冬奥会开（闭）幕式及冬奥赛时国家体育场及城区各场馆气象服务工作，城区预报服务团队针对开（闭）幕式和城区 8 个场馆持续开展专项预报训练，采取实战预报，预报产品时空分辨率与实际比赛完全一致；同时团队每天下午召开天气讨论会，针对鸟巢地区未来一段时间的天气变化趋势交流讨论，各抒己见，总结预报经验，真正做到赛前充分迎战，心中不慌。

正式比赛期间，除了正常的值班值守外，由于疫情防控和临时保障任务，团队成员及时互相补位。3 月 4 日冬残奥会开幕式当天，当日值班岗同志临时赴现场进行气象保障服务，在已经多日值守的情况下，我不顾身体疲劳，立即投入到开幕式的服务保障中去，积极参与各方会商，从 07 时至 23 时逐小时为开幕式指挥部提供预报产品；3 月 13 日，当日值班岗同志因疫情防控原因不能到岗，我再次在已多日值守的情况下，承担冬残奥会闭幕式的值班工作，期间除不间断提供预报服务产品外，多次与首席讨论出现零星小雨的时段及短时阵风是否会对焰火燃放造成影响，为前方指挥部做出决策提供及时保障。

为更好地做好冬奥气象服务保障工作，结合北京市气象台和京津冀环境气象预报预警中心业务现状，两个单位在冬奥会期间采取了合岗值班的方式，我有幸在其中参与了部分组织管理工作。由于两个单位的业务值班员对彼此的工作并不是很熟悉，所以起初相互跟班学习交流，彼此传授值班流程和值班经验，并开展了双向业务上岗考核，至 1 月 8 日全面进入合岗值班状态。大家热情高涨，凝心聚力，全身心投入到合岗值班工作中去，为冬奥气象服务的圆满举行作出了气象人的贡献。

通过参加这次冬奥会的气象服务保障工作，我有三点感受。第一，古人云，凡事预则立，不预则废。城区场馆预报服务团队前期精心的准备、潜心的钻研，为预报服务的成功提供了扎实了的技术储备；第二，重大活动保障中对定时定点定量的精细化服务要求越来越高，因而科技支撑发挥了重要作用，冬奥气象科技团队研发的高精度数值天气预报模型为预报员提供了很好的参考，为我们制作鸟巢区域以及城区场馆的精细化、多要素气象服务产品保驾护航；第三，团队合作精神至关重要。整个冬奥服务保障过程中，冬奥城区场馆预报服务团队所有成员通力配合，以高度的使命感和强烈的责任感，胸怀“国之大者”，齐心协力，对赛区高影响天气过程、关键时间节点等都做出了准确的预报，不论是对我个人还是团队都是一种磨练，在完成冬奥服务保障的同时，也提升了团队的凝聚力，这是一笔宝贵的精神财富，在以后的气象服务保障战场上，我将继续发扬冬奥精神，砥砺前行。

美丽的“冬奥蓝”

桂海林

作者简介：桂海林，1974 年 11 月出生，来自国家气象中心环境气象室，国家气象中心北京冬奥会气象保障预报服务专家组成员，2022 年冬奥会北京市城市运行保障指挥部城市运行及环境保障组主要成员。

盛大的北京 2022 年冬奥会和冬残奥会随着奥运圣火的熄灭，缓缓地降下了帷幕，任时光流淌，留在记忆中最珍贵的是冬奥所展示出来的“胸怀大局、自信开放、迎难而上、追求卓越、共创未来”的冬奥精神，也是对气象人精神的最好诠释。

倾力守护双奥之城“冬奥蓝”

作为世界上首个“双奥之城”，中国完美履行了冬奥承诺。冬奥环境气象服务保障交出了一份优异答卷，大家最津津乐道的除了赛事的精彩，便是冬奥期间那一抹最美的“冬奥蓝”。

2021 年 2 月 14 日，正值春节期间，气象人便开始了“相约北京”赛事服务，这是北京 2022 年冬奥会赛前的一次全面实战检验，也是对我们气象服务的一次全面检验。冬奥赛区分布复杂、赛期长，户外项目受气象条件影响大。大风、沙尘、雾霾等天气关系运动员比赛成绩，甚至生命安全，各项赛事对气象条件要求苛刻。测试赛期间，沙尘、雾霾天气频发，尤其是3月上旬北京的严重雾霾和3月15日强沙尘暴，给北京、张家口等赛区带来很大影响，部分赛事时间进行了调整，于我们恰好是冬奥赛前难得的检验和总结预报经验的机会。

2022年2月4日晚，举世瞩目的北京第24届冬季奥林匹克运动会在国家体育场开幕，各国运动员云集北京，这是一个展现中国生态文明建设和精神风貌的窗口。中国气象局和国家气象中心领导高度重视，专门为此成立了环境气象专家组，我作为组长，负责冬奥期间环境气象的技术把关。

1月下旬，组织环境气象专家团队成员对冬奥期间沙尘雾霾进行趋势研判，分析认为2月8—11日，大气扩散条件明显转差，根据平时的工业、居民活动排放水平，将会出现一次明显污染天气过程，随着时效临近，在和生态环境部进一步分析研判后，明确指出对8—11日这次空气污染过程需要提前管控的时间、污染输送通道、管控关键区等。相关政府部门采纳了预报组意见，及时对京津冀及周边地区采取减排措施，保证了冬奥会期间北京、张家口赛区的空气质量始终保持优良，为冬奥会展现了美丽的“冬奥蓝”。

两个奥运同样精彩，2月23日，提前10天，环境气象团队关注到3月3日蒙古国西部将有一次锋面气旋发展过程，将带来7～8级大风，蒙古国西部将会出现明显沙尘天气。大家心里顿时一惊，3月4日冬残奥会开幕，3日蒙古国西部区域的沙尘，会在远距离传输后影响北京吗？环境气象团队启动加密会商，并对历史同期沙尘天气路径、强度、影响区域进行了详细分析，最后一致认为，3日蒙古国西部沙尘将于4日冬残奥会开幕式当天对张家口、北京等地造成明显影响，尤其要关注沙尘带来的空气质量急剧恶化及对高海拔赛区融雪的影响，并立即将这一预报结论向相关部门做了汇报，及时采取应对措施，取得了良好的服务效果。

气象部门举全国之力，为冬奥保驾护航。我非常自豪，有幸参与了此次保障服务，也非常感动有一支这么团结奋斗的集体。大家放弃春节与家人团聚时间，以高度的责任感和敬业精神每天奔赴在气象、环保两部门的环境气象保障服务工作中，以精准、优异的服务为冬奥会画下了完美的句号。

一起向未来，推动环境气象事业的高质量发展

这是一次完美的保障服务。春季，季节转换，数值模式预报不稳定，偏差大。环境气象团队攻坚克难，针对复杂高海拔山地和超大城市的重大保障服务，开发了未来15天逐小时赛区站点沙尘浓度与未来10天逐小时能见度产品。通过冬奥会保障服务，预报员们对高海拔地区大雾预报、沙尘形成机理有了更深入认识，通过科技与预报经验的融合，为精准的冬奥会预报、精细的冬奥会服务打下了坚实基础，以实际行动践行了“预报精准、服务精细”的要求。气象事业是科技型、基础性、先导性社会公益事业，全球气候变暖背景下，各地极端天气气候事件仍然高发，人民群众美好生活对气象服务也提出了更高要求。冬奥会虽然落下了帷幕，今后的工作中，我们将继续秉承气象人特别能吃苦、特别能战斗的奉献精神，贡献我们的智慧和力量，一起向未来，推进环境气象事业的高质量发展。

弘扬冬奥精神，精准预报道路上奋楫笃行

高　辉

作者简介：高辉，1976年10月出生，来自国家气候中心气候预测室，国家气候中心冬奥气候预测和服务保障团队技术负责人。

2022年3月13日，北京冬残奥会落下帷幕。历时27天的冬奥会、冬残奥会两大体育盛事，把无数精彩的赛事画面和动人的拼搏精神留在我们记忆深处，让我们每每回忆那一刻，依然深受感动。作为亲历冬奥会和冬残奥会气候预测服务保障的诸多预报员中的一员，本届奥运还给我留下更多深层次触动，让我更深刻感受到气象预报在国家重大活动保障中举足轻重的地位和预报员的责任感、使命感。

冬奥全程气候预测和服务保障的顺利完成离不开团队每位成员的齐心努力。冬残奥会结束后，我的脑海里一直浮现着我们冬奥预测和服务团队刚成立的情景。2019年下半年，虽然业务工作繁重，气候预测室仍抽调专人组建团队开展针对性预测技术研发和系统建设。团队成立后迅速进入工作状态，多次调研索契和平昌冬奥会气候条件对赛事的影响，开展北京冬奥赛区气候特征及极端事件概率分析，归纳赛事期间历史高影响天气，针对冬季季节内转折性天气诊断演变特征和影响信号。同时抓住前期测试赛、冬季季节预测等服务机会，全员总结预测保障的成功和不足。这些都为赛事期间正式预测的顺利开展提供基础保障。2022年伊始，团队提前进入冬奥气候预测服务保障特别时期，由之前的逐旬会商制迅速升级为每周两次常规会商制，并根据服务需求随时滚动。如此高强度的会商频次在气候预测中当属首次，但团队每一位成员都迎难而上。可以说团队几年来一直以高度的责任感和严谨的科学精神，齐心协力圆满完成北京2022年冬奥会和冬残奥会气象保障服务任务，发挥好气象预报工作先头兵的作用。

气候预测和服务保障的顺利完成得力于精细化预测技术的合力研发。冬奥极端强降温及伴随的大风和雨雪天气是对赛事活动最主要的高影响天气，但其10天以上的超前预报具有很大难度。团队联合北京市气候中心、河北省气候中心多名科技骨干开展技术攻关，尤其是针对冬奥赛区开展动力模式可预报时效分析，追踪强降温低频信号源和侵袭赛区主要路径，开展动力统计结合的诊断预测方法研发。团队还多次邀请丁一汇院士等知名专家给予现场会商指导，针对高影响天气发生的可能性和预测的不确定性开展详细分析。上述科研成果为提前2周成功预测"开幕式前（1月底）有冷空气过程""开幕式期间天气情况总体有利、无高影响天气""2月13日前后有冷空气和降雪天气"等提供科技支撑，预测结果得到奥组委领导表扬和肯定。团队亦因这些预报能为冬奥赛事安排提供提前量而深受鼓舞。

奥运会虽已落幕，奥运精神却一直激励着每一位国人。在北京冬奥会、冬残奥会总结表彰大会上，习近平总书记指出，北京冬奥会、冬残奥会广大参与者珍惜伟大时代赋予的机遇，在冬奥申办、筹办、举办的过程中，共同创造了胸怀大局、自信开放、迎难而上、追求

卓越、共创未来的北京冬奥精神。对我们预报员来说，迎难而上提高气候预测能力是时代赋予我们的使命。刚刚发布的《气象高质量发展纲要（2022—2035 年）》明确提出，到 2025 年，“监测精密、预报精准、服务精细能力不断提升，气象服务供给能力和均等化水平显著提高，气象现代化迈上新台阶”。这对我们气候精准预测业务提出了很高的要求，但也为我们明晰了奋斗目标，鼓励我们不忘初心、牢记使命，在精准预报的道路上，继续发扬冬奥精神，勠力同心、奋楫笃行。

做城市运行与赛会服务的一颗螺丝钉

黄若男

作者简介：黄若男，1992 年 2 月出生，来自河北省张家口市气象局，冬奥河北气象中心张家口赛区赛会服务组队员。

2021 年，河北省气象局成立北京 2022 年冬奥会和冬残奥会张家口赛区前方工作组，我有幸成为赛会服务组的一名成员，正式参与到冬奥会与冬残奥会张家口赛区城市运行与赛会气象保障服务工作中。城市运行和赛会服务也是冬奥会和冬残奥会中不可或缺的一部分，在整个服务过程中，我们严密监视天气变化，提供最优质的天气预报和气象服务。

自 2021 年 11 月起，我们赛会服务组决策服务小组正式进入到冬奥会筹备工作当中，服务期间，共提供了四大类十余种气象服务材料。下面从我们制发的一类最基础的服务产品——气象专报谈一点我的心得体会。

2021 年 11 月 22 日正式签发了第一期气象专报，截至冬残奥会闭幕，共签发气象专报 238 期。气象专报是针对张家口市区、崇礼城区、冬奥村这三个站点进行未来 24 小时的逐小时气象要素预报。逐小时要素预报对于我们预报员来说是一项重大的挑战，为了更出色地完成这项工作，针对这三个站，我们研究了历史同期的资料，尤其是冬奥村，山地特殊背景下的温度、风速变化与市区有很大的差异。通过检验我们发现，日高低温误差可以保持在 2 ℃以内，但是存在小时温度误差超过 2 ℃的情况，尤其是在有天气过程的情况下。检验的结果让我们很沮丧，针对所发现的问题，我们重新整理了历史资料，重点研究了不同天气情况下三个站点气象要素的日变化规律，尤其是冬奥村。经过全体预报员不断地梳理、归纳和总结，我们对三个站的要素预报能力有了很大的提升，气温预报平均误差保持在 1 ℃左右，风速预报误差在 1 米 / 秒上下，在日常服务、重大天气过程中以及冬奥会和冬残奥会火炬传递、开（闭）幕式等重大庆典活动中，我们的预报都有着良好的服务效果。

在整个服务过程中，我们经历了多次重大天气过程。通过对不同过程的预报及复盘，每一位预报员都收获很多。比如说 2022 年 3 月 11 日夜间的天气过程，数值预报表现为 850 百帕、700 百帕温度较高，根据经验，这次大概率会是一次雨夹雪甚至是纯降雨的过程，但是考虑到此次过程中预报 500 百帕温度很低，降水发生之后高层的冷空气可能会快速向下渗透，并且结合崇礼总体海拔高以及 3 月初的季节背景，最终坚持预报结论为降水相态以雪为主，得到了很好的预报效果。在 2 月 13 日的天气过程中，降雪分暖区降雪和系统过境降雪两个阶段，两个阶段中，张家口市区和崇礼的降雪量级出现了明显的差异，前一阶段市区量级大，后一阶段崇礼量级大，经过仔细地复盘，我们考虑崇礼南北走向的山脉对于不同来向的天气系统有不同的影响，从而导致了这样的差异。在整个服务过程中，诸如此类的经验或教训还有很多，有收获也有遗憾，但这些经验在后冬奥时代将成为我们更好服务冰雪运动、服务地方经济发展的宝贵财富。

从深秋的 11 月到阳春三月，历经 5 个月的奋斗，我们众志成城，共同克服了一个又一个困难，每一位预报员都在全力以赴保障这场开在家门口的冬奥盛会。在比赛期间，预报员每天早上 6 点前到岗，提供当天第一份气象专报；2 月 12—13 日期间，为应对可能会出现的高影响天气过程，我们组每隔两小时加密制作气象专报，为赛会服务提供有力支撑。2022 年 3 月 13 日冬残奥会闭幕，我们的工作也画上了句号。通过不懈努力，不负所托，圆满完成任务。

非常荣幸，我和我爱人都能服务于这场冬奥盛会，我爱人是云顶场馆的一名现场预报员，每天在忙碌的工作结束后，我们交流彼此的工作心得，相互鼓励，一起加油。这段经历将成为我们人生中美好而宝贵的一段时光。

“全全之心”助力圣火燃耀通州

黄福应

作者简介：黄福应，1995 年 9 月出生，来自北京市通州区气象台，冬奥北京气象中心火炬传递通州现场气象保障人员。

时间飞速旋转，回到 2022 年 2 月 4 日，也就是农历大年初四立春当天，我和同事韩启蒙一同前往大运河通州上店村段进行移动气象观测站的架设，为当天奥运圣火在通州段传递采集第一手资料。现在回想起来，看似就一天在河边采集相关气象数据，但是为了这次冬奥火炬在通州段顺利完成传递，通州气象局上上下下前后付出了一周多的努力，想想感慨良多。

全面部署

1 月 26 日，温煦副局长部署了冬奥火炬在通州区传递过程中的专项服务。通州气象局值班员积极与北京市气象台做好沟通，针对火炬传递当天的天气情况，尤其是气温、风力、天空状况、能见度等要素，保证对外服务材料内容一致，口径统一。29 日当天向通州区体育局发出了第一份火炬传递专报。

全面沟通

2 月 2 日，我早早地来到会商室，这天是我的主班。在早间通气会后，大家在讨论 4 日可能 6 级左右阵风情况下，运河游船上面进行火炬传递，且会穿过 6 个桥洞，届时水面情况会很复杂。09 时 17 分，李文华局长主动拨通了体育局副局长的电话，仔细沟通说明了 4 日风力情况，并且明确说到在运河游船上面传递火炬，风力会比陆地上更大一些，最大阵风预计会有 6 级左右，已经远远超过游船超过 4 级风力就停航的要求。后来，李文华局长又分别向北京市气象局领导、通州区副区长分别汇报了 4 日的阵风情况，并且询问是否有备用方案，能否将火炬在游船上传递更改到陆地上，从而更好地确保安全传递。经过沟通，火炬传递改在陆地上进行。

全力以赴

4 日早晨吃完早饭，我就与同事韩启蒙、司机以及电工收拾行装准备前往运河边进行现场观测。出发前，董鹏捷副局长特意把自己执勤的大棉袄让我穿上，以防我在河边冻感冒。出发前想到今天在河边得守候一天，我将手套、棉服都已经戴好穿上了，此刻再加上一层大棉袄，外形是软软鼓鼓的，虽然不太方便，不过心里暖洋洋的。09 时左右，我们就已经到了运河边，09 时 21 分我们已经向通州气象微信群反馈了当天第一条数据：“风向西北，瞬时风速 8.5 米 / 秒，气温 −5.1 ℃，湿度 36%，气压 1033.2 百帕。”随后，我与同事两人每个整点及半小时向微信群中汇报现场的实况数据，供领导决策使用。为了 4 日能够顺利获取现场数据，我们两个人 3 日中午就已经来到河边进行设备的安装调试，并且连续两小时进行数据读取并反馈回单位，供通州区气象局领导在 3 日下午的北京市气象局例行会上汇报使用。现场能明显感到北风在耳边呼呼与河面不断向岸边拍打的浪花，虽然是晴天，但是身体上没有丝毫的暖意，风中多站几分钟便会不自觉地颤抖。11 时左右，河边瞬时风力明显变大，达到 10.9 米 / 秒（6 级），6 级阵风大概持续了 1 个半小时左右，我们也及时向通州气象微信群做了汇报。

全始全终

4 日 15 时 30 分向微信群中反馈完数据后不久，我便接到李文华局长的电话，通知我们可以收拾东西准备返回局里。此刻，心里的石头终于算是放下了，长舒一口气。从 09 时 21 分的第一份数据到 15 时 30 分的最后一份数据，共计向局里反馈了 13 次半点及整点实况数据，还有现场的河面实况视频若干，为的就是更好地把运河边的真实情况反映回去，做好此次火炬传递气象保障的精细服务，履行好我们气象人的职责使命。收拾完东西回到单位已经接近 16 时 30 分了，我们的保障任务圆满完成，冬奥会火炬传递最后一站在通州也顺利落下帷幕。

从 1 月 27 日的部署到 29 日的第一份专报，再到 2 月 4 日的现场观测保障，前后近一周的时间，我们用实际行动助力冬奥会火炬传递，用实际行动演绎我们对北京冬奥会的拳拳之心，用实际行动践行气象工作者的使命担当！

疾风知劲草，冬奥识风云

曹广真

作者简介：曹广真，1976 年 2 月出生，来自国家卫星气象中心卫星气象研究所，冬奥服务产品研发小组技术负责人。

随着 2022 年 3 月 13 日北京冬残奥会的闭幕，“冬奥气象保障”服务工作圆满结束，风云卫星起了重要的支撑作用。不论在冬奥会和冬残奥会开（闭）幕式的天气会商中，还是在赛事期间的天气预报和环境监测中，风云卫星均及时提供了多角度的观测，为预报员提供了准确、可靠的参考信息。作为冬奥气象保障服务团队的一员，我真是倍感自豪。

冬奥让我见证了风云卫星的迅猛发展。风云家族 7 颗在轨卫星近 40 种产品为冬奥气象保障保驾护航，FY-2G/2H、FY-3C/3D/3E、FY-4A/4B 形成了“老—中—轻”的组合团队，为冬奥气象保障做足准备。针对冬奥赛区及其周围的天气和下垫面条件，根据一线预报员和值班首席的具体需求，我们梳理了 5 大类近 30 种业务产品、近 10 种科研产品，以应对赛事天气可能的卫星遥感数据需求。无论开幕式前夕 1 月 30 日下午突如其来的阿拉善地区扬沙天气的监测、还是赛事期间雨雪天气过程中积雪面积、积雪深度以及雪表 / 陆表温度等的监测，风云卫星均以其覆盖面积广、局地同步、高时频观测的优势提供了重要的参考信息，为冬奥气象服务提供了可靠的保障。而北京 2008 年奥运会，我们仅有 4 颗卫星在轨，其中的 FY-3A 刚发射不足 3 个月，让人印象深刻的是当时为进行北京地区的热环境监测，大家只能基于 L1 亮温数据、手动制作监测图。短短十几年，风云卫星家族迅猛发展，不仅体现在卫星、产品的数量上，更体现在高时效、精准的气象服务中。

冬奥让我见证了风云卫星气象人的认真执着。冬奥赛场区域小、下垫面复杂、气象保障要求高、时间紧、任务重，这些均对风云卫星遥感产品提出了很大的挑战。但将风云卫星产品应用到冬奥服务中，是每一位产品责任人的心愿。自从中心具体部署冬奥支撑服务工作以来，卫星气象研究所第一时间成立了“冬奥服务产品研发小组”，大家目标明确、齐心合力，表现出攻坚克难、任劳任怨的钉子精神。一方面对相关的业务产品针对冬奥具体的时间和区域范围进行评估，另一方面对相对成熟的科研产品进行验证和测试，不放过可能给产品带来影响的每一个细节。虽然困难重重，又面临年底的各种工程、业务和科研工作总结，但为了做好冬奥服务，大家都尽所能地加班加点、舍小家为大家、克服各种困难将最好的结果呈现出来。正因为此，才有了冬奥会和冬残奥会服务期间，面对不同天气的应用需求，不同的风云卫星遥感产品均能如期呈现在值班首席和预报员面前。

冬奥让我见证了风云卫星全流程服务的创新理念。为满足像冬奥会这样的重大气象服务保障需求，中心强化系统思维，提出了上下一盘棋的全流程服务理念。风云卫星工程两总、多处室协同配合，在冬奥服务中探索、实践从气象卫星工程建设、到产品改进研发、到运行控制、再到应用服务的全流程业务。通过研发、业务和服务上下游紧密衔接、高效反馈、有机互动、全链条运转，高质量提供冬奥卫星遥感气象保障服务。所有节点大家都高效、积极配合，生怕自己不够重视给全链条的工作拖了后腿，促进了风云卫星遥感产品在冬奥服务保障中的应用。

冬奥气象保障服务虽然已经结束，但风云卫星遥感的发展还在继续，风云卫星气象人孜孜不倦的追求还在继续。冬奥服务只是其成才过程中的一个小测试，满意的答卷将激励我们更好地为风云卫星产品质量的提升和气象保障服务的精准不断努力。

冬奥城市安全运行，践行气象服务使命

董 颜

作者简介：董颜，1987 年 5 月出生，来自北京市气象服务中心，冬奥北京气象中心城市运行及环境服务团队队员。

随着 2022 年冬奥会和冬残奥会圆满落幕，最美“双奥之城”——北京在历史上留下极为珍贵的一页。从筹办到举办，从激情开赛到圆满落幕，我们的气象服务保障自始至终都在默默守护。

以自信担当责任使命

说起气象服务，冬奥城市运行及环境保障组特设北京市气象局作为独立成员单位服务于冬奥赛场外围的城市运行气象保障服务，而我很荣幸成为了信息员和联系对接人。执行这项任务之前，我还是一名在业务岗上勤恳的值班人员，接受这项任务时，自己表现出了震惊和喜悦，当时印象深刻的是郭文利主任用坚定的眼神认可我的热心、激情、乐观的心态能够在沟通上发挥特长，说实话，我内心是紧张的，有种临危受命的使命感，担心沟通不畅搞砸了与外部门的服务对接。记得在第一次冬奥交通气象服务研讨会上，为了准备会议材料，我先是哄睡了 1 岁的孩子，半夜起身在黑暗中面对电脑屏幕构思交通气象服务实施方案，在会议当天看到北京市城市管理委员会、市公安局公安交通管理局、市交通委员会、北京市首都公路发展集团有限公司等领导莅临，我明显感觉到连发言都带着颤抖，这时我看了一眼刘强副局长，他朝我点点头，一股强大的支撑力量让我紧张的心情逐渐舒缓，从容不迫表达了自己的想法和未来实施方案计划。交通部门领导听完之后纷纷给予肯定，并提出了很好的建议，第一次经历过“大场面”让我提高了自信心。

以联动粘合“行业 + 气象”

冬奥城市安全运行气象服务，可以说是内容复杂、工作量大，涉及方方面面，大到冬奥专线规划、能源保供，小到街道绿化美化，细到场馆恒温恒湿调节，气象则是“润物细无声”地影响着城市运行安全。在对接过程中，我给自己设定的角色就是坚持做好气象与行业部门的“粘合剂”。让气象与冬奥城市运行及环境保障组、交通、能源等多部门牢牢连接，全面掌握各个部门对气象的关注点、服务需求。例如，冬奥交通关注雨雪天气对哪些冬奥专线有影响，道路结冰风险如何？北京市城市管理委员会关注断崖式降温对能源消耗、储备带来的挑战？当高影响天气出现时，第一时间联系到哪些关键部门。回想起 2021 年 1 月 22—25 日的寒潮雨雪大风过程，正值我值守，于是我提前 1 天跟各部门打了“预防针”，在每日冬奥情况汇报中进行服务提示。虽然寒潮影响期间不是我值班，但是与各部门沟通、制作把关《冬奥交通气象服务专报》《冬奥城市运行气象服务专报》等服务产品已经成为一种习惯。在开展服务的时候，要尽量将气象专业词语转化为通俗易懂的语言，让服务提示信息真正发挥作用。寒潮天气过后，及时开展复盘总结，与北京市城市管理委员会、交通、能源等部门了解服务过程中存在的不足，及时调整工作方案和服务模式。

以爱之名撑起家庭温暖

冬奥前夕，作为服务中心冬奥专班核心成员，3 天一个夜班轮岗，在工作岗位上我是一名冬奥服务值守人员。在家庭里，作为两个孩子的妈妈，老大问我为什么总是夜班，我跟她解释，妈妈正在为冬奥值班值守，她很愉悦地分享着幼儿园中班学习的《一起向未来》舞蹈，在她稚嫩的童音中能感受到她对我工作的支持，并且认为我正在做一项伟大的事业。虽然老二还不会说话，我依然记得当我出门的时候，她光着小脚丫追到门口，噙着眼泪咿咿呀呀对我说话，小小年纪硬是握着小拳头努力不让眼泪掉下来，她的小模样似乎在诉说着让我安心值班，她会在家乖乖等我回来。父母也对我的工作表示支持，用质朴的语言经常安慰我说"这可是大事，要给两个姑娘做个好榜样，将来她们会很骄傲地说有个努力的妈妈"，这样的宽慰也是我前进的动力。

从 11 月至 3 月连续奋战 4 个月的时光，我收获的不止是重大活动气象保障经验，还有通过对接认识了志同道合的奋斗同路人，更有强有力的温暖家庭做支撑。冬奥虽然结束，但是我仍然践行着气象服务，我会努力值守每一个岗位，为首都城市气象服务安全保障贡献自己的力量。

发挥好冬奥气象服务基层"螺丝钉"的作用

程月星

作者简介：程月星，1990 年 1 月出生，来自北京市朝阳区气象局，冬奥北京气象中心朝阳区气象服务保障团队成员。

很荣幸能参加到北京 2022 年冬奥和冬残奥的气象服务保障工作中。在这次盛会中，我们的任务是做好冬季高影响天气的预报预警服务，保障好朝阳区属地内赛事场馆气象服务和全区的正常城市运行，降低恶劣天气对赛事正常进行以及广大群众出行安全的影响，撑起气象服务的"晴雨伞"。

本次冬奥服务保障不同以往。朝阳区作为首都国际窗口，近年来举办了多次国内外重大活动。我作为朝阳区气象局的一员，也多次参与到重大活动的服务保障中。但以往活动多在夏、秋季举办，我们气象服务重点也多为降雨、雷电等强对流天气的预报服务，针对冬季气象服务保障还是头一回。

鉴于冬季重大活动保障经验偏少，我和同事提前两年开展冬奥气象服务的准备工作。2020 年，我作为项目负责人申请了朝阳区"科技冬奥"项目，着手分析赛事场馆周边各类气象灾害风险，明确了赛事期间降雪、大风等各类高风险天气，撰写风险分析服务报告，针对风险点进行防御提示，在赛前发布至区运行指挥中心各保障组，发挥了前哨兵作用。同时依托项目，开发了朝阳区冬奥气象服务平台，实现赛区气象站点数据显示、精细化格点预报、服务产品展示等功能。为有效发挥平台在保障工作中的作用，我与同事在 2021 年底，接连走访了朝阳区科信局、区城市管理委员会、区应急管理局等保障和应对部门，将冬奥气象服务平台对接入朝阳区城市大脑，为现场指挥调度工作提供可视化气象服务，有效发挥科技力量。

冬奥会和冬残奥会赛事期间，朝阳区出现了多次雨雪、大风等高影响天气过程。虽然朝阳区的比赛都是室内赛事，但我也深刻了解雨雪、大风天气对赛事场馆周边交通运行等方面，还是会产生重大影响。在前期发布高影响天气风险分析报告和提示的基础上，全区应对部门也做好了充足的应对准备。我作为区运行指挥中心多个保障组的联络人员，及时做好沟通者的职责任务。比如 2022 年 2 月 12—13 日的强降雪过程，是冬奥会开幕式以来迎来的第一场强降雪过程。这次降雪持续时间长，降雪强度大，对我们开展气象服务是一次全方位的考验。作为气象台台长，我及时组织气象台预报人员加强会商研判，从 7 日开始，提前 5 天，向朝阳区城市运行及环境保障组、扫雪铲冰指挥部滚动发布提示信息，当气象台发布暴雪、道路结冰预警和降雪实况时，我也第一时间点对点发送至各个保障组联系人手中，及时的服务获得了相关部门的高度认可。2 月 9—12 日、3 月 9—11 日，朝阳区出现了两次空气扩散条件不利的天气过程，我按照朝阳区重污染天气应对机制及时与朝阳区生态环境局沟通，提供空气扩散条件天气趋势预报，利用专业知识，发挥技能特长，为全区部署和应对冬奥期间大气污染工作贡献了自己的一份力量。

为保障冬奥盛会的顺利进行，我和我的同事们就像拧成一股劲的绳子，心往一处想，劲往一处使。经历过几个月的共同奋战，淬炼成了一个配合默契、坚韧不拔的团队。很多初为人母的同事也都克服种种困难，坚守在冬奥服务的岗位上，我们之所以能够全身心投入到冬奥保障的工作中，也离不开家人们的鼎力支持，在此我也向默默奉献的家人们说一声感谢。

我作为一名气象服务保障人员，既见证了我国气象科技服务能力的进步，也见证了所有气象人无私奉献、不畏困难的优良品质。我为千千万万的气象人深感自豪，为我们日益强盛的国家实力感到自豪！

爱拼才会赢

蔡芗宁

作者简介：蔡芗宁，1980 年 4 月出生，来自国家气象中心全球气象室，国家气象中心北京冬奥会气象服务保障预报服务专家组成员。

能够参与冬奥预报服务保障，对我来说，是荣耀，更是责任与挑战。

冬奥赛场上，中国体育健儿们以“猛虎下山”的气势，不畏强手、敢打敢拼，以实际行动弘扬中华体育精神，在奥林匹克史上留下了浓墨重彩的一笔。

会商室中，我们每一位预报员细致认真，团结协作，只为准确捕捉每一次天气变化的信号。从 2020 年冬奥测试赛到 2022 年正式比赛，从每一次天气过程的预报到复盘总结，我们一点一滴积累经验，一点一点啃着中长期精细化预报这块“硬骨头”。每一个攻坚克难的瞬间，都是中央气象台“铁军”精神与冬奥精神完美融合的侧写。

还记得刚得知自己成为北京冬奥会气象服务保障预报服务专家组成员时内心的激动之情。自从2004年参加工作以来，我一直坚守在预报业务一线岗位，也曾经历过各种防汛减灾气象预报服务以及第四届中国国际进口博览会、庆祝中国共产党成立100周年大会等重大活动气象保障服务的考验，在每一次预报服务工作中都以实际行动践行共产党人的初心和使命，坚持“一年四季不放松，每个过程不放过”，在预报服务中身体力行、恪尽职守、精益求精；在预报服务之后，积极参与过程分析回顾，不断总结预报经验，力求向党和人民交出满意的答卷。每一次接受新的预报服务任务都是对自身预报能力的一次锤炼，因此内心总是充满迎接新挑战的激动和攻坚克难的昂扬斗志。

中长期预报介于传统天气预报和短期气候预测之间，具有承前启后的重要作用。同时，它是无缝隙预报体系中非常重要的一个环节，在防灾减灾能力提升中扮演着重要角色，在交通运输、农业、能源等领域发挥着重要作用。但是中长期时效预报准确率受制于初始场、数值模式本身甚至大气外强迫场（如海温、陆面等），预报难度非常大。一方面，大气是一个高度非线性的混沌系统，微小的初始误差会随着时间的推移迅速扩大，最终将造成预报值和系统的真实状况相距很远。另一方面，业务预报所依赖的数值模式，受动力过程描述、物理过程精细化等因素制约，也会影响最终的预报准确率。因此，近几年我们一直坚持问题导向，积极探索适应研究型业务发展的科研业务结合机制，开发多种中长期客观预报支撑产品，各项成果均在业务中应用，有效提高了预报产品制作智能化水平，为天气会商和重大活动气象保障提供有力支撑。在研发过程中，中长期预报团队成员共同研究机器学习、图像识别等新技术、新方法，努力攻克技术难点，切实发挥共产党员先锋模范作用。

在国家气象中心气象现代化研发成果的支撑下，我们在面对各种预报服务挑战时就更有底气了。在2022年冬奥气象服务保障工作中，提前15～20天即指出“2月13日前后有冷空气过程，赛区将出现大风、降温天气”。随着时效临近，进一步订正和细化预报结论。实况检验证明，中期预报结论稳定准确，对此次大风降温过程及伴随的赛事风险做出了准确预报和及时提示，为赛事时段调整提供了科学依据。此次冷空气过程还伴随有强降雪，在集合预报精细化网格产品支撑下，中期预报员提前10天预报出此次降雪天气过程。虽然数值模式差异较大，但预报员从集合预报中提取到出现冷空气过程的前兆信号，同时基于对赛区特殊地形下降水机制的理解和认识，在数值模式出现跳跃性变化时仍能坚持预报赛区将有“中到大雪，局地暴雪”，与实况一致，较好地发挥了技术指导作用。

冬奥虽已完美收官，但预报征程仍在继续。我们将沐浴在冬奥的荣光里，努力把冬奥精神践行到今后的奋斗征程中，努力提高中长期预报准确率，努力做好每一次预报服务，为中央气象台创造虎虎生威的新辉煌贡献自己的一份力量！

我的“2022·北京”

翟　亮

作者简介：翟亮，1980年7月出生，来自北京市气象台，冬奥北京气象中心北京赛区场馆天气预报把关首席，火炬传递气象保障首席，冬奥和冬残奥会开（闭）幕式气象预报服务保障专班团队队长。

精准气象预报保障下的开（闭）幕式，为 2022 年“简约、安全、精彩”的北京冬奥会和冬残奥会成功举办，增添了浓重的一笔。

从 1 月 30 日鸟巢降雪精准预报获得国际奥委会主席巴赫及多名国际奥委会官员和领队的高度称赞，到北京冬奥开幕式气象要素预报与实况高度吻合；从北京冬奥闭幕式对风力的准确预判，到冬残奥开幕式近十年鸟巢最强大风天气的精准预报；从 3 月 13 日沙尘天气过程清除时间的准确预报，到冬残奥闭幕式鸟巢降雨时间精准把握。四年的努力，6 个月攻坚，65 天奋战，虽经历风雨，却终见到彩虹。

“兵马未动，粮草先行”“深挖洞，广积粮”“知己知彼，百战不殆”。我 2018 年加入北京 2022 年冬奥气象保障团队，2019 年成为首位北京首钢滑雪大跳台世界杯现场保障的预报首席。同年，进入北京冬奥会开（闭）幕式气象服务保障的“战斗序列”。2020 年和同事一起完成《北京 2022 年冬奥会气象服务保障预报技术手册》的编写。2021 年，带领开（闭）幕式气象预报服务保障专班团队，开展北京 2—3 月各类灾害性和高影响天气的研究工作。结合“相约北京”赛事、“实战大比武”，进一步提高和磨炼对北京冬季天气的预报技术和定时、定点、定量的预报能力。

“世间有一财富，它看不到也摸不着，但它似耀眼的剑刺破迷茫的天，如磅礴的水冲开前方的困难，又像崎岖的路，引你走向胜利的彼岸。它就是坚持。只有坚持才能胜利”。是的，坚持就是胜利。此前我遇到的气象保障任务，最终核心的天气会商最多十几次。而从 2022 年 1 月开始至 3 月冬残奥会结束。针对开（闭）幕式、彩排演练、火炬传递等专项天气会商累计 36 次，临时加密的视频、电话、微信会商和讨论不计其数。

每一次的会商，从天气特点分析到模式稳定性判断，从各类技术手段的应用到客观算法的检验分析，从相似个例的筛查到最终结论的研判，都需要几个小时甚至几天的时间进行准备。如此高强度的工作，对身体和精神的压力是巨大的。更重要的还有会商后需立刻对各类相关预报产品、服务材料进行把关，确保协调一致。有时需要连续奋战 18 个小时以上。唯有坚持，和同样奋战在冬奥气象保障任务中的战友们一起，坚持。

“一堆沙子是松散的，可是它和水泥、石子、水混合后，比花岗岩还坚韧”。携手合作，合力攻坚。开（闭）幕式气象服务保障得到来自中央气象台、河北省气象台、在京部队代表、数值预报中心、国家卫星气象中心、气科院等众多首席专家的大力支持。也正因为得到了众多单位和首席、专家的支持帮助，才最终保障了北京冬奥会和冬残奥会开（闭）幕式各项相关活动的圆满成功。

北京 2022 年冬奥会和冬残奥会已经圆满落幕，尽管期间极端大风、雨雪、沙尘等高影响天气均有“光顾”，但都没有对开（闭）幕式、火炬传递和北京赛区的场馆比赛造成重大影响，各项活动取得圆满成功。气象保障也做到了“监测精密、预报精准、服务精细”。

感谢各级领导扎实稳健的把关和指导，感谢开（闭）幕式气象服务保障专班团队的所有队员辛苦付出和优秀工作，感谢各个相关部门和单位的大力支持和配合，感谢所有为北京冬季奥运会开（闭）幕式气象保障辛勤付出、默默无闻的人。

这就是我的2022，北京，终生难忘！

让心中的奥运圣火长存

缪宇鹏

作者简介：缪宇鹏，1982年7月出生，来自北京市气象信息中心，冬奥北京气象中心气象数据服务保障团队队员。

冬奥会是世界上规模最大、影响最广、竞技水平最高的冬季综合性体育赛事。在全球疫情肆虐的大环境下，把北京冬奥会和冬残奥会办成一届精彩、非凡、卓越的奥运盛会意义非凡。

在这期间，各行各业的人们都在贡献着自己的一份力量。我作为冬奥气象服务保障团队的一员，主要负责保障气象数据从收集、处理、分发、存储到接口服务的全流程稳定运行，为各业务系统和一线服务团队提供及时稳定的气象数据支撑。

在2008年，我参与了北京夏季奥运会的气象服务工作。现在，又能参与到冬季奥运会的服务工作。北京，是世界上第一座同时承办夏季奥运会和冬季奥运会的城市，而我，也有幸成为一个同时服务过夏季奥运会和冬季奥运会的气象工作者，对我个人来说，是一种莫大的荣誉。每每想起，都让人心潮澎湃。在这次奥运会期间，我再次亲眼目睹了无数参与者的辛勤付出，为了一个个细节，做着精益求精的努力。我们虽然身处不同的工作岗位，但我们在这一刻再次为了一个共同的理想和目标而努力。我们志同道合，戮力同行。所有人的心在这一刻凝聚，向世界发出中国的声音。

在过去的几年中，北京市气象局一直在为冬奥会和冬残奥会的顺利召开做着不懈的努力。“十三五”气象事业发展规划中，更是把冬奥会服务放到了重中之重。这次冬奥会和冬残奥会数据服务保障工作正是对我们长久努力的一次检验。一方面，我们实现了冬奥气象数据和产品三地同步共享，为冬奥气象服务汇集众智。冬奥赛区三维立体气象观测站网数据，包括北京和延庆赛区35套冬奥气象自动站、延庆赛区19套垂直观测设备、河北40套冬奥气象自动站逐分钟数据，在中国气象局、京冀两地气象局的实时传输和共享，为开展冬奥气象研究及服务工作提供支撑。另一方面，我们做到了“科技冬奥”数据产品汇集，助力冬奥气象服务。北京2022年冬奥会天气预报示范项目各种模式产品、国家气象中心冬奥1～10天精细数值预报产品、中国气象局气象探测中心500米及50米实况网格分析产品、国家信息中心1000米实况网络分析产品均在北京市气象局实现汇集、入库及服务。再次，京冀双活数据中心的建立为冬奥业务系统及冬奥对外气象服务提供稳定、高效的数据服务。汇集中国气象局、京冀本地冬奥业务及科研冬奥数据建立的京冀主备数据中心，实时提供4类18种标准的GRPC和REST接口服务，支撑冬奥7个核心气象业务系统应用。同时根据冬奥组委及北京冬奥城市运行保障部分个性化的冬奥气象数据需求，提供个性化的冬奥气象产品服务。冬奥统一数据环境日均访问量约1000万次，数据访问请求等待时间最长不超过1秒，有效满足了实时数据的高效服务。现在，我们可以自豪地说，我们交出了一份满意的答卷。

现在，冬奥会和冬残奥会虽然已经结束，但这份经历将是我一生难忘的宝贵记忆。作为一名气象工作者，在这期间得到的淬炼永远沉淀在了我的心里。这既是一种荣誉感，也是一种使命感，坚定了我作为一个气象人的信念和决心。我会把我在这期间的所学、所思、所想凝练总结，让它们变成我今后征程的动力源泉，在工作和生活中继续奋勇向前，书写更加精彩的明天。

第十一章　宣传后勤

冬奥梦，中国梦，我的梦

马姗姗

作者简介：马姗姗，1986 年 4 月出生，来自北京市延庆区气象局，冬奥北京气象中心延庆赛区气象接待与联络服务团队队长。

在键盘上敲下最后一字，7 万余字的延庆冬奥大事记终于梳理完成，从申办到筹办再到举办，从无到有再到精，延庆气象人跨越艰难险阻织密一张探测之网，历经风霜雨雪练就一身预报之功，坚守无数昼夜奉献一场场精细服务，岁月与拼搏让年轻稚嫩的脸庞转为成熟沉稳，那些过去的一幕幕仿佛再次重现，冬奥的八年，气象的八年，我们的八年……

梦起

那是 2014 年 9 月 1 日上午，时任延庆县委书记约见延庆气象局，要求我们做好申奥气象服务，在 9 月底之前完成海陀山的自动站建设。由于当时的海陀山还没有覆盖网络，当日下午，我们立即约移动负责人来延庆气象局座谈讨论基站建设相关事宜，自此拉开了冬奥气象保障的帷幕。

时间紧、任务重，我们开始紧锣密鼓地在“四无”的海陀山上开展选址建设工作，那时条件的恶劣无法想象，人背肩扛骡子驮，大家起早贪黑地与时间赛跑，我也不断地记录整理着工作的点滴，及时汇报和协调，为做好资金保障，我迅速编写了冬奥基础设施建设可研报告，向延庆区政府先后申请到 200 余万元的建设资金。最终，我们不负众望完成了建设任务，为延庆区委区政府提供了气候评估资料，并圆满保障了国际雪联官员考察等系列调研和拍摄活动，在巴赫主席宣布北京申奥成功的那一刻，大家都集体欢呼起来。

梦飞

申奥成功后，我们踏上了冬奥筹办气象服务保障的新征程。最初作为业务科科长，我主要负责组织、协调与对接工作，在工作中也有一些感触和领悟，首先是获得地方政府及运行部门的重视与支持非常重要。冬奥会在我国是首次举办，为此，我们需要不断去交流和科普，让主办方认识到气象对冬奥的重要性和我们能提供哪些类型、哪种程度的服务，这为后期气象纳入组委会运行机构和气象基础建设获得绿色通道等奠定坚实基础；其次就是动态更新需求。记得最初做需求分析时，政府和运行中心都没有提出明确需求，包括赛事对气象的阈值方面、城市运行方面和场馆建设方面等，这其实也是服务方和需求方同步成长和磨合的过程，伴随着调研学习和实战，我们最终摸索建立了一套需求体系和服务策略；最后就是打铁必须自身硬。在这几年，跟随着冬奥预报团队的脚步，我们自身的预报服务水平也有很大的提高，建立了跟进式、靶向式服务模式，这种观念和模式的转变意义重大。

梦圆

经过八年磨砺终于迎来了冬奥会和冬残奥会的举办，我们延庆气象人全力以赴、奋勇拼搏，为指挥调度、赛事举办、外围及城市运行等提供精细化服务，贡献了一流的气象服务保障。作为冬奥接待联络服务团队队长，我主要负责疫情防控、宣传报道、应急后勤、信息报送和纪检监察工作；作为后方，我们全体队员和前方通力配合，有时为了制作宣传片或完成简报等也常常加班到深夜。在我看来，宣传工作非常重要，为此我主动和媒体宣传部门汇报气象工作，印象深刻的是延庆区融媒体中心副主任说“我真不知道气象的工作这么辛苦”，这为区里每次宣传、宣讲都将我们作为首选、不遗余力地向市里推我们的事迹奠定了基础。当习近平总书记在总结大会上肯定我们气象工作时，大家都激动得难以自持，欢呼与泪水共舞。

在冬奥举办过程中，可以看到我们党支部战斗堡垒作用和党员冲锋在前、舍小家为大家的先锋模范作用，可以看到我们气象部门四级组织的体制优势、所有人忘我坚守和互相鼓励团体作战的文化优势、摸索建立的一整套服务模式和流程优势和科技创新成果不断转化应用的科技优势，同时，我也深切感受个人的命运和国家、民族的命运紧密相连，个人的成长与国家的繁荣富强休戚与共，在后冬奥时代，我们将不忘初心，敢于有梦，勤于追梦，勇于圆梦，永远跟党走，再扬帆再启航！

梦与韶华两不负

叶奕宏

作者简介：叶奕宏，1993 年 9 月出生，来自中国气象局气象宣传与科普中心（中国气象报社），从 2020 年开始参与冬奥气象服务宣传报道。

北京冬奥会落幕的时候，还有点怔忡。

2022 年，算起来这是我没回家的第二个春节。

前一个春节赶上疫情，这一次一小半是因为疫情，一多半是心心念念这场冰雪盛宴——“躬逢其盛，与有荣焉”。

可能因为父母都在警局工作，我总觉得“年味儿”好像和一家人是否团圆没多大关系，记忆里一般都是两个人的年夜饭，另一个人存在于电话里、在警局专用的传呼号码里，遥相祝愿，又是一年。也不是没有问过、抱怨过——这也是为什么和冬奥气象服务人员一聊起家庭，听到诸如“这是工作”“是责任”之类听起来“很官方”的回答，总是倍感亲切——爱是真的，愧疚是真的，但下次还是心甘情愿舍小家也是真的。

能说出口的只有这么多，更细微而复杂的情感有时候藏在微红的眼角里、视频通话时不一样柔软声线里，有时候藏在文字里，更多地藏在心里。

想想好像刚工作没多久就烙下了冬奥的印记。2020 年 1 月，入职不过半年，就有幸走进冬奥赛区，彻夜等一场雪落，听一个追风的故事；2021 年深冬，我们跟着气象保障团队艰难跋涉过一段湿滑的山路，终于见到了赛道边矗立的气象站——当然，险峻不及当年进山体验天气的预报员们经历的“十分之一”，也没有背上 20 几斤重的装备。

在此之前，我不知道，为了把气象站建在冬奥服务保障最需要的地方，气象人要顶风冒雪在没水、没电、没网的“无人区”里开出一条路来，车上不了，就骡子上；骡子也趴下了，人来扛。我也不知道，冬日里上一次山，运维人员一身行头就要十几斤，还不算携带的设备配件或电池；零下十几度的寒风中，为了给精密仪器除雪，他们往往要摘下手套，一点一点地捂化细小配件上层层冰霜，电脑冻到“死机”，他们就轮流把它抱在怀里，靠体温给电池续命。

我更从来想不到，“预报员”是这么一个有趣的矛盾体：工作说来枯燥，但和每天都不重样的天气“过招”，用他们的话来说却也“浪漫又刺激”；敢摸老天的脾气，每一个预报结论都能列出充足的支撑理由，但对于每一份自己出口的预报结论却又“如履薄冰”。我一直记得，最开始采写冬奥气象服务故事时，总认为预报员应该是斩钉截铁而充满底气地阐释结论，但我的采访对象说，她永远不可能说那么绝对的话——我们的底气在于带着上帝视角看到故事的圆满结局，而她的小心翼翼源于要面对的是瞬息万变的天气，永远充满不确定性的预报和背后关系的许许多多人的努力乃至生命。

“常怀敬畏”是我从她身上学到的重要一课。

现在冬奥“大考”入场的钟声已经敲响，对于冬奥气象服务人员来说，考的是数年砺剑能否守护一朝梦圆，对于冬奥气象宣传工作者而言，考的是能否真实且鲜活地记录下他们的“数年砺剑”和“一朝梦圆”。

或许他们未必在意虚名，但正如每一个冬奥气象人不能容忍因为自己的失误让这场冰雪盛会留下遗憾，我也同样不能容忍，这些付出和绽放因为我的力有不逮而在笔下大打折扣。

不敢不尽心。不敢不尽力。

而今，这段“金戈铁马”的时光过去了，经此一役，气象人更深刻地认识到冰雪市场的广阔前景，更精细地聚焦到冰雪服务的具体需求；不畏险阻、攻坚克难、顽强拼搏的精神品格也将永远镌刻在冬奥气象人的骨骼里，支撑他们在应对极端天气、承担重大活动保障任务等关隘面前持续披荆斩棘，过了一山再登一峰，跨过一沟再越一壑。

盛会虽已落幕，但气象“微火”将不仅仅照亮赛事的每个精彩瞬间。

气象新闻工作者的笔和镜头又将忙碌起来了。

希望所有人，梦与韶华两不负。

每一帧每一秒都是冬奥情

关子盛

作者简介：关子盛，1989年7月出生，来自河北省冀云气象技术服务有限责任公司，冬奥河北气象中心张家口赛区信息宣传组成员。

2022年3月13日晚，北京冬残奥会闭幕式后，我把相机放入包中，三脚架收起的那一刻，内心感慨，思绪万千。持续数年的拍摄工作告一段落，结束之时，对过往的回忆却似乎愈加清晰，脑海中快闪过很多画面，这些画面构成我的冬奥记忆，也通过这些画面，让更多人认识了冰雪寒风中的气象人，下面的内容，是我分享的一些镜头背后的故事。

其实这是一段漫长的回忆，2019年的春天，我跟随冬奥气象预报服务团队第一次来到崇礼，那时候，“雪如意”才开工，古杨树还叫作枯杨树，冬季两项和越野赛场还是一片荒凉之地。2月的风，凛冽刺骨，为了更直观地搞清楚风的走向，大家在山沟中一待就是一天，用氦气球一个个放飞，眼神死死盯住它们的动向。5～6级的大风中，爬山是件更费体力的事儿，但是队员们往上爬的动作经常是三步并两步，为了拍摄他们，我经常要气喘吁吁地跑着找拍摄位置。清楚地记得，在冬季两项赛场东边的一个山顶上，身材和穿着都单薄的段宇辉站在那里，瑟瑟发抖，王台靠上前去，紧紧地抱住他，这是我记录的第一个温暖的画面。同一时期，在云顶6号站，因为造雪的缘故，整个站几乎被雪掩埋，为了让观测数据尽快恢复正常，队员们爬上陡峭的雪坡，轮流用锹和镐把观测设备一点点往出挖，在这个过程中，我在大家脸上看到的不是疲惫和抱怨，而是团结协作和一股十足的干劲，忙完之后，大家又像孩子一样在雪坡上仰着滑下去，令人印象深刻。

2020年1月初，因为拍摄需要，我和同事连夜从石家庄前往崇礼，清早赶到了云顶雪场，刚下车还在适应寒冷之时，就已经见到王台和张延宾为了更安全地给激光雷达布设电源线，在被履带式压雪车压得很瓷实的雪面上，挖出了一条长5米、深50厘米的雪沟。那个时期，在古杨树场馆群，田志广也在忙碌地协调布设跳台周边山顶上的观测站，每个出发的早晨，他几乎都会告诉我：“早饭要多吃。”也经常看到他手里握着两个鸡蛋，我明白，这可能就是中午饭了，然而，崇礼的1月的严寒让这两颗鸡蛋也变成了难咽的午餐。在天寒地冻的崇礼，我记录了不少他奔波和忙碌的身影，而他的耐寒能力，常常让我忘了他是一个湖南人，也让我这个土生土长的本地人自愧不如。

说到耐寒，装备保障团队的同事们更是厉害。今年奥运会开幕前的一段时间，为了确保赛时的观测数据更加安全，有保障，幺伦韬主任带领着装备保障团队在核心赛区，加装了备份站，我跟拍了他们的工作。那段时间，冷空气频繁过境，赛区白天的气温都经常低于−20 ℃，队员们一早进山，回来时多是傍晚，一天只吃早饭和晚饭也是常态。在陡峭易滑的雪道上，队员们要经常借助冰爪、雪仗、安全绳等辅助设备，费力地扛着设备走到一个个站点安装，相比于搬运，安装更是挑战。这个过程中，很多操作必须摘掉手套，可是这样的低温，用不了多大一会儿，手就会僵硬，做动作就会很吃力，他们拧一个螺母，经常需要两个人交替完成。在山上待久了，冻僵的脚更让人难受，那真是一种无处安放的感觉，而呼出的气也都会在眉毛上结成霜，说真的，正是跟拍他们的工作，才真切地感受到了持续挨冻是一种什么滋味。那一刻，我感觉大家真的是全靠精神和意志在工作。

在崇礼，我用相机记录最多的不是屏幕前伏案疾书的预报员、研究员，而是群山中爬冰卧雪的气象人、奋斗者。几年来，我一直尝试用镜头，尽可能多地记录大家的工作、生活、喜怒哀乐、笑声掌声、汗水泪水、点点滴滴，虽然积攒了一些素材，但还是遗憾自己拍得太少，错过了太多。要说收获，对我来说，更多的是态度，是气象人锲而不舍、不怕困难、勇于担当、兢兢业业、认真负责的态度，感染了我，也激励着我在未来的工作中秉持这种态度和精神，更好地完成各项任务。

一点微火的使命

张佳程

作者简介：张佳程，1985 年 6 月出生，来自河北省张家口市气象局，冬奥河北气象中心人影保障组、后勤保障组成员。

2022 年 2 月 4 日晚，举世瞩目的北京冬奥会在北京胜利开幕，随着电视机前冬奥圣火的点燃，我的心情无比激动亦感慨万千。因为同一时间在张家口赛区的冬奥微火同样照亮了整个冬奥赛区的天空，而作为一名有着十多年工作经历的气象工作者，同时也作为一名土生土长的崇礼人在冬奥申办、筹办到举办的过程中能够有幸参与其中，多年的心血和汗水此刻与无数的冬奥人汇聚一起也如同化成了那一点微火一同照亮了世界。

在冬奥会期间我作为后勤保障组成员，主要是负责在崇工作人员的衣食住行和办公的日常保障。下面我主要介绍一下我负责的疫情防控常态化和报备工作。

疫情防控常态化包括局内的办公环境日常保洁、消杀、来客登记、三码查验等常规工作，还有做好疫情防控政策的宣传，及时向领导和各组汇报、转达区里最新疫情防控政策，保证我们气象工作人员能够在第一时间知晓，一是方便安排工作，二是能够及时做好个人防护。

报备其实是一个看似简单，但又比较繁琐、细致的工作。因为疫情不断发生、防疫政策在不断地调整，保证每一位来崇人员，能够安全、及时并且符合程序地到达崇礼，是我对自己的要求。从 2021 年 10 月 20 日开始共完成 133 次共计 496 人次报备（其中张家口市内来崇人员报备 60 次 212 人次，张家口市外来崇人员报备 73 次 284 人次），所有报备信息全部准确无误，所有报备人员均成功入崇。同时从这些数据可以看出气象部门对冬奥的重视程度。

还有就是在报备过程中的沟通、协调。我觉得这一点更为重要，第一点只要细心就可以，第二点则更需要耐心和随机应变。

在这个环节中，我也有一点心得，就是少添麻烦多理解，尽量方便他们的工作。首先我报备的表格是严格按照他们的要求格式进行填写，不会因为格式出现错误给他们增加工作量，而且文件名称中写清楚了气象局某某某一行几人什么时间来崇。方便了他们的收集和统计。其次是在平时在各类通知或者临时消息里面我发现有问题的会第一时间私下提醒或者交流，他们也很高兴和感激，有什么消息会在第一时间告诉我，遇到问题也会尽力地帮助我一同解决。最明显的就是在沟通中的称呼变化，从原来的公事公办张主任、小张，到现在的佳程、张哥，在工作的同时，我们也建立了非常好的关系，建立了友谊。

冬奥会已经完美闭幕，回首往事，感慨万千。从 2013 年冬天的一个雪花飘洒的日子到 2022 年冬奥圣火的点燃，经历了八年的时间，我也从而立奔向不惑。3000 多个日夜，冬奥是一直萦绕在心头的主题。我们经历过连夜奋战只为及时提交申办答卷气象资料、经历过在赛区山顶任秋末冰雨洒透衣衫却浇不灭我们高昂的建站热情、经历过冬夜守候在寒风吹过的空旷作业点，只为能够把握时机开展作业为冬奥增雪添光、经历过连续 1023 天全年无休……其中滋味，只有身在其中亲身经历才能体会。

曾经也问过自己这一切是否值得？伴随着自己的不断学习和成长，特别是党史学习教育活动的开展，我认识到，我们的先辈爬雪山、过草地、抛头颅、洒热血，还有无数的志愿军战士埋骨他乡，只为了祖国的平安和人民的解放；改革开放四十年，我们的父辈用勤劳的双手勤勤恳恳，创建了现在繁荣富强的国家；而今天，我们站在他们的肩膀上，在这国富民强的日子里，“我为冬奥作贡献”是每一位崇礼人的历史使命和无上的荣耀。

在中华民族伟大复兴的道路上，我愿化作一点微火，为我们的祖国和人民发挥自己的光和热。

踏上壮美冬奥旅程，欣赏最美气象风采

赵　铭

作者简介：赵铭，1986 年 8 月出生，来自河北省秦皇岛市气象局，冬奥河北气象中心张家口赛区信息宣传组队员。

在全党全国各族人民向第二个百年奋斗目标迈进的关键时期，习近平总书记亲自谋划、亲自部署、亲自推动，中国人民团结一心，众志成城，共克时艰，为全世界奉献了一届“简约、安全、精彩”的冬奥盛会，向世界充分展示了中国智慧、中国力量和我们集中力量办大事的制度优势，全面兑现了对国际社会的庄严承诺。很荣幸，在距离北京冬奥会开幕还有 25 天的时候，我赶上了去往崇礼的火车，踏上了冬奥会和冬残奥会张家口赛区的气象服务保障工作的最美旅途，在这不平凡的两个月里，我深切地感受到了每一名冬奥气象人为实现“金牌全产生、赛事零取消”这一目标作出的努力与贡献，与大家一起展现了属于我们气象人的风采。在此很愿意与大家分享我的感想和所得。

无惧挑战，展示中国气象能力自信和担当精神

我记得在收集整理冬奥会张家口赛区气象服务保障获得的评价时，我由衷地感到自豪，我们收到了来自各方的肯定认可，好评如潮。多年的试验研究，不断攻克预报难点，预报核

心水平的提升在本次赛事上体现得淋漓尽致。面对复杂的天气形势，面对巨大的赛事调整压力，预报员们沉着应对分析，实现了张家口赛区任何一项赛事调整都是在准确天气预报的支撑下主动完成的壮举。赛事天气预报准确无误，切切实实地增加了气象人的能力自信和决策底气。另外，我特别有感触的就是积极主动的服务实现了预报价值的最大化！这也是本次奥运近乎完美的气象服务保障工作的另一大亮点。国际雪联屡次提到，我们的气象服务工作做得非常好，做得比平昌好，做得比任何一届冬奥会都好。我印象最深的就是冬奥会竞赛前主任、北京冬奥会顾问对气象服务团队的评价："团队非常敬业，信息沟通顺畅，无论任何时候需要天气预报信息都会得到，而在平昌冬奥会预报员很少跟竞赛主任或者技术代表进行沟通。"与历届冬奥会气象服务工作相比，这次场馆一线服务团队积极主动的贴身式全链条的服务是取得成功的关键，深受各方认可，始终保持高涨激情和严谨的态度，让全世界看到了我们的能力自信和担当精神。

事无巨细，完善赛事气象服务管理与调度经验

前方工作组就是浓缩的气象部门，只有抓好管理和统筹，才能确保服务保障一盘棋。八个专项组各有分工，全面的赛会服务、精密的气象观测、安全的网络保障、给力的信息宣传、温馨的后勤服务还有穿云作花的人影工作各自精彩。此外在各指挥部均安排了的气象专职决策服务人员，他们各司其职。每日工作调度，每组制订日工作计划，每天研判赛事气象风险、制作赛事气象风险表格，召开午餐会等新的运行理念和调度方式是非常值得借鉴推广的。有效的管理运行方式实现了乱而有序、高效运转，扁平化指挥调度使得政令畅通。

积极乐观，感受气象团队团结氛围与奋进精神

面对高标准工作、疫情、春节离家等压力，大家都怀揣着对冬奥气象事业的热爱，毫无怨言、团结一心，拼搏奋进，这里有汗水、有温暖，还有欢声笑语，乐观向上的氛围让紧张的状态得到放松，让漫长的保障工作变得格外短暂，对冬奥气象事业的情怀和责任感，是大家不断付出和奉献的动力。于我而言，这次能够在前方亲身参与冬奥气象保障工作是一种梦想可及的感觉，在这里我开阔了视野，收获了友谊，丰富了阅历，体验了感动，实现了价值，度过的每一天，都将成为我最珍贵的回忆。

冬奥会和冬残奥会已经结束，但是冬奥会和冬残奥会的精神永驻。新的征程上，我们必将以崭新的姿态积极响应党发出的号召，牢记习近平总书记的殷切嘱托，践行初心使命，在工作中积极弘扬"胸怀大局、自信开放、迎难而上、追求卓越、共创未来"的北京冬奥精神，在工作生活中迎难而上，在属于自己的"赛场上"，突破最高难度。功成不必在我，功成必定有我。

幕后万分细心，为了幕前更加精彩

郝　瑛

作者简介：郝瑛，1972 年 8 月出生，来自张家口市气象局，冬奥河北气象中心张家口赛区后勤保障组队员。

2015 年 7 月 31 日，北京联合张家口获得 2022 年冬奥会举办权，张家口正式进入冬奥时代，作为一名土生土长的张家口人，我倍感骄傲。2021 年 9 月，我成为北京冬奥会张家口赛区气象服务后勤保障组一员，作为一名气象人，倍感荣幸。

冬奥气象保障前方工作组成员来自全国各个城市，他们舍小家，为大家，汇聚崇礼。作为张家口“土著”，怎样为他们提供细致贴心的后勤保障，让他们在崇礼依然能感受家的温暖，无后顾之忧，成为摆在我们后勤保障人员面前的重要命题。

让大家过得安心

北京冬奥会和冬残奥会期间面临疫情防控的重大考验，只有将各项应对措施落实到位才能够有效降低疫情风险，切实保证我们气象保障服务人员的安全，才能让我们的团队人员安心工作。为切实做好疫情防控，我们提前制订了疫情防控应急预案，提前准备了无感测温设备、口罩、隔离服等 26 类逾 11 万件防疫物资。前方工作组驻崇期间，每日动态更新驻崇人员出入信息，及时进行防疫报备，确保每个人“出得去、进得来”；定期组织核酸检测，确保不漏检一人。每三日对驻地酒店和张家口赛区冬奥气象中心进行全面消杀；严格按照相关要求安排通勤车辆对团队人员上下班进行接送，严格驻地出入管理，安排专车负责前方工作组工作通勤，实现住宿、办公相对闭环，杜绝了疫情发生的风险。

我们还定期对驻地酒店消防、用火、用电、用气、暖气进行检查、维修，组织安排好各前方工作组工作用车及参加冬奥会和冬残奥会开（闭）幕式和火炬接力的车辆保障工作，保证不出安全事故。

让大家吃得暖心

“民以食为天”。前方工作组来自多个省份，饮食习惯有一定差异，让大家吃得“舒心”，是我们工作的重中之重。因此，我们保障人员积极主动了解大家的饮食习惯，征集需求，主动和食堂厨师团队沟通对接，研究确定菜单，在有限条件下尽量保障“荤素搭配”合宜，之后根据大伙需求与食堂厨师团队人员沟通，最大程度满足大伙的餐饮要求。同时，我们不定期征求大家对饭菜质量的意见，动态调整菜单，保障大家吃得新鲜，吃得顺心。

驻崇期间，部分人员经常会因为加班错过了吃饭时间，尤其是装备保障组成员在冰天雪地的户外维护、维修设备大半天，回到驻地就想吃口热乎饭。为此，我们特意安排后厨每日值班，常备汤面等，让大家即使错过了饭点，回到驻地依然能吃上暖心的热乎饭。

让大家工作得顺心

“兵马未动，粮草先行”。1 月 21 日 18 时，古杨树场馆群紧急通知：原定于 22 日的闭环时间提前，所有场馆保障人员务必于 21 日 22 时前进入场馆。留给各个单位准备的时间仅有不足 4 个小时。然而我们面临的难题还不仅仅是时间问题，由于各个单位都在筹备物资，崇礼当地的物资已经是严重供不应求。河北省气象局、张家口市气象局领导考虑场馆内的食宿较为艰苦，而这些服务人员要在场馆里闭环 3 个多月之久，经过紧急协商，动用了一切人力物力，竭尽全力紧急采购了食品、药品、被褥及其他物资。备齐物资后，张家口市气象局卢建立局长带队，连夜将物资送到崇礼，送到了“前线”，送到了每个人手里。

4个小时，我们分秒必争，没有一秒是被浪费的，哪怕只剩最后一秒，我们也没有放弃。事后，其他单位听说这件事后，纷纷都表示很羡慕，都说“气象局太给力了”。后来我想，这就和打仗一样，突发事件很多很多，重要的是如何改变作战攻略，如何指挥，如何突击应变，如何团结协作。这次突发状况没有打得我们措手不及，反而是领导们有条不紊地协调指挥，工作人员按部就班密切配合。少了哪一步、少了谁，这次任务都不可能完成得这么完美。

有幸能在我的家乡举办冬奥会，有幸作为一名气象人参与保障冬奥，我深感自豪。虽然冬奥已经结束，但属于张家口气象人的后冬奥时代仍在继续，我会继续发挥冬奥气象精神，赓续前行，一起向未来！

九年跟踪采访，讲好冬奥气象故事

段昊书

作者简介：段昊书，1987年12月出生，来自中国气象局气象宣传与科普中心（中国气象报社），全程参与了冬奥气象服务宣传报道工作。

2022年4月28日，习近平总书记在北京冬奥会和冬残奥会总结表彰大会上发表重要讲话，提到“广大新闻工作者”“广大气象工作者”出色完成了各项任务。作为具有双重身份的我，聆听习近平总书记的重要讲话后，感到无比光荣与自豪。

关于我与“冬奥”这件事儿，最早是从2013年开始的。当时，北京联手张家口提出申办冬奥会的意向，我立即采访了多位气象专家，发表了《北京携手张家口申奥气象条件有优势》这篇报道，也让很多气象人第一次关注到了冬奥会这个话题。

2015年7月，北京冬奥会申办成功。那个夏天，我人生中第一次来到张家口。站在“大好河山”的城楼下，我与当地气象部门的同事一起，畅想七年后这里即将发生的一切。那时，很多气象工作者已经提前介入，为冬奥会的成功申办奠定基础。

2017年、2018年、2019年，连续三个冬天，我和同事们连续三年奔赴冬奥赛场，走访冬奥气象服务保障冬训团队。我们冒着 −20 ℃的低温攀爬光滑、陡峭的雪道，迎着造雪机吹出的漫天大雪深入高山、深谷……

为了做好冬奥会气象保障，很多气象人从五湖四海而来。而因为连续多年跟踪采访，我也与他们，从陌生的采访对象，成为了心中永留着一份牵绊的朋友。

再到2020年，疫情突如其来，中断了我们连续跟踪采访冬奥气象服务保障团队的计划。但我们依然克服困难，充分运用“云访谈”等手段，时刻关注前方动向。另一方面，我们也将视角投向后方，关注并报道冬奥技术研发及支撑保障团队……

2021年12月，在冬奥会举办前夕，我和我们的采访团队终于抓住机会，重返冬奥气象保障一线。我们深入北京、延庆、崇礼，蹲点式采访“临战状态”下的气象人，并走访了中国体育代表团有望争金夺牌的赛事场地……

冬奥气象新闻宣传科普工作虽然不如预报服务保障那么引人注目，但正是因为做好了这项工作，更多人了解到在冬奥会成功举办背后，还有这么一支优秀的气象团队；也让更多公众感慨，原来冬奥赛事与气象关系那么大；更让“中国冬奥故事”，以更多角度、更丰富内涵，讲给世人听！

七年来，我和团队一道，打造“聚焦冬奥气象”融媒体专题，撰写、刊发各类稿件 90 余篇。打造《冬奥气象观赛指南》《冬奥热点赛事气象解析》等栏目，全网阅读量破千万；创作《气象与冬奥》手绘及《我的冬奥日记》系列 VLOG 短视频，得到《人民日报》客户端推荐；撰写了一批传播广泛、内容深刻的特稿产品，先后获评中宣部、中华全国新闻工作者协会“走基层”2020 年度优秀作品、2022 年度先进个人……

2022 年 3 月，我收到了北京冬奥会和冬残奥会组委会发来的感谢信。信中提到：“您始终牢记习近平总书记关于办好北京冬奥会的重要指示精神，用实际行动捍卫‘两个确立’，用努力与汗水践行初心使命。自 2015 年起，您连续多年跟踪报道冬奥筹备工作；在冬奥会、冬残奥会举办期间，您和您所在的中国气象局气象宣传与科普中心报道团队高质量完成大批冬奥新闻报道，为讲好北京冬奥故事、传播中华优秀传统文化、宣传并树立冬奥保障人员良好形象作出卓越贡献。”

于我而言，这是对过往冬奥经历的最好“礼物”。

如果从 2013 年算起，我与冬奥的“缘分”持续了九年。九年，很多人变了身份，改了容颜。时间在你我身上，刻上浓浓“冬奥回忆”。而感恩，也终将聚成前行的动力！

我将继续在工作中发扬“胸怀大局、自信开放、迎难而上、追求卓越、共创未来”的北京冬奥精神，用好手中的纸笔和镜头，讲好中国气象故事，为气象高质量发展贡献力量！

圆梦冬奥会，一起向未来

聂东莲

作者简介：聂东莲，1969 年 4 月出生，来自北京市延庆区气象局，冬奥北京气象中心延庆区城市运行气象服务团队副队长。

北京 2022 年冬奥会和冬残奥会成功举办，习近平总书记在总结表彰大会上的讲话鼓舞人心，催人奋进，我亲身参与冬奥会申办、筹办、举办气象服务保障工作，倍感荣光，无比骄傲自豪。八年来，我们团结一心，迎难而上，苦干实干，以最高标准，最实作风，最佳状态圆满完成冬奥气象服务保障任务。

迎难而上

2014 年 9 月我们接到配合申办北京 2022 年冬奥会在海陀山建设气象自动站的紧急任务。海陀山海拔 2198 米，山高坡陡，无水、无电、无路、无网，一般设备靠骡马驮运，精密仪器还得人背肩扛，对气象观测站的建设提出巨大挑战。我们全局党员干部带头攀爬海陀山，同事们考虑我年龄大，抢着背设备，我就给大家背食物，为了能让同事们在 −20 ℃的低温中喝上一口热水，每次上山我都要用保温壶背上两壶热水，同事说太重了，劝我不要背了，我笑笑说“我从小在山里长大，不怕走山路”。就这样，我们迎难而上，战胜一切可以预见和难以预见的困难挑战，成功建成了 4 套梯度自动站，完整的观测数据如实记录了海陀山的天气气候状况，为申奥考察评估提供有力数据支撑，国际奥委会官员、冬奥组委秘书长韩子荣称赞我们气象人具有主动积极、吃苦耐劳的工作作风，充分展现出奥运精神！

追求卓越

2021 年 10 月 1 日，延庆区进入战时状态，我们城市运行气象服务团队全员到岗到位，面向两个非竞赛场馆及延庆区 12 个运行保障组服务需求，高质量完成冬奥测试赛气象服务保障任务，为冬奥会和冬残奥会积聚力量。

为做好扫雪铲冰气象服务，10 月 29 日我们深入核心区进行现场调研，实地查看赛时扫雪铲冰保障路段的情况，详细了解保障队伍人员和设备情况以及到达保障点位的时间要求。在 11 月 6—8 日雨雪、寒潮、大风强天气过程中，我们密切跟踪天气变化，提前汇报雨雪转换时间预报，并在过程中滚动更新发布天气实况、预报信息，确保各项服务通道畅通，顺利通过实战大考。延庆区外围保障和城市运行指挥部赞扬我们是真正的幕后英雄，我们提供的专报和气象分析，给领导统筹调度提供了最有力的气象决策支撑。

不辱使命

在赛会期间，我们聚焦“赛事保畅通，城市保运行，应急保安全”，全力以赴、奋勇拼搏，24 小时严密监视天气变化，滚动预报服务，为指挥调度、赛事举办、外围及城市运行等提供了一流的气象服务保障。在每日延庆赛区场馆群早晚调度会和延庆赛区运行保障指挥部联合调度早晚例会上，首个发言汇报天气情况，为领导指挥调度提供科学依据。冬奥延庆赛区场馆群主任、区委书记穆鹏多次在调度会上称赞气象预报准确，技术高超，是冬奥服务保障的先行官。

冬奥驻点保障小组给我们赠送“精准预报业务精湛，保障驻地情暖人心”锦旗，并表示我们为驻点保障小组提供精准的预报预警服务，使得酒店工作人员提前应对降雪、降温、大风等天气，有力保障了 2200 余名冬奥志愿者的生活起居。志愿者是服务赛会的重要力量，但我们没想到精准的预报对保障志愿者如此重要。我们是整个冬奥保障中的一环，北京 2022 年冬奥会和冬残奥会成功举办充分体现了集中力量办大事的制度优势。

当习近平总书记在北京冬奥会冬残奥会总结表彰大会上的讲话中肯定气象工作者“团结一心、通力合作，坚守各自岗位，默默奉献付出，出色完成了各项任务”时，我们内心无比激动。八年来，我们在冬奥气象服务保障中舍小家为大家，戮力同心，密切配合，奋力拼搏，慎终如始，用行动生动诠释了“胸怀大局，自信开放，迎难而上，追求卓越，共创未来”的北京冬奥精神，为盛会的精彩、圆满、成功贡献了气象力量，向党和人民交出了一份满意的答卷。我们将传承发扬北京冬奥精神，团结一心，砥砺前行。

甘做冬奥绿叶，绽放别样精彩

贾　良

作者简介：贾良，1987 年 10 月出生，来自北京市延庆区气象局，冬奥北京气象中心延庆区气象服务组接待联络服务团队副队长。

2022 年 3 月 13 日晚，北京 2022 年冬残奥会圆满闭幕，至此，冬奥气象服务保障工作基本结束。回顾我的冬奥气象之旅，可以概括为三个词，忘我、成长、不舍。

我叫贾良，现任北京市延庆区气象局综合办公室主任，在冬奥北京中心气象服务保障组织机构中，担任接待联络（应急宣传）服务团队副队长。在冬奥会和冬残奥会筹办举办期间，我以饱满的状态、严谨的作风、热情的服务、细致的工作，为气象服务保障贡献自己的力量。

忘我

自 2021 年 10 月冬奥测试赛以来，我连续奋战 170 余天，早上天不亮就到单位，晚上两个孩子睡着后才到家，除了回家睡个觉，其余时间都扑在工作上。我作为延庆气象服务保障团队的“大管家”，统筹疫情防控、新闻宣传、信息撰写、网络安全、会议接待、后勤保障等工作，带领团队将各项工作处理得井井有条，成为一线服务保障人员坚实有力的大后方。

在冬奥会筹备阶段，我最先考虑的就是怎样能够保障一线人员顺利开展工作，同时又能够做好疫情防控，这不仅需要周密的安排，也需要高效的执行，考验着防疫管理的每一个环节。我结合工作实际制订了切实可行的疫情防控工作方案和应急预案，冬奥前期为闭环内保障人员和本局工作人员筹备防疫物资近 20 类 4 万余件，冬奥期间紧抓来访登记、人员排查、日常消杀等各项疫情防控制度落实，开展健康监测 3000 余人次，组织核酸检测 300 余人次，圆满保障冬奥气象服务安全稳定。

为了扎实做好冬奥气象宣传工作，我特别注意收集留存冬奥气象保障服务的各类素材，常常和预报员一起早出晚归。对外，推荐 1 人入选冬奥北京宣讲团，成为全市首个入选该宣讲团的气象工作者；协调近 20 人次接受主流媒体采访，吸引 120 余家中外媒体关注报道，审核刊发各类媒体稿件 100 余篇，配合《焦点访谈》栏目报道冬奥气象服务工作。对内，制作《延庆区气象服务组进入闭环出征纪实》短片，引起社会公众广泛关注，配合中国气象局推出系列视频图文进行科普宣传，协调各团队向《冬奥气象·日记》栏目供稿十余篇。

除此之外，我还要带领团队兼顾信息上报、材料撰写、会议接待、网络安全、交通运输、住宿餐饮等大大小小十余项工作。为了让前方服务保障团队没有后顾之忧，我几乎没有休息的概念，每分钟都被安排得满满当当。尽管身心俱疲，但是保障冬奥会成功举办，保障气象服务平稳顺利的信念一直支撑着我。

成长

记得多年之前有位领导对我语重心长地讲过，年轻人要学会抓住机遇，成长往往就在三五年之间，挺住了，就能有质的蜕变。毫无疑问，冬奥会和冬残奥会正是那个千载难逢的机遇。冬奥服务保障工作体量大、速度要求快、质量要求高，这些带给我的压力是前所未有的，一度让我头昏脑涨、精疲力竭。但是在咬牙坚持过来后，我发现我在这短短几个月的时间里，综合素质的提升是飞跃性的，政治站位高了一些，大局意识强了一些，整体谋划全面了一些，安排工作细致了一些，说话办事周到了一些……还有一点，就是让我深刻体会到了一个道理，成就一番大事，既要有前线冲锋陷阵，也要有后方支援保障。在冬奥服务保障中，要找准自己的定位，立足岗位，将本职工作做到最好也是实现自我价值提升的重要途径。

不舍

冬奥会和冬残奥会已经结束了，冬奥申办、筹办、举办期间的点点滴滴都已经封存在回忆中。回望冬奥会和冬残奥会气象服务保障工作历经的千难万险、艰难困苦，这些成为了我人生中最宝贵的财富。经过冬奥的历练，我在思想和工作上有了一次质的提升。虽然冬奥已经结束，但激情不落幕，我会将不舍化为动力，踔厉奋发，笃行不怠，续写气象新篇章，一起向未来！

以冰雪为媒，乘冬奥之帆，传气象之声

谢　盼

作者简介：谢盼，1985 年 12 月出生，来自河北省冀云气象技术服务有限责任公司，冬奥河北气象中心张家口赛区信息宣传组队员。

在北京冬奥会的“大考”面前，张家口赛区气象服务保障团队交出了一份亮眼的答卷。作为其中的一员，能参与冬奥宣传，责任重大，使命光荣。

回首这段历程，有艰辛不易，有拼搏努力、有汗水泪水、有笑声掌声。从 2015 年开始的出差采访，到每年一次的中央媒体走基层活动，再到 2022 年 1 月 22 日进驻崇礼，从傲雪寒梅到春暖花开，一路走来，经历了一个从参与到不断深化和融入冬奥气象宣传工作的过程。一次次的采访，一次次的交谈，一次次的记录，让我切身感受到崇礼风雪、雪上竞赛对气象保障团队的考验，同时也让自己的思维和见识得到了拓展。在采访冬奥气象服务保障团队时，我深切体会到，面对冰雪寒风的考验，河北气象人，眼里有光芒，心中有信仰，肩上扛使命，在党旗下，他们以奋斗的姿态奔跑，追寻风的足迹，探寻冰与雪的奥秘；在一次次的业务技术攻坚克难中，实现冬奥气象服务保障的突破创新，为“精彩、非凡、卓越”的冬奥，筑起一道坚强的气象堡垒。

以冰雪为媒，乘冬奥之帆，在中央媒体上稿数创历史新高！从 2015 年 7 月 31 日在《中

国气象报》刊登《迈过冬奥服务第一步——河北张家口气象服务申办2022年冬奥会纪实》开始，至2022年3月13日，两个冬奥会画上圆满的句号，在中央媒体刊发稿件48篇（次），地方媒体刊发稿件106篇（次），中国气象新闻网以及新媒体平台刊发稿件236篇（次）。同时还参与冬奥画册、展板、视频制作等。

随着对冬奥气象宣传的不断深入，学习越多、采访越深入，感触越深刻。

一是深深地感受到，社会公众及社会媒体对气象在冬奥会和冬残奥会中作用的关心前所未有，也充分体现出冬奥会和冬残奥会赛事与气象关系密切，不可或缺。

二是气象关注度提高，气象社会地位提升。2月13日，张家口赛区迎来了冬奥会期间的首场降雪，赛事因天气原因作出调整，当日有中国纪检监察报社、中国青年报社、中国妇女报社、河北日报社等8家媒体主动联系我们，正面报道气象决策服务的精准有力。在宣传气象服务的同时，我也深深感受到气象工作对冬奥的重要性，更加热爱自己从事的行业，更加感受到气象事业的伟大。

三是气象精神在整个冬奥气象服务团队中展现得淋漓尽致。在崇礼的这段时间里，我耳濡目染，真切地感受到气象工作者“准确、及时、创新、奉献”的精神。河北省气象局党组指挥有力，“运筹策帷幄之中，决胜于千里之外”；预报团队用严谨的工作作风和过硬的专业技术，成功准确预报了每一次天气过程；后方保障团队秉持“功成不必在我，功成必定有我”的精神，默默地在后方为前方服务团队做好支撑。同时，疫情也给冬奥气象保障工作增添了巨大考验。这其中，有的人带病前行，绑着绷带按期进入闭环工作区域；大部分人牺牲了与家人相聚的很多时间，舍小家为大家；当然也有人在团队中收获了爱情……这些点点滴滴都刷新着我的认知，荡涤着我的心灵。文字报道远没有经历的精彩，再多的报道也不可能覆盖整个冬奥冬残奥服务的全部过程、全部人物、全部事迹，但荣幸的是作为亲历者，我经历了。

继往开来，启航新征程。今后，我将立足工作岗位，继续维持好、利用好与媒体之间的合作，建立更多的联系，更好地报道河北气象事业，传播河北气象声音。同时，践行气象精神，要更好地吸收、践行在采访过程中、参与过程中，切身感受到的气象精神，汲取的人生精华，进一步提升工作能力，提高自我修养，奉献气象。